高等学校**电气工程及其自动化专业**应用型本科系列教材

高电压技术

主　编　曹政钦　石　岩　魏　钢
副主编　邓旭东　刘　航　张兆云

重庆大学出版社

内容提要

本书是高等学校电气工程及其自动化专业应用型本科系列规划教材之一。全书分3篇共12章，包括气体、液体和固体电介质的电气特性，绝缘的预防性试验，电气绝缘的高电压试验，电气绝缘在线检测，输电线路和绕组中的波过程，输电线路的防雷保护，变电站及电机防雷保护，电力系统过电压及防护，电力系统绝缘配合，工程实际案例。在传统教材的基础上，本书在第12章增加了8个工程实际案例。

本书可作为电气工程类专业学生学习高电压技术课程的教材，也可作为电力部门有关人员的参考用书。

图书在版编目(CIP)数据

高电压技术/曹政钦，石岩，魏钢主编. --重庆：重庆大学出版社，2020.9

高等学校电气工程及其自动化专业应用型本科系列教材

ISBN 978-7-5689-2436-8

Ⅰ.①高… Ⅱ.①曹… ②石… ③魏… Ⅲ.①高电压—技术—高等学校—教材 Ⅳ.①TM8

中国版本图书馆CIP数据核字(2020)第175964号

高电压技术

主 编：曹政钦 石 岩 魏 钢

策划编辑：杨粮菊

责任编辑：文 鹏 邓桂华　　版式设计：杨粮菊

责任校对：杨育彪　　责任印制：张 策

*

重庆大学出版社出版发行

出版人：饶帮华

社址：重庆市沙坪坝区大学城西路21号

邮编：401331

电话：(023) 88617190　88617185(中小学)

传真：(023) 88617186　88617166

网址：http://www.cqup.com.cn

邮箱：fxk@cqup.com.cn (营销中心)

全国新华书店经销

重庆市正前方彩色印刷有限公司印刷

*

开本：787mm×1092mm　1/16　印张：15.25　字数：393千

2020年9月第1版　2020年9月第1次印刷

印数：1—1 000

ISBN 978-7-5689-2436-8　定价：49.00元

前言

高电压技术的发展始于20世纪初，它是随着输电线路电压的提高而发展起来的一门学科。输电线路电压等级的不断提高、长度的增加、高压电气设备安全可靠运行的要求等促进了高电压技术学科的不断发展。特别是近年来随着我国交直流特高压输电线路的建设，对高电压技术这门课程提出了新的要求，促使高电压技术在高电压远距离输电这个传统领域继续向纵深方向发展。

对于电气类专业的学生来说，在学习高电压技术课程中要学会正确处理电力系统过电压与绝缘这一对矛盾。在运行条件下，电气设备和输电线路的绝缘不但长期处于工作电压下，而且会受到各种过电压作用，绝缘不仅要能够耐受工作电压的长期作用，还必须能耐受可能出现的各种过电压。要解决这对矛盾要从两个方面入手：一是保证和提高绝缘的耐受电压；二是设法降低和限制过电压。这两个方面构成了高电压技术课程的主要内容。高电压技术的研究对象是各种形态的高电压和各种性能的介质，需要有各种高电压的测试设备来研究各种介质在各种高电压下的物理现象。同时，关于介质击穿的机理尚不是很完备，许多实际问题需要依靠试验来解决。为检验绝缘是否具有应有的耐受电压水平，必须按照试验标准对绝缘进行试验。高电压试验技术构成了高电压技术课程的另一个重要内容，它是从事高电压工程技术人员通常采用的研究方法之一。

本书是高等学校电气工程及其自动化专业应用型本科系列教材之一。本书可作为电气类专业学生的教材，也可供电力部门有关人员参考。

本书共分为 3 篇,包括高电压绝缘介质、高电压试验、过电压防护与绝缘配合。全书共 12 章,其中,第 1 章、第 11 章由石岩编写,第 2 章、第 6 章由魏钢编写,第 3 章、第 5 章由李翠英编写,第 4 章由张海燕编写,第 7 章由朱光平编写,第 8 章由庄凯和胡敏编写,第 9 章由张兆云编写,第 10 章由张义辉编写,第 12 章由邓旭东和刘航编写。全书由曹政钦、石岩和魏钢担任主编。

本书由朱家富教授主审并提出了宝贵的修改意见,在此表示衷心的感谢。

由于作者水平有限,书中难免有不当甚至错误之处,恳请读者批评指正。可通过邮件与作者联系:ckdqgcx@ 163. com。

编　者

2020 年 5 月

第3篇　过电压防护与绝缘配合

第 1 篇
高电压绝缘介质

电介质可分为气体电介质、液体电介质和固体电介质 3 大类。实际的绝缘结构常采用几种电介质的组合绝缘。电介质的电气强度是有限的，超过其极限电场强度均会被击穿。研究电介质的电气特性便于确定电力线路和设备的绝缘配置。

第 1 章 气体电介质的电气特性

1.1 气体放电的基本物理过程

1.1.1 气体中带电质点的产生和消失

气体是电力系统中使用最多的绝缘介质。气体电介质,特别是空气,是电力系统中主要的绝缘介质,输电线路和电气设备的外绝缘都是以空气为绝缘介质。研究气体电介质的电气特性具有重要的工程意义。

当气体间隙中的电场强度达到某一临界值后,气体间隙中电流剧增,气体介质会失去绝缘能力而被击穿,这种现象称为气体介质的击穿,也称为气体放电。气体被击穿后,具有不同的放电形式:在气压低、电源功率较小时,为充满间隙的辉光放电;在大气压下,表现为火花放电或电弧放电;在极不均匀的电场中,会在局部电场最强处产生电晕放电。在电场作用下,气体间隙中带电质点的产生与消失决定了气体中放电现象的强弱与发展。

气体中带电质点的产生有两个途径:一是气体本身发生游离;二是在气体中的金属电极发生表面游离。游离是指中性质点获得外界能量分解出带电质点的过程。

(1)气体中带电质点的产生

带电质点可由以下形式的游离形成:

1)碰撞游离

电场中电子被加速获得动能。如果其动能大于气体质点的游离能,在和气体质点发生碰撞时,就可能使气体质点产生游离分裂成正离子和自由电子。这种游离称为碰撞游离。这是气体中带电质点数目增加的重要原因。

2)光游离

电磁射线(光子)的能量 $h\nu$ 不小于气体质点的游离能时所引起的游离过程称为光游离,光游离在气体放电中起着重要的作用。

光具有波动、粒子二重性,光子是携带能量的质点,光游离相当于光子与气体质点发生碰撞。如果光子能量足够大就可以使气体质点在碰撞时发生游离,产生正离子和自由电子,此时产生的电子称为光电子。

在各种气体和金属蒸气中,可见光的光子所携带的能量不足以使气体质点游离,可见光不可能发生光游离,但不排除分级游离而造成游离的可能性。导致气体光游离的光子可以是伦琴射线、γ射线等高能射线,也可以是气体中反激励过程或异号带电质点复合成中性质点过程中释放出的光子,这些光子也可引起光游离。

3)热游离

气体分子热运动状态引起的游离称为热游离。其实质是碰撞游离和光游离,只是直接的能量来源不同而已。

在常温下,气体质点热运动所具有的平均动能远低于气体的游离能,不足以引起碰撞游离,而在高温下,如电弧放电时,气体温度可达数千摄氏度,此时气体质点动能足以引起碰撞游离。此外,高温气体的热辐射也能导致气体质点产生光游离。

4)表面游离

放在气体中的金属电极表面游离出自由电子的现象称为表面游离。使金属释放出电子需要能量,以使电子克服金属表面的束缚作用,这个能量通常称为逸出功。各种金属的逸出功比气体的游离能小得多。金属表面游离所需能量可以从以下途径获得:

①正离子碰撞阴极。正离子在电场中向阴极运动,碰撞阴极时将其能量传递给电子而使金属表面逸出两个电子,其中,一个电子与正离子结合而合成中性质点,另一个电子成为自由电子。

②光电效应。金属表面受到光的照射,能产生表面游离。

③强场发射。在阴极附近加上很强的外电场,其电场强度将电子从阴极表面拉出来,称为强场发射或冷发射。

④热电子发射。将金属电极加热到很高的温度,可使其中的电子获得巨大能量,逸出金属。在电子、离子器件中常利用热电子发射作为电子来源,在强电领域,对某些电弧放电的过程有重要作用。

对于工程上常见的气体间隙的击穿来说,起主要作用的是正离子碰撞阴极的表面游离和光电效应。

需要说明的是:①不管什么形式的游离方式,要在气体中产生自由电子,都应使气体外层电子或金属表面电子获得足够的能量,以克服原子核的吸引力,且每次满足条件的碰撞不一定都能产生游离过程。②在气体质点相互碰撞中,还会产生带负电的负离子,这是由于自由电子和气体分子碰撞时,被气体分子吸附而形成负离子。负离子的形成虽然未减少带电质点的数目,但其游离能力比自由电子小得多。负离子的形成对气体放电的发展是不利的,但有助于气体抗电强度的提高。

(2)气体中带电质点的消失

气体中带电质点的消失主要有以下3种方式:

①带电质点在电场作用下做定向运动,流入电极,中和电荷。

②带电质点从高浓度区域向低浓度区域扩散。

③带电质点的复合。带正、负电荷的质点相遇,发生电荷的传递、中和而还原成中性质点的过程,称为复合。

气体中存在游离过程,也就存在复合过程。在电场作用下,气体间隙是发展成击穿还是保持其绝缘能力，取决于气体中带电质点的产生与消失的趋势。如果带电质点的产生占主要地位，气体间隙中的带电质点数目就增加，放电就能发展下去成为击穿；如果带电质点的消失占主要地位，气隙中带电质点数目就减少，放电就会逐渐停止，气隙尚能起绝缘作用。

1.1.2 汤逊理论和巴申定律

对均匀电场气隙的击穿，可用汤逊理论来描述，这是20世纪初英国物理学家汤逊(J. S. Townsend)在大量实验的基础上总结出来的。

如图1.1(a)所示为一个低气压下电介质为空气的平板电极。紫外线光源通过石英窗口照射到阴极板上，使之发射出光电子，一定强度的光照射所产生的光电子是一个常数。当在极板间加上可变直流电压后，极板间空气间隙的伏安特性如图1.1(b)所示。在 Oa 段，电流随电压升高而增大，这是因为一定强度的光照射所产生的光电子是一个常数，随着电压升高，间隙中带电质点运动速度加大，单位时间内通过所观察面的电子数增多，电流随电压的增加呈线性关系。当电压升到一定值后，电流趋于饱和，这是因为光照射产生的光电子是一个常数的关系，电流仍取决于外界游离因素(紫外线光照射)，而和电压无关，这时气隙仍能良好绝缘。当电压继续升高到 U_b 时，电流随电压升高而迅速增大，这时气隙中必然出现了新的游离因素。这个因素是电子在电场作用下，已积累起足以引起游离的能量，当它与气体分子碰撞时，产生游离，即电子碰撞游离。

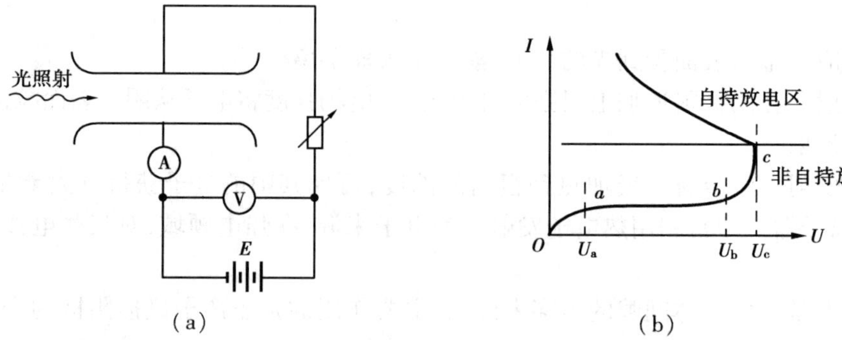

图1.1 气体间隙放电实验原理图及其伏安特性

(a)实验原理图；(b)气隙中的伏安特性

设在外部游离因素光照射下产生一个电子，在电场作用下，这个电子在向阳极做定向运动时不断引起碰撞游离，气体质点游离后新产生的电子和原有电子一起，又从电场获得能量继续沿电场方向运动，引起游离。这样下去，电子数就像雪崩似的增加，形成电子崩，如图1.2所示。电子崩的出现，使气隙中带电质点数大增，电流也大大增加。

为寻求电子崩的发展规律，以 α 表示电子的空间碰撞游离系数，它表示一个电子在电场作用下由阴极向阳极移动单位距离所发生的碰撞游离数。α 的数值与气体的性质、气体的相对密度和电场强度有关。当温度一定时，根据实验和理论推导可知

$$\alpha = Ape^{-BP/E} \tag{1.1}$$

式中：A，B 为与气体性质有关的常数；P 为大气压力；E 为电场强度。

如图1.3所示，设一个电子沿电场方向行经1 cm时与气体质点发生碰撞游离而产生出的平均电子数为 α。在外界游离因素光照射下，从阴极出发的 n 个电子，在电场的作用下，获得

能量,引起碰撞游离。当到达距阴极 x 处的横截面上,单位时间内单位面积内有 n 个电子飞过。这 n 个电子行过 dx 之后,又会增加 dn 个电子,其数目为:$dn = \alpha n dx$,移项得

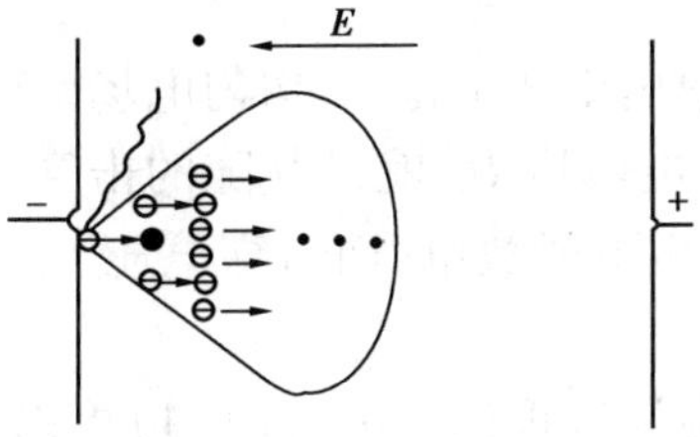

图 1.2　电子崩形成

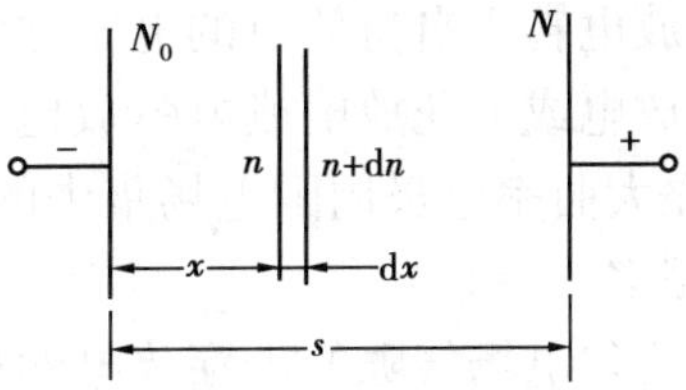

图 1.3　电子崩内电子数

$$\frac{dn}{n} = \alpha dx \tag{1.2}$$

两边同时积分

$$\int_{N_0}^{N_x} \frac{dn}{n} = \int_0^x \alpha dx$$

当 $x = 0$ 时,$n = N_0$,则

$$N_x = N_o \exp\int_0^x \alpha dx$$

在均匀电场中,α 是一个常数,则

$$N_x = N_o \exp\int_0^x \alpha dx$$

当 $x = s$ 时,到达阳极板的电子数为

$$N = N_o e^{\alpha s} \tag{1.3}$$

此式表明:①当一个电子从阴极出发,即 $N_0 = 1$ 行经整个间隙距离 s 后,产生碰撞游离,最终到达阳极的电子总数扣除它本身,新产生出的电子数为($e^{\alpha s} - 1$)个,同时产生了一样多的正离子。由于电子的运动速度比正离子的运动速度快得多,因此当全部电子进入阳极后,在气隙中遗留下($e^{\alpha s} - 1$)个正离子。这样可以解释在图 1.1(b)中电压过 U_b 后随着电压的升高,电流增加的原因。②当外界游离因素消失,$N_0 = 0$ 时,$N = 0$ 即只有碰撞游离因素(α 过程),不能维持放电发展。这种需要依靠外界游离因素支持的放电称为非自持放电。

当电压继续升高到达 U_c 后,电流急剧突增,气隙转入良好的导电状态,并伴随着有明显的亮、声、热等现象,说明此时间隙的放电又有了新的特点。当间隙上所加电压增到 U_c 时,强烈的游离将同时产生很多正离子。依上所述,一个电子行经 s 距离所产生的正离子数为($e^{\alpha s} - 1$)个,这些正离子到达阴极时,使阴极表面游离出新的电子。这些新电子将会在电场作用下向阳极运动,又产生电子崩,重复上面的过程。设一个正离子撞击阴极产生出的自由电子数为 γ,γ 称为正离子的表面游离系数,则($e^{\alpha s} - 1$)个正离子撞击阴极产生的电子数为 $\gamma(e^{\alpha s} - 1)$ 个。只要 $\gamma(e^{\alpha s} - 1) \geqslant 1$,即阴极表面至少逸出 1 个电子,则即使外界游离因素不复存在,气隙中游离过程也能继续下去。这种只依靠电场就能维持下去的放电称为自持放电。放电进入自持阶段,并最终导致击穿。由此,均匀电场中由非自持放电转为自持放电的条件为

$$\gamma(e^{\alpha s} - 1) \geqslant 1 \tag{1.4}$$

因 $e^{\alpha s} \gg 1$,故式(1.4)可简化为

$$\gamma e^{\alpha s} \geqslant 1$$

此式具有清楚的物理意义。由于偶然因素而产生的一个电子从阴极出发在间隙中引起强烈游离,若游离出的$(e^{\alpha s}-1)$个正离子经γ过程在阴极表面上至少逸出1个电子,则放电转入自持放电。

由非自持放电转入自持放电的电压称为起始放电电压U_0。对均匀电场,气隙被击穿,此后可形成辉光放电或火花放电或电弧放电,起始放电电压U_0就是气隙的击穿电压U_b。对不均匀电场,则在大曲率电极周围电场集中的区域发生电晕放电,而击穿电压U_b比起始放电电压U_0可能高很多。

以上描述均匀电场气隙的击穿放电的理论称为汤逊理论。由式(1.4)可以推得自持放电时的放电电压

$$U_b=\frac{Bps}{\ln\left[\frac{Aps}{\ln\left(1+\frac{1}{\gamma}\right)}\right]}=f(ps) \tag{1.5}$$

即当气体和电极材料一定时,气隙的击穿电压是气压p与间隙距离s乘积的函数。这个关系在汤逊理论提出之前就被巴申(Paschen)从实验中总结出来,这个关系称为巴申定律。巴申定律为汤逊理论奠定了实验基础,而汤逊理论为巴申定律提供了理论依据。如图1.4所示为几种气体击穿电压与ps的实验结果。

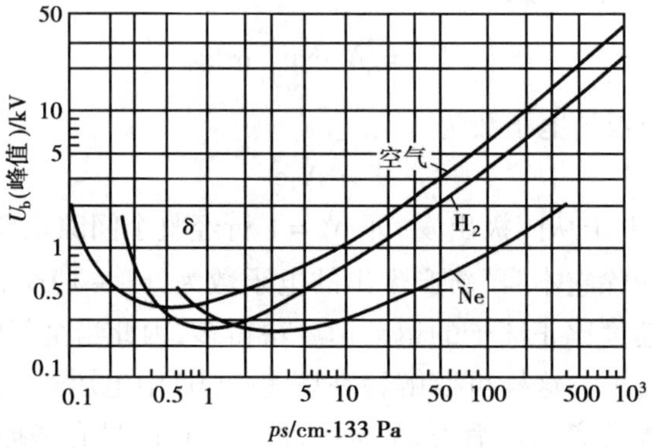

图1.4 均匀电场中几种气体击穿电压U_b与ps的关系

式(1.5)还可写成

$$U_b=f(\delta\cdot s) \tag{1.6}$$

式中:δ为气体相对密度,指气体密度与标准大气条件($P_0=101.3$ kPa, $T_0=293$ K)下的密度之比。

这是巴申定律更普遍的形式。由此可知,气体的击穿电压除了与气体种类有关外,还与气体的状态有关。图1.4表明,随着ps的变化,击穿电压将出现最小值。曲线中的最小击穿电压与式(1.5)中的最小值相对应。击穿电压U_b存在最小值是因为,当s一定时,改变气体气压p,p增大,δ随之增大,电子在运动过程中易与气体分子相碰撞,两次碰撞之间走过的路径(自由行程)很小。虽然碰撞次数增多,但电子积累的能量不足以引起气体分子发生游离,击穿电压升高;反之,p减小,δ随之减小,电子在运动中碰撞次数减少,击穿电压也升高。当p一定时,改变s也将改变击穿电压。增大s必然要升高电压才能维持足够的电场强度,使间隙击穿;反之,减小s而s太短时,则电子由阴极运动到阳极时碰撞次数太少,击穿电压也会升高。

1.1.3　流注理论

汤逊理论是在低气压 ps 值较小条件下进行的放电实验基础上总结出来的,对低气压下小间隙的放电现象能作很好的解释,但对大气压的放电现象不适用。汤逊理论只适用于一定的 ps 范围。通常认为,空气中 $ps>200$(cm · 133 Pa)后,击穿过程将发生变化,不能再用汤逊理论来说明。

工程中大气压下的气隙的击穿,用汤逊理论不能很好地解释。在汤逊以后,由 Leob 和 Week 等在实验的基础上建立起来的流注理论,能够弥补汤逊理论的不足,较好地解释了这些现象。

流注理论认为电子的碰撞游离和空间光游离是形成自持放电的主要因素,并且强调了空间电荷畸变电场的作用,如图 1.5 所示。用流注理论来描述均匀电场中气隙的放电过程,如图 1.6 所示。

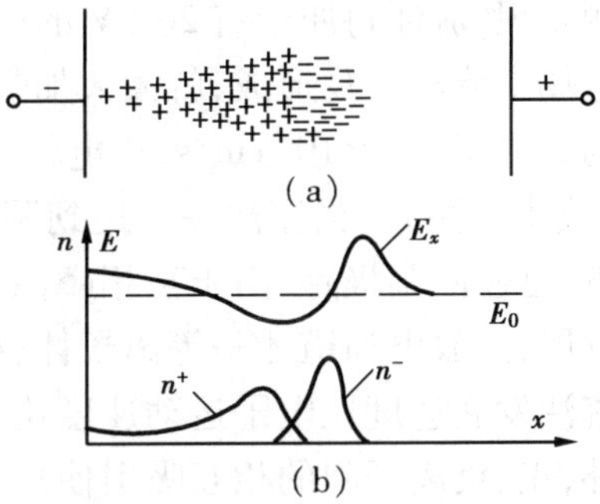

图 1.5　平板电极间电子崩

(a)电子崩示意图;(b)相应空间电荷及极间电场的变化

当外界电场足够强时,一个由外界游离因素作用从阴极释放出来的初始电子,在奔向阳极的途中,不断地产生碰撞游离,发展成电子崩(称为初始电子崩)。电子崩不断发展,崩内的电子及正离子数随电子崩发展的

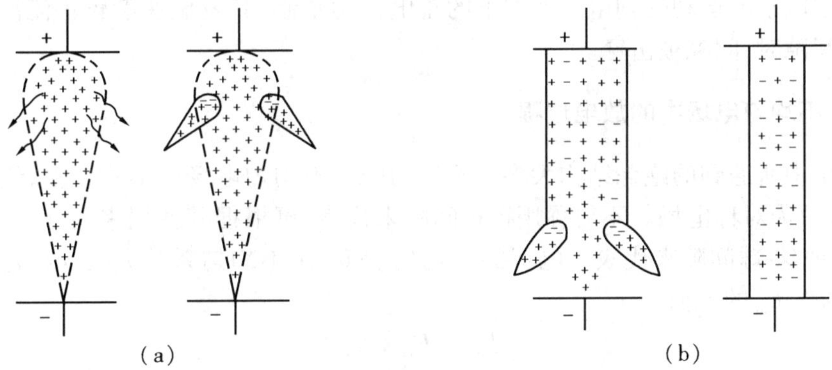

图 1.6　正流注发展机理

(a)原始电子崩;(b)发展中的流注

距离按指数规律增长。因电子的运动速度远大于正离子的速度(1.5×10^7 cm/s),故电子总是位于朝阳极方向的电子崩的头部,而正离子可近似地看成滞留在原来产生它的位置上,并缓慢地向阴极移动,相对于电子来说,可以认为是静止的。由于电子的扩散作用,电子崩在其发展过程中,半径逐渐增大,电子崩中出现大量的空间电荷,电子崩头部集中了电子,其后直至电子崩尾部是正离子,其外形像一个头部为球状的圆锥体,因此,电子崩的游离过程集中于崩头,空间电荷的分布也极不均匀,这样当电子崩发展到足够程度后,空间电荷将使外电场发生明显畸变,如图 1.5 所示,大大加强了崩头及崩尾电场而削弱了崩内正、负电荷区域之间的电场。

当加在间隙上的电压 $U=U_b$(间隙的击穿电压)时,电子崩要跑完整个间隙距离 s,正、负离子的浓度才足够大,达到 10^8 数量级,即 $\alpha s=20$。初崩中正、负离子间电场大大削弱,复合剧烈进行,同时放出大量光子。这些光子向四周辐射,此时光子能量已足够大,能使中性分子产生光游离,产生新的自由电子(称为光电子)。光电子处于一个被加强了的电场中,非常容易形成新的电子崩(称为二次崩)。二次崩中的电子受初崩中正离子的吸引作用,注入初崩中,形成了正、负离子的混合质通道。此时离子浓度更高,达到 10^{13} 数量级,复合更剧烈进行,不断向崩尾辐射出光电子,形成新的光游离,不断有光电子和二次崩产生。二次崩电子又不断渗入初崩中,使正、负离子的混合质通道不断伸长。这种正、负离子的混合质通道称为流注。通过实测发现,流注每厘米有 20 kV 的压降(在均匀电场中,空气的击穿场强为 30 kV/cm)。在均匀电场中流注一旦形成,就大大加强了剩余空间场强,使流注迅速伸长、迅速发展,其发展速度达到 $3\times10^{8}\sim3\times10^{9}$ cm/s,比电子运动速度还要快,此时流注从阳极向阴极发展,称为阳极流注(或正流注)。当流注一旦达到阴极,将间隙接通,形成主放电。强大的电子流通过混合质通道,迅速向阳极跑,由于互相摩擦,产生几千摄氏度的高温,形成热游离。主放电由阴极向阳极发展,主放电通道才是等离子体,相当于导体,于是热游离通道贯穿整个间隙,间隙被击穿。因流注发展速度比电子运动速度快 1~2 个数量级,故在时间和空间上大大加快了击穿过程。另外,正、负离子间的相互吸引使热游离通道变得很细,其主放电通道是一细长通道,而不是充满整个电极面,这时阴极材料在整个放电过程中不起任何作用。

很明显,流注的形成条件就是流注理论的自持放电条件。

若 $U>U_b$,则电子崩不需要经过整个间隙,其头部的游离程度已足以形成流注。流注形成后,向阳极发展,称为负流注。其特点是部分流注是初崩中电子渗入二次崩的正离子中,在负流注的发展中电子的运动受到电子崩留下的正电荷的牵制,其发展速度较正流注要小。当流注贯通整个间隙时,间隙被击穿。

1.1.4 不均匀电场中的放电过程

电力系统中所遇到的绝缘结构大多是不均匀的。不均匀电场的形式很多,绝大多数是不对称电场,少数为对称电场。不对称用棒板间隙来代表,可根据其数据来估计绝缘距离;对称电场用棒-棒或球-球间隙来代表。电场的不均匀程度,用不均匀系数 k_e 表示,它是最大场强 E_{max} 与平均场强 E_{av} 的比值:

$$k_e = E_{max}/E_{av} \tag{1.7}$$

式中:$E_{av}=U/s$;U 为电极间电压;s 为电极距离。

当 $k_e<2$ 时,是稍不均匀电场;当 $k_e>4$ 时,是极不均匀电场。稍不均匀电场中击穿形式、过程和均匀电场中的类似,虽然电场不均匀,但还不能维持稳定的局部放电,一旦放电达到自持,必然导致整个间隙立即击穿。而在极不均匀电场中间隙击穿前出现稳定的电晕放电,且放电过程具有显著的极性效应,间隙距离较长时,将出现先导放电过程。

(1)电晕放电

在电场极不均匀时,随间隙上所加电压的升高,在大曲率电极附近很小范围的电场足以使空气发生游离,而间隙中大部分区域电场仍然很小。在大曲率电极附近很薄一层空气中将具备自持放电条件,放电仅局限在大曲率电极周围很小范围内,而整个间隙尚未击穿。这种放电称为电晕放电。这是由大曲率周围的强场区气体游离造成的。伴随强场区中的游离、复合、激励和反激励,发出大量光子,使起晕电极周围有薄薄的紫色光层,称为电晕层,电晕层以外的电场很弱,不再发生游离。

电晕放电是极不均匀电场所特有的一种自持放电形式，是极不均匀电场的特征之一。通常把开始出现电晕时的电压称为电晕起始电压，它低于击穿电压，电场越不均匀，两者的差值越大。

工程上经常遇到极不均匀电场，架空线路就是一个例子。在雨雪等恶劣气候环境下，在高压输电线附近可听到电晕的"呲呲"声，夜色下还可看到导线周围的紫色晕光，在一些高压设备上会发生电晕。电晕放电会造成许多不利影响。气体放电过程中的光、声、热的效应以及化学反应等都会引起能量损耗；放电的脉冲现象会产生高频电磁波，对无线电通信造成干扰；电晕放电还使空气发生化学反应，生成臭氧、氮氧化物等产物，臭氧、氮氧化物是强氧化剂和腐蚀剂，对气体中的固体介质及金属电极造成损伤或腐蚀。在高压输电线路上应力求避免或限制电晕，特别是超高压系统中，限制电晕引起的能量损耗和电磁波对无线电的干扰已成为必须加以解决的重要问题。

限制电晕有效的方法是改进电极的形状，增大电极的曲率半径，如采用均压环、屏蔽环。在某些载流量不能满足要求的场合，可采用空心的、薄壳的、扩大尺寸的球面或旋转椭圆等形式的电极，如超高压输电线路采用分裂导线。

电晕损失的大小，与导线表面的电场强度、导线表面状况、线路通过地区的气象条件、线路所在地区海拔高度等因素有关，而导线表面电场强度又与电压等级、实际运行电压、导线间距、导线对地高度、导线半径等情况有关。影响电晕能量损耗的因素很多，使电晕损失计算很复杂。许多国家，按本国的具体情况，采用适合于自己国家的计算方法，如按经验公式计算、按本国气象条件推算、按电晕损失概率曲线推算、查曲线图表等。

最早系统研究交流电压作用下输电线路上电晕的是美国工程师皮克（Peek）。他在一系列实验研究的基础上，总结出了计算输电线路上电晕的经验公式，称为皮克公式。

导线表面起晕场强有效值为

$$E_{\mathrm{y,e}} = 21.4\delta m_1 m_2\left(1 + \frac{0.298}{\sqrt{r_0\delta}}\right),\ \mathrm{kV/cm} \tag{1.8}$$

式中：r_0 为起晕导线的半径，cm；δ 为空气的相对密度，标准情况下的空气密度为 1；m_1 为导线表面状态系数，根据不同情况，为 0.8～1.0；m_2 为气象系数，根据不同气象情况，为 0.8～1.0。

三相对称时，导线的起晕临界场电压有效值为

$$U_{\mathrm{y,e}} = E_{\mathrm{y,e}} r_0 \ln\frac{s}{r_0} = 21.4\delta m_1 m_2\left(1 + \frac{0.298}{\sqrt{r_0\delta}}\right) r_0 \ln\frac{s}{r_0},\ \mathrm{kV} \tag{1.9}$$

式中：s 为线间距离，cm；r_0 为导线半径，cm；$U_{\mathrm{y,e}}$ 为起晕临界电压（对地），kV。

导线水平排列时，式(1.9)中的 s 应以 s_m 代替，s_m 为三相导线的几何平均距离，为

$$s_m = \sqrt[3]{s_{ab}s_{bc}s_{ac}} \tag{1.10}$$

式中：s_{ab}，s_{bc}，s_{ac} 分别为 A-B，B-C，C-A 相间距离。

按以上计算公式，当导线水平排列时，边相导线的起晕电压较中相的略低。电晕损耗功率的经验公式为

$$P = \frac{241}{\delta}(f + 25)\sqrt{\frac{r_0}{s}}(U - U_0)^2 \times 10^{-5},\mathrm{kW/km} \tag{1.11}$$

式中：f 为电源频率，Hz；U 为运行相电压，kV；U_0 为起晕临界相电压，kV；其他符号的意义同前。

式(1.11)纯粹由实验得出,适用于三相对称配置的线路,没有涉及对击穿距离的影响,适用于电晕损失较大时,而不适用于较好天气情况和光滑导线。另外,皮克公式出现时,输电电压尚未超过 220 kV,对超高压线路也不适用。

随着输电电压的提高,在超特高压系统中多采用分裂导线,以限制电晕放电和增加线路输送功率。此时很难再用某种简单统一的公式来计算电晕损失,而只能根据在试验线路上的实验数据,制订出一系列曲线表格,进行综合计算。

在某些特定场合下,电晕放电有其有利的一面。例如,电晕可削弱输电线上雷电冲击或操作冲击电压波的幅值及陡度;可利用电晕放电改善电场分布;可利用电晕除尘等。

(2)极性效应

在极不均匀电场中,间隙上所加电压不足以导致击穿时,在大曲率电极附近,电场最强,可发生游离过程,形成电晕放电。在起晕电极附近积聚的空间电荷将对放电过程造成影响,使间隙击穿电压具有明显的极性效应。

决定极性关键是看表面场强较强的那个电极的极性。在两个电极几何形状不同的场合(如棒-板间隙),极性取决于大曲率半径的那个电极的极性,而在两个电极几何形状相同的场合(如棒-棒间隙),则极性取决于不接地的那个电极的极性。

以棒-板间隙为例加以说明。

棒极为正极性时,如图 1.7(a)所示。电晕放电在棒极附近积聚起正的空间电荷,电子崩头部电子到达棒极后即被中和[见图 1.7(b)],从而削弱了紧贴棒极附近的电场,加强了外部空间的电场,如图 1.7(c)所示(图中曲线 1 为外电场的分布)。这样,随着电压升高,电晕放电区不断扩展,强场区将向板极方向推进,好像棒极向板极延伸了似的,使放电向板极迅速发展。

当棒极为负时,电晕产生后,电子崩由棒极表面出发向外发展,如图 1.8(a)所示。崩头的电子在离开强场区后,不能再引起新的碰撞游离,但仍向板极运行,而在棒极附近是电子崩留下的正的空间电荷[见图 1.8(b)],将加强与棒极之间的电场,而使其与板极间电场被削弱,如图 1.8(c)所示。继续升高电压时,电晕区不易向外扩展,整个间隙放电是不顺利的,此时间隙的击穿电压要比正极性时高得多,完成击穿的时间也比正极性时长得多。正、负流注到达对面极板,间隙被击穿。

当间隙距离较长时,在流注不足以贯穿两极的电压下,仍可发展成击穿。此时将出现逐级推进的先导放电现象。此时流注已发展到足够长度,有较多的电子沿流注通道流向电极,所有电子都将通过通道的根部进入电极,剧烈的摩擦产生高温,出现热游离过程。这个具有热游离过程、不断伸长的通道称为先导。先导加强了前方电场,引起新的流注,使先导通道向前逐级伸长。当电压足够高时,先导贯穿两极,导致主放电和最终的击穿,间隙被短路,失去绝缘性能,击穿过程就完成了。

综上所述,在极不均匀电场中,气隙较小时,间隙放电大致可分为电子崩、流注和主放电阶段,长间隙的放电则可分为电子崩、流注、先导和主放电阶段。间隙越长,先导过程就发展得越充分。

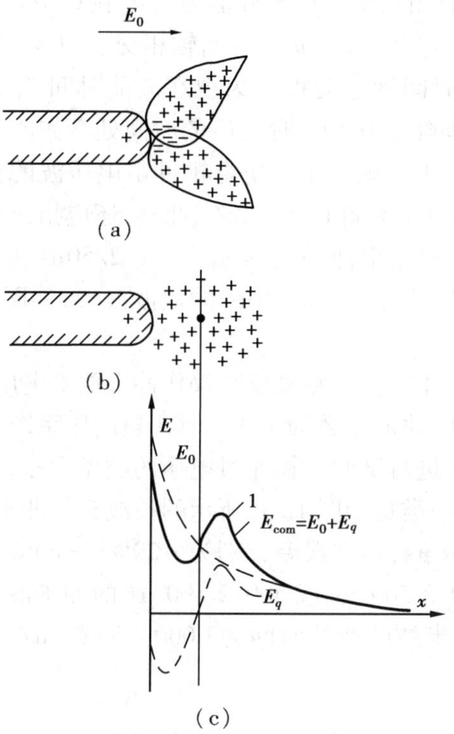

图 1.7　正棒-负板间隙中的电场畸变

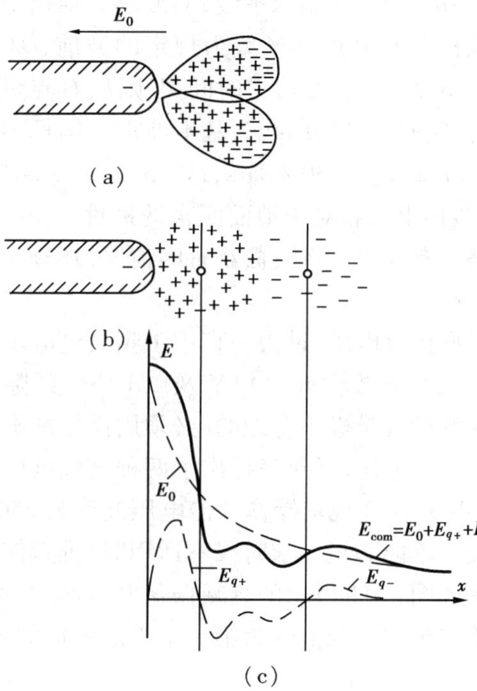

图 1.8　负棒-正板间隙中的电场畸变

1.1.5　冲击电压下气体间隙的击穿特性

(1)标准波形

电力系统中的过电压大多数是一种冲击电压,其持续时间短,在冲击电压下气隙的击穿具有新的特性。

为了在实验室中模拟出实际系统中的过电压,以考验电气设备绝缘介质在过电压下的耐受能力,使所得结果便于比较,各国都制订了冲击电压标准波形。标准波形是根据电力系统中大量实测得到的雷电放电造成的电压波和操作过电压波制订的。

我国规定的标准雷电冲击电压波形与国际电工委员会(IEC)规定的标准波形一致,如图 1.9 所示。冲击波形是非周期性指数衰减波,可用波前时间 T_1 及半峰值时间 T_2 来确定。

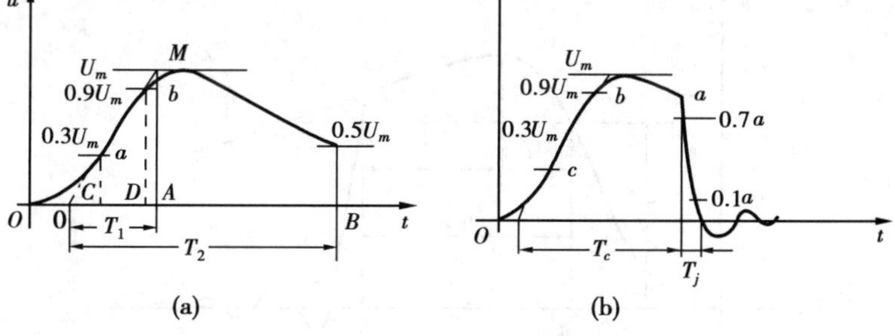

图 1.9　标准雷电冲击电压全波及截波波形

雷电冲击波在实验室中获得时波前起始部分及峰值部分比较平坦,在示波图上不易确定原点及峰值的位置，采用了图1.9(a)中所示的等值斜角波头。取波峰值为1.0，在0.3U_m，0.9U_m和1.0U_m处作3系水平线，与波形分别相交于a，b点。直线ab与时间轴相交于O点，与峰值切线相交于M点，OM线为规定的波前，OM段在时间轴上的投影为视在波前时间$T_1 = T/0.6 = 1.67T$。视在半峰值时间T_2则从O点量至波幅降至0.5U_m时对应的时间处。如波形有振荡时，应取其平均曲线为基本波形。国标GB-311-93中规定了雷电标准冲击电压波的参数为：$T_1 = 1.2 \times (1 \pm 30\%)$ μs，$T_2 = 50 \times (1 \pm 20\%)$ μs，峰值容许误差±3%，此外，还应指出其极性(不接地电极相对于地面而言的极性)。标准雷电冲击电压波可表示为±1.2/50μs。为模仿线路上有放电点将波截断时的情况，还规定了截断时间$T_c = 2 \sim 5$μs的截波波形，如图1.9(b)所示。

对操作过电压，过去一直用工频放电电压乘以操作冲击系数来反映操作冲击放电电压，对电力系统的绝缘子和220 kV及以下空气间隙，一般取冲击系数为1.1。但在超高压系统中已公认这种代替是极不合理的，必须用操作冲击电压来进行试验。操作过电压的类型很多，为了模拟操作过电压，近年来提出了两种试验电压波形：一类是如图1.10所示的长波头的冲击波，国标GB-311-93规定操作冲击电压波形为250/2 500 μs，容许误差分别为±20%，±60%。当标准波形不能满足要求时或不适用时，推荐使用100/2 500 μs或500/2 500 μs的冲击波。另一类是如图1.11所示的衰减振荡电压波，其第一个半波的持续时间为2 000～3 000 μs，反极性的第二半波的峰值约为第一个半波峰值的80%。

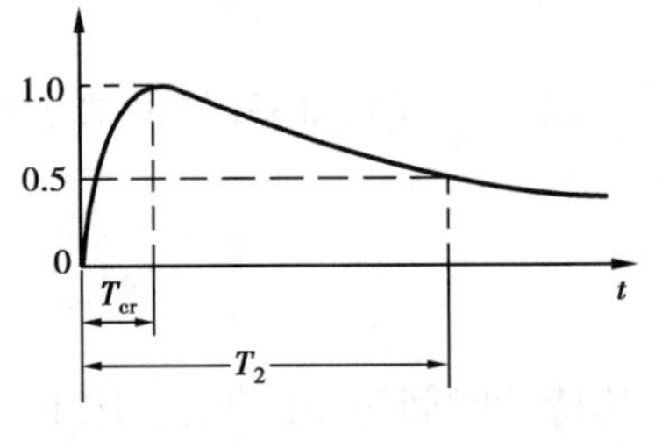

图1.10　非周期性指数衰减操作冲击波

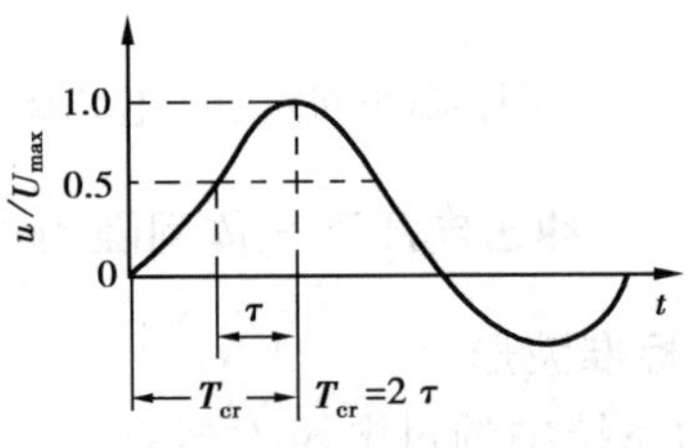

图1.11　衰减振荡操作冲击波

(2)放电时延

对气隙加上冲击电压，电压随着时间增长迅速由零上升到峰值后，又逐渐缓慢衰减，如图1.12所示。当时间经过t_0，电压升高到持续电压作用下的击穿电压U_0(称为气隙的静态击穿电压)时，间隙并未立即击穿，而是经过t_d才能完成击穿。可见，气隙的击穿需要一定的时间才能完成。对非持续作用的冲击电压，气隙的击穿与电压作用时间有很大的关系。

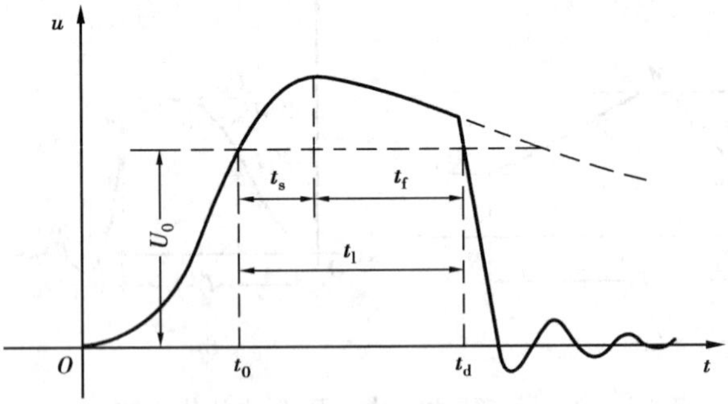

图1.12　放电时间的形成

在图 1.12 中，把从开始升压的瞬间起到气隙完全击穿为止总的时间称为击穿时间 t_d。它由 3 部分组成：

①升压时间 t_0：是指电压从零上升到静态击穿电压所需的时间。在这以前气隙中不可能发展击穿过程。欲使气隙击穿，外加电压必须大于 U_0。这是气隙击穿的必要条件。

②统计时延 t_s：是指从电压达到 U_0 的瞬间起到气隙中出现第一个有效电子为止的时间。第一个有效电子是指能够引起气隙中游离过程并最终导致击穿的那个电子。它不一定在外加电压达到 U_0 时出现，也不一定是间隙中出现的第一个电子。其原因是：第一，间隙中受到外界因素的作用而出现自由电子需要一定的时间；第二，出现的自由电子有些可能被中性质点所俘获，形成负离子，失去游离能力，有的电子可能扩散到间隙以外，不可能产生游离；第三，即使已经引起游离，但一些不利因素的巧合，游离可能终止。第一个有效电子的出现需要时间，上述这些过程都具有统计性，这个时间也服从统计规律。

③放电发展时间 t_f：是指从出现第一个有效电子的瞬间到气隙完全被击穿的时间，具有统计性。

显然，$t_d = t_0 + t_s + t_f$。

对短间隙（1 cm 以下），特别是电场比较均匀时，$t_f \ll t_s$，这时 $t_l \approx t_s$，可以直接用示波器测量。因每次放电统计时延不同，故通常讨论其平均值，称为平均统计时延。

平均统计时延与电压大小、照射强度等因素有关。平均统计时延随间隙外加电压增加而减少，这是由此时气隙中出现的自由电子转变为有效电子的概率增加造成的。用紫外线等高能射线照射气隙，使阴极释放出更多的电子，能减少平均统计时延。利用球隙测量冲击电压时，有时需采用这一措施。阴极材料不同时，释放出电子的能力不同，平均统计时延也不同。电极裸露在空气中很久，或放电多次以后，金属表面会发热，其平均统计时延会大大增加。在极不均匀电场中，电场局部增强，出现有效电子的概率增加，其平均统计时延较小，且和外游离因素强度的关系较小。

在较长间隙中，放电时延主要取决于放电发展时间。在较均匀电场中，由于气隙中电场比较均匀，且处处相等，因此放电发展速度快，放电发展时间较短；在极不均匀电场中，则放电发展时间较长。显然，外施电压增加，放电发展时间也会减少。

(3)伏秒特性

气隙的击穿需要一定的时间才能完成，对非持续作用的冲击电压，放电时延就不可忽略不计。同一气隙，在峰值较低但持续作用时间较长的冲击电压下可能击穿，而在峰值较高但持续作用时间较短的冲击电压下可能不击穿。一个气隙的非持续时间电压下的击穿特性不能单一地用“击穿电压”来表达，对某一定的电压波形，必须用电压峰值和击穿时间共同表达才行。工程上用气隙上出现的电压最大值与放电时间的关系来表征气隙在冲击电压下的击穿特性，称为气隙的伏秒特性。

伏秒特性可以用实验方法求取。对同一间隙，施加一系列标准波形的冲击电压，使间隙击穿，用示波图来求取。电压较低时，击穿发生在波尾，在击穿前的瞬时电压虽已从峰值下降到一定数值，但该电压峰值仍是气隙击穿的主要因素。以间隙上曾经出现的电压峰值为纵坐标，以击穿时间为横坐标，得伏秒特性上一点；升高电压，击穿时间减小，电压升高时可在波头击穿，此时以击穿时间为横坐标，以击穿时电压为纵坐标，得伏秒特性上又一点。当每级电压下只有一个击穿时间时，可绘出伏秒特性，如图 1.13 所示。但击穿时间具有分散性，在每级电压下可

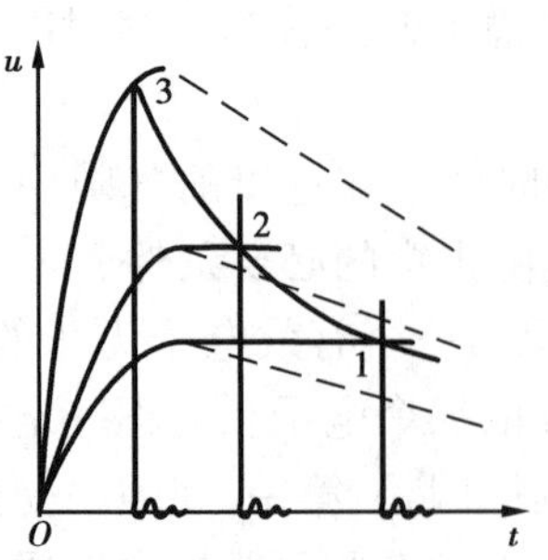

图1.13　伏秒特性的绘制
1,2—波尾击穿;3—波头击穿

得一系列击穿时间。实际的伏秒特性不是一条简单的曲线,而是以上下包络线为界的一个带状区域,如图1.14所示。这是一簇曲线,每级电压下,击穿时间低于下包络线横坐标的数值为0%,该曲线以左区域完全不发生击穿;大于上包络线所示数值的击穿概率为100%,该曲线以右区域每次都击穿。在上、下包络线之间的区域,可视为击穿时间具有不同击穿概率的数值。这样的一簇曲线,制作的工作量大,制作过程相当烦琐。工程上常用50%概率的伏秒特性来大致表示气隙的伏秒特性,即在这条曲线上的电压作用下,间隙有50%的击穿次数的击穿时间是小于曲线上所标的时间。同理,上、下包络线也相应地称为100%伏秒特性和0%伏秒特性。

在工程上还常用"50%击穿电压"和"2 μs冲击击穿电压"。50%击穿电压 $U_{50\%}$ 是指在该电压下进行多次试验,气隙击穿概率为50%。该电压表征了气隙冲击击穿特性的基本耐电性能,是一个重要参数,反映了间隙能耐受多大峰值的冲击电压作用而不致被击穿的能力。这一电压已接近伏秒特性带的下边缘,在图1.14中已定性地标出。2 μs冲击击穿电压 $U_{2\ \mu s}$ 是指气隙在该电压下发生击穿放电,其击穿时间大于或小于2 μs的概率各为50%。它也是击穿发生在标准波峰值附近的电压。用这两个电压可以大致反映出击穿电压和击穿时间的关系,但其测定简单得多。

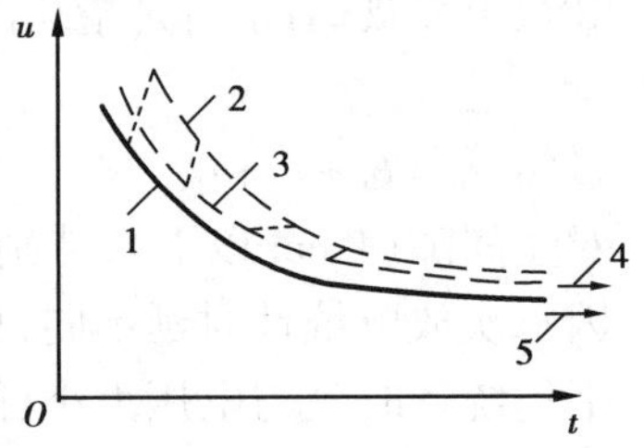

图1.14　伏秒特性实际分散情况
1—0%伏秒特性;2—100%伏秒特性;3—50%伏秒特性;4—50%冲击击穿电压;5—0%冲击击穿电压

伏秒特性形状和间隙电场的均匀程度有关。对不均匀电场,平均击穿场强较低,且流注总是从强场区向弱场区发展,放电发展到完全击穿需较长时间,如不提高电压峰值,可相应减小击穿前时间,放电发展时间延长,分散性也大。伏秒特性在击穿时间还相当大时,随时间 t 的减少有明显的上翘。在均匀电场或稍不均匀电场中,平均击穿场强较高,流注发展较快,放电发展时间较短,其伏秒特性较平坦,如图1.15所示。

伏秒特性对比较不同设备绝缘的冲击击穿特性具有重要意义。如果一个电压同时作用在两个并联的绝缘结构上,其中一个绝缘结构先击穿,则电压被截断短接,另一个就不会再被击穿,称前者保护了后者。若某间隙 s_1 的50%冲击击穿电压高于另一间隙 s_2 的数值,并且间隙 s_1 的伏秒特性始终位于间隙 s_2 之上,如图1.15所示,则在同一电压下,s_2 将先于 s_1 击穿,s_2 就能可靠地保护 s_1 不被击穿。但如图1.16所示,间隙 s_1 和 s_2 的伏秒特性相交,虽然在冲击电压峰值较低下,s_2 先于 s_1 击穿,能对 s_1 起保护作用,但在高峰值冲击电压作用下,s_1 先于 s_2 击穿,s_2 不起保护作用。这就与持续电压作用下的情况不同。由此可知,单是50%冲击击穿电压不能说明间隙的冲击击穿特性。在考虑不同绝缘结构的配合时,为了全面地反映问题的冲击击穿特性,就必须采用间隙的伏秒特性。从图1.16可知,如果要求保护设备能可靠地保护被保护设备,保护设备的伏秒特性必须全面低于被保护设备的伏秒特性,且越平坦越好。

另外,同一间隙,对不同电压波形,其伏秒特性不同,如无特殊说明,一般是指标准波形下得到的伏秒特性。

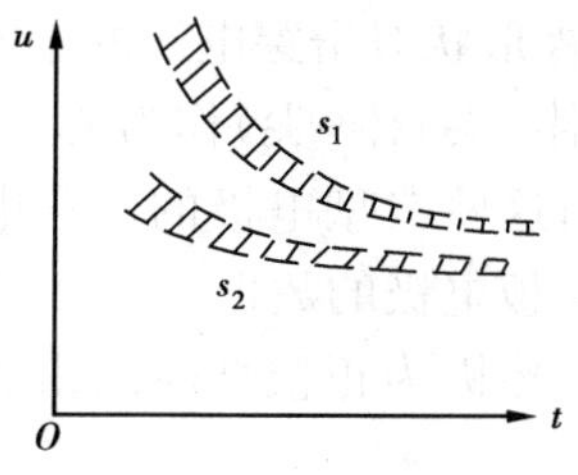

图1.15　极不均匀电场间隙(s_1)和均匀及稍不均匀电场间隙(s_2)的伏秒特性

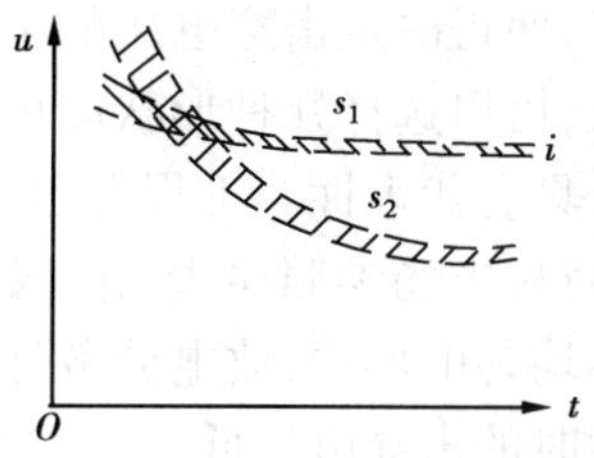

图1.16　两个间隙伏秒特性交叉的情况

1.2　气体放电的影响因素

1.2.1　电场形式对放电电压的影响

(1)均匀电场中的击穿电压

工程上很少遇到很大的均匀电场间隙,通常只有间隙不太大时的均匀电场。在均匀电场中,间隙各处场强大致相等,在间隙中不可能出现持续的局部放电,流注一旦形成,间隙就被击穿。击穿电压等于起始放电电压,且无极性效应。

均匀电场中直流及工频击穿电压(峰值)及50%冲击击穿电压大致相同,其分散性很小。对空气,相应的经验公式为

$$U_b = 24.22\delta s + 6.08\sqrt{\delta s},\ \text{kV} \tag{1.12}$$

式中:s为间隙距离,cm;δ为空气相对密度。

当$s>1$ cm时,均匀电场中空气的电气强度大致等于30 kV/cm。

(2)稍不均匀电场中的击穿电压

在稍不均匀电场中,一旦出现局部放电,立即导致整个间隙的完全击穿;当电场不对称时,极性效应不很显著,其极性效应为大曲率半径的电极,电极为负极性的击穿电压略低于为正极性时的数值。这时在稍不均匀电场中,不能形成稳定的电晕放电。非自持放电形成的空间电荷使负极性下电晕起始电压比正极性时略低,而电晕起始电压就是其击穿电压。无论是直流电压还是冲击电压,不接地球为正极性时的击穿电压大于为负极性下的数值。工频电压下由于击穿发生在容易击穿的半周,所以击穿电压和负极性下的击穿电压相同。

在稍不均匀电场中,击穿电压与电场均匀程度关系极大。没有能概括各种电场分布的试验数据,具体间隙的击穿电压要通过实验才能确定。但有这样一个规律:电场越均匀,同样间隙距离下的击穿电压就越高,其极限就是均匀电场中的击穿电压。

稍不均匀电场的结构形式有多种多样。工程上较典型的电场结构形式有球-球、球-板、圆柱-板、同轴圆柱、两平行圆柱、两垂直圆柱等,其中,球-球间隙可用来作为测量高电压峰值的一种手段,它既简单,又有一定的准确度,其击穿电压有国际标准表可查阅。

(3)极不均匀电场中的击穿电压

工程上常用的电场,绝大多数是极不均匀电场。在极不均匀电场中,各处场强差别很大,在所加电压小于间隙击穿电压时,可出现局部持续的电晕放电。电晕放电的空间电荷使外电

场强烈畸变,使得决定击穿电压的主要因素是间隙距离,电极形状对击穿电压的影响不大。根据这一现象,可以选择几种形状简单的电极如棒（尖）板和棒(尖)棒(尖)作为典型电极,它们的击穿电压具有代表性。工程上遇到极不均匀电场时,可由这些典型电极的击穿电压来修正绝缘距离,对称电场参照棒-棒电极数据,不对称电场参照棒-板电极的数据。

在极不均匀电场中,放电分散性较大,且极性效应显著,棒极为正极性时的击穿电压比棒极为负极性时的击穿电压低。

由此可知,间隙距离相同时,电场越均匀,气隙的击穿电压就越高。一般情况下,极间距离越大,放电电压越高,但不是成正比地增加。可以改进电极形状,增大电极曲率半径,以改善电场分布,提高间隙的击穿电压。例如,高压静电电压表的电极就是电场比较均匀的结构,变压器套管端部加球型屏蔽罩等。同时,电极表面应避免毛刺、棱角,以消除电场局部增强的现象,如电极边缘做成弧形。

如要采用极不均匀电场,则尽可能采用棒-棒类型的对称电场。

1.2.2 电压波形对击穿电压的影响

气体间隙的击穿电压和电压种类有关。直流电压和交流电压统称为持续作用电压。这类电压的变化速度很小,击穿时间可忽略不计。电力系统中的雷电过电压和操作过电压持续时间极短,放电发展速度不能忽略不计。

如前所述,电场均匀时,不同电压波形下击穿电压(峰值)是一致的,且放电分散性小, 在50% 冲击击穿电压下击穿通常发生在波头峰值附近。

对稍不均匀电场,直流、工频与冲击下的击穿电压和气隙 50% 冲击击穿电压基本相同,放电分散性不大,极性效应不显著,如图 1.17 所示。

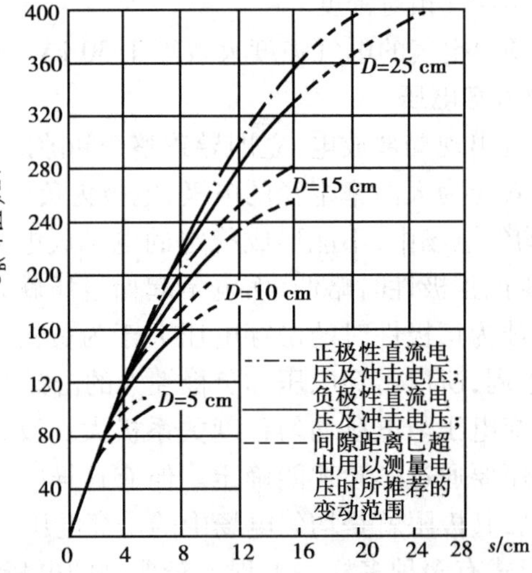

图 1.17　球-球空气间隙的击穿电压和间隙距离的关系

对极不均匀电场,直流、工频及冲击击穿电压之间的差别较明显。

(1) 直流电压下的击穿电压

对电场极不均匀的棒-板间隙,其击穿电压存在着明显的极性效应,棒极为正时击穿电压比棒极为负时低得多。棒-棒电极间的击穿电压介于不同极性的棒-板电极之间。这是由于棒-

棒电极中有正棒，放电易于发展，因此击穿电压比负棒-正板的低。但棒-棒有两个强电场区域，在同样间隙距离下，强场区增多后，其电场均匀程度会增加，击穿电压比正棒-负板的高。击穿电压与间隙距离近似成正比，其平均击穿场强：正棒-负板约为4.5 kV/cm，负棒-正板约为10 kV/cm，棒-棒约为5.4 kV。

(2)工频电压下的击穿电压

在工频电压下，击穿电压与距离近似成正比：棒-板间隙的平均击穿场强（峰值）约为4.8 kV/cm，比棒-棒稍低一些。但当间隙距离超过2 m后，击穿电压与间隙距离的关系出现饱和趋势，平均击穿场强降低，棒-板间隙尤其严重。这就使得棒-板间隙与棒-棒间隙击穿电压的差距拉大。在电气设备中希望尽量采用“棒-棒”类型的电极结构而避免“棒-板”类型的电极结构。

(3)冲击电压下的击穿电压

在冲击电压下，气体的击穿电压要比持续电压作用下的击穿电压高，它们的比值称为冲击系数，一般大于1。

在50%冲击击穿电压下，当间隙较长时，击穿通常发生在波尾。棒-板间隙有明显的极性效应，棒-棒间隙也有较小的极性效应。击穿电压与距离成正比，没有显著的饱和趋势。操作冲击击穿电压有明显的极性效应，正极性的50%击穿电压低于负极性，更危险。

极不均匀电场中操作冲击电压的波形对击穿电压有很大影响。操作冲击下气隙的击穿通常发生在波前部分，波尾对击穿电压没有多大的影响。如图1.18所示为棒-板气隙的正极性操作冲击50%击穿电压与波前时间的关系。由图可知，50%击穿电压与波前时间呈U形曲线，$U_{50\%}$具有极小值，对应于极小值的波前时间随着间隙加大而增大。7 m以下的间隙，极小值为50～200 μs，可能是放电时延和空间电荷这两类不同因素的影响造成的。放电需要一定时间，在U形曲线极小值左半枝中，击穿电压随波前时间缩短而上升，随着波前时间增长，放电时延的作用逐渐减小了，但击穿前电晕电极附近放电过程形成的空间电荷的作用却显著起来。当电压作用时间较短时，电晕电极附近的空间电荷来不及迁移到离棒极较远的地方，集中在棒极附近，加强了前方电场，对先导发展是有利的，此时击穿电压降低。电压作用时间增大后，空间电荷的迁移范围扩大，扩大的空间电荷层起着减少电晕电极附近电场从而改善电场分布的作用，提高了击穿电压。在U形曲线极小值右半支中，击穿电压随着波前时间增加而上升。实际上在极不均匀电场中，可以利用电晕放电生成的空间电荷来改善电场分布，但对雷电冲击无效。

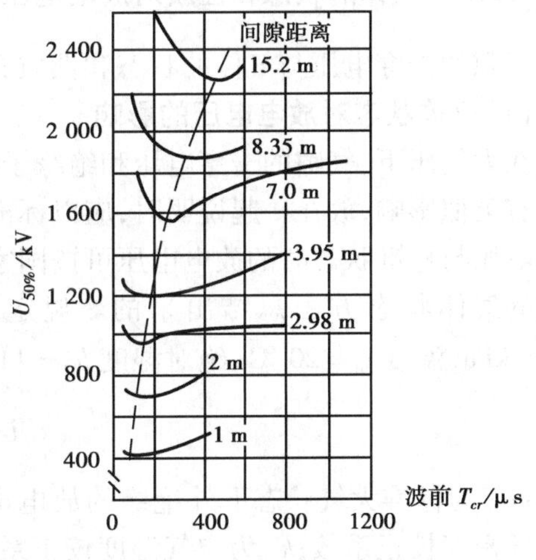

图1.18　棒-板间隙的正极性操作冲击下的$U_{50\%}$和波前时间的关系

其他形式的气隙也大多存在U形曲线的规律，棒-板间隙最为显著，伸长形电极（如分裂导线）所形成的间隙最不显著，正极性电压的U形规律比负极性电压显著。

工频半波波前时间为5 000 μs时位于U形曲线的右半支，其击穿电压反而比临界波前操作冲击击穿电压高。

由于空间电荷的形成、扩散和放电时延有很大统计性,所以操作冲击击穿电压分散性大,且与间隙距离存在明显的"饱和"现象,如图 1.19 所示。

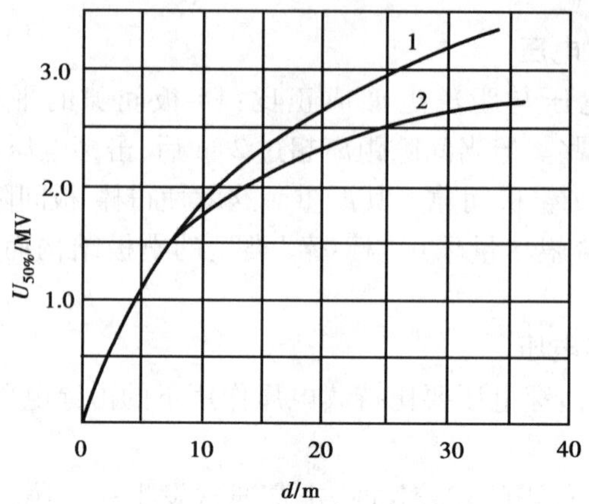

图 1.19 操作冲击电压下棒-板电极的 $U_{50\%}$ 和间隙距离的关系

1.2.3 气体的状态和性质对放电电压的影响

气隙的击穿电压与气体的状态和性质有关。

(1)气体状态对放电电压的影响

在大气压下,气隙的击穿电压和绝缘子闪络电压与气体状态、大气条件有关。对其他外绝缘也有类似影响,放在一起说明时,应以标准条件下的电压为准。大气状态不同时,外绝缘的放电电压与标准状态时的放电电压可按国家标准进行相互换算。换算的方法是从实验及物理学中的气体状态方程总结出来的。规定了标准大气状态为:压力 P_0 = 760 mmHg 或者 101.3 kPa,温度 t_0 = 20 ℃,绝对湿度 h_0 = 11 g/m^3,换算方法如下:

$$U = \frac{k_d}{k_h} U_0 \tag{1.13}$$

式中:U_0 为标准大气状态下外绝缘的放电电压;U 为实际大气状态下外绝缘的放电电压;k_d 为空气密度校正系数;k_h 为空气湿度校正系数。

空气密度校正系数

$$k_d = \left(\frac{p}{p_0}\right)^m \cdot \left(\frac{273 + t_0}{273 + t}\right)^n \tag{1.14}$$

式中:p,t 为实际状态下的气体压力、温度;p_0,t_0 为标准状态下的气体压力、温度。

湿度校正系数

$$k_h = k^{\omega}$$

式中:k 为绝对湿度的函数,与电压形式、电压极性、电场情况以及闪络距离有关。

外绝缘的放电电压随着空气密度增大而提高,这是因为随着密度增大,气体中自由电子的平均自由行程缩短,游离过程减弱。外绝缘的放电电压随着空气湿度的增大而增大,这可能是由于水分子容易吸附电子而形成负离子,并使游离因素的最主要参加者自由电子的数量减少,从而使游离过程减弱。均匀电场湿度的影响小,在极不均匀电场中,平均放电场强低,电子速度慢,湿度影响明显,但当湿度超过80%时,放电分散性大。

由此可知,提高气体压力时,可以提高气隙的击穿电压,巴申定律也从实验上证实了这一点。工程上为提高气隙的击穿电压,在电气设备中采用了压缩空气。

在均匀电场中,气隙击穿电压和压力及距离的乘积的关系如图1.20所示。

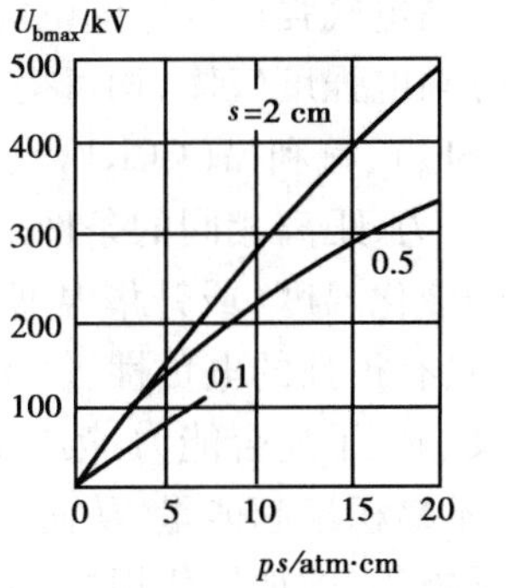

图1.20　均匀电场中不同间隙距离下空气的击穿电压和 ps 关系

由图可知,当间隙距离不变时,击穿电压随压力提高而很快增加,但当压力增加到一定值后,击穿电压增加的速度逐渐减小,说明继续升高气压的效果不明显。

在大气压下,击穿电压与阴极材料关系不大。而在高气压下,击穿电压与电极的表面状态及材料有很大的关系。电极表面不光洁,击穿电压下降,分散性也大。材料不同,击穿电压不同,如不锈钢电极的击穿电压比铝制电极的击穿电压要高。

在不均匀电场中,提高气压后,间隙的击穿电压也将高于标准大气压力下的数值。但在高气压下,电场均匀程度对击穿电压的影响比在标准大气压下显著得多,击穿电压将随电场均匀程度下降而剧烈降低。在极不均匀电场中,当尖电极为正时,击穿电压随压力变化会出现极大值,即在压力较低时击穿电压随压力上升而增加,但压力超过某值后,击穿电压反而会下降,此后再随压力的增加而上升。

在高气压下,湿度对击穿电压也有很大影响。在压缩空气中湿度增加时,击穿电压明显下降,电场不均匀,下降更显著。

在高气压下,应尽可能改进电极形状,改善电场分布;电极应仔细加工使之光洁,气体要过滤,滤掉尘埃及水分。如果不可避免地出现极不均匀电场,则应根据实验结果,正确选择压力,以使气压提高后有较大效益。

从巴申定律可知,用高真空也可提高击穿电压。这是由于在间隙中气体质点极少,电子的自由行程增大,碰撞的机会减少。在真空时,击穿机理已发生变化,击穿电压与电极材料、电极表面光洁度等多种因素有关,分散性很大。在电力系统中,由于难以保持高真空,目前很少用此方法,只是在特殊场合使用。真空还具有很好的灭弧能力,因此,在真空断路器中使用,具有特别好的性能,但其制造困难,不及油断路器使用广泛。

我国幅员辽阔,有不少电力设施(特别是输电线路)位于高海拔地区。随着海拔高度的增大,空气变得逐渐稀薄,大气压力和相对密度减小,空气的电气强度也将降低。

海拔高度对气隙的击穿电压和外绝缘的闪络电压的影响可利用一些经验公式求得。我国国家标准规定:对安装在海拔高于1 000 m、但不超过4 000 m处的电力设备外绝缘,其实验电压 U 应为平原地区外绝缘的试验电压 U_p 乘以海拔校正因数 K_a,即

$$U = K_a U_p \tag{1.15}$$

而

$$K_a = \frac{1}{1.1 - H \times 10^{-4}} \tag{1.16}$$

式中:H 为安装点的海拔高度, m。

(2)气体性质对放电电压的影响

不同的气体具有不同的电气强度。在间隙中采用高电强度气体,可以大大提高气隙的击

穿电压或大大减少工作压力(气压太高,使制造工艺复杂,设备造价高,运行麻烦)。

高电气强度气体的电气强度比空气高得多。采用这些气体代替空气,或在空气中混用一部分高电强度气体,均可提高击穿电压。许多含卤族元素的化合物是高电强度气体,如六氟化硫(SF_6)、氟利昂(CCl_2F_2)、四氯化碳(CCl_4)等,表1.1中列出了几种气体的相对电气强度(电场、压力、距离相同的条件下,这些气体的电气强度和空气的电气强度之比)、分子量和大气压下的液化温度(或升华温度)。卤化物气体电气强度高的原因主要是:第一,它们含有卤族元素,具有很强的电负性,气体分子容易与电子形成负离子,从而削弱了电子的碰撞游离能力,同时又加强了复合能力;第二,这些气体的分子量都较大,分子直径较大,使得电子的自由行程缩短,不易积累起能量,从而减少其碰撞游离的能力;第三,电子与这些气体分子相遇时,易引起分子极化,增加极化损失,减弱其碰撞游离能力。

表1.1 几种高电气强度气体的性能

气体	分子量	相对电气强度	一个大气压下的液化温度/℃
氮气	28	1.0	-195.8
二氧化碳	44	0.9	-78.5
六氟化硫	146	2.3~2.5	-63.8
氟利昂 CCl_2F_2	121	2.4~2.6	-28
四氯化碳	153.6	6.3	76

对高电气强度气体,除了满足击穿特性之外,还应满足以下物理化学特性:①液化温度要低;②具有良好的化学稳定性;③不易腐蚀设备中的其他材料;④无毒;⑤不会爆炸,不易燃烧;⑥在放电过程中不易分解;⑦价格低廉,经济合理。例如,四氯化碳蒸气虽然电气强度很高,但液化温度过高,放电中能形成剧毒物质(碳酰氯,即光气),不能用作绝缘材料。

目前工程上使用得最多的是SF_6气体。它除了具有较高的电气强度外,还是很好的灭弧材料,适用于高压断路器。近年来还发展了各种组合电器,即将整套送变电设备组成一体,密封后充以SF_6气体,如全封闭组合电器、气体绝缘变电站(GLS)、充气输电管道等,其优点是节省占地面积,工作可靠,维护运行简单易行等。以SF_6气体说明高电强度气体的击穿特性。

SF_6气体是无色、无味、无毒、不可燃的惰性气体,具有较高的电气强度、优良的灭弧性能和良好的冷却特性。将它应用于电气设备可免除火灾的威胁,缩小设备尺寸,提高系统运行的可靠性。在SF_6分子中,6个氟原子围绕着一个中心硫原子对称排布,呈正六面体结构。硫-氟之间键距小,键全能量高。SF_6的化学性能非常稳定,仅当温度很高($>1\,000$ K)时,SF_6分子才会发生热分解。

SF_6分子量大,为146,密度大,属重气体。通常使用在-40 ℃$\leqslant$温度$\leqslant 80$ ℃,压力<0.8 MPa的范围内,气态占优势,在很高的压力下液化,只有当温度<-18 ℃时,才考虑用加热装置来防止其液化。SF_6比空气重,会积聚在地面附近使人窒息而造成生命危险,若SF_6气体纯度不够时,会含有一些有毒杂质。工作人员接触时须戴防毒面具和防护手套,现场采取强力的通风措施。

SF_6 是一种稳定的气体,但在电弧燃烧的高温下会发生分解,生成硫和氟原子。硫和氟原子对电气设备的击穿电压没有影响,但当 SF_6 气体及电极材料中含有氧气、电极的金属蒸气时,会发生继发反应,生成低氟化物 SOF_2,SO_2F_2,SF_4,SOF_4 和金属氟化物(如 WF_6)。如 SF_6 中含有水分,将发生水解,生成腐蚀性很强的氢氟酸:

$$SF_6 + H_2O \rightarrow SO_2 + HF + O_2$$

这些生成物 HF,SF_4 等是强腐蚀剂,对绝缘材料、金属材料有腐蚀作用。要严格控制 SF_6 气体的含水量(<15 ppm)及纯度,应选用耐受腐蚀的性能较好的绝缘材料,如环氧树脂、聚四氟乙烯、氧化铝陶瓷等。

由此可知,SF_6 气体绝缘只适用于均匀电场和稍不均匀电场,不能用在极不均匀电场中,后者有稳定的局部放电。在工程中,电场不可能完全均匀,应尽可能地使用稍不均匀电场结构。在稍不均匀电场中,提高 SF_6 气体的气压对于提高 SF_6 气体间隙的击穿电压的作用显著,但随着电场不均匀程度的增加,击穿电压的增加出现饱和趋势,如图 1.21 所示。在一定气压区域内,击穿电压与气压存在异常低谷,应避免。气压越高,电极表面粗糙度的影响和杂质影响越大,工艺处理越难。适用气压为0.1~0.4 MPa。

与空气相似,SF_6 气体是自恢复绝缘,对电极表面光洁度和装置内部洁净度要求严格,表面上微小的突出物和导电微粒都会导致击穿场强度大降低。在 SF_6 气体常用的电场情况和气压范围内,SF_6 的击穿具有极性效应,曲率较大的电极为负极性时的击穿电压比正极性时低。SF_6 气体绝缘结构的绝缘水平是由负极性击穿电压决定的。稍不均匀电场中 SF_6 气体的伏秒特性较平坦,只是在放电时间降到2~4 ms时,才有上翘,而电气设备中的空气间隙多为极不均匀电场结构,其伏秒特性较陡,如图 1.22 所示。在考虑 SF_6与空气间隙的绝缘配合时,应注意这一点。

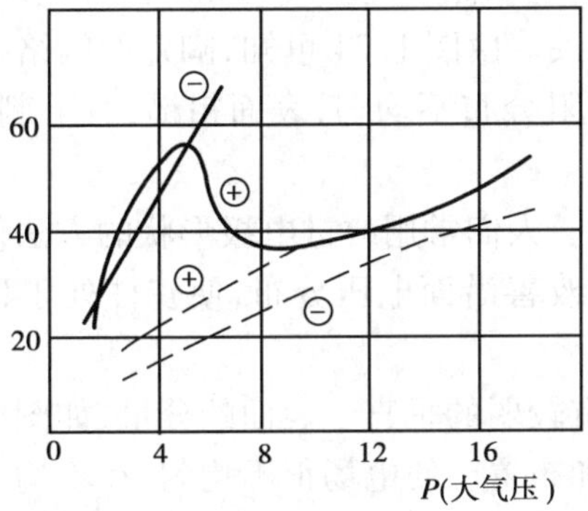

图 1.21　棒-板间隙不同极性直流电压下 SF_6 击穿电压(实线)和电晕起始电压(虚线)对气压的关系

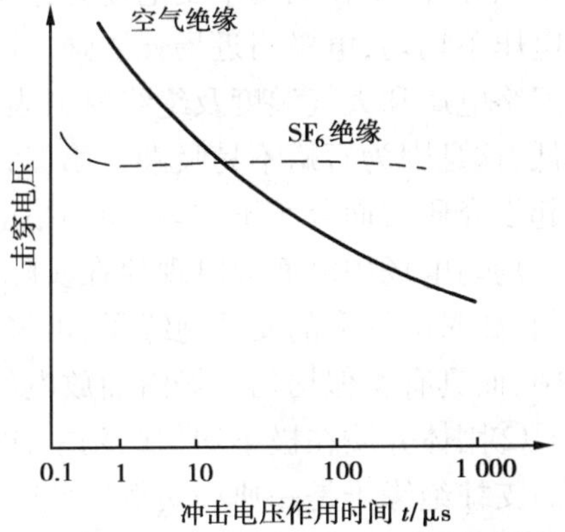

图 1.22　SF_6 与空气间隙的绝缘配合

对用气量较大的电气设备,如 SF_6 电缆、G1S 组合电器,适合于用 SF_6 与其他惰性气体组成的混合气体,经济且电气强度可能比纯 SF_6 气体更高,用此混合气体制造电气设备,其体积可更为缩小。

将 SF_6 和 N_2 混合使用时,当 SF_6 含量超过20%~30%(容积百分数)时,绝缘强度已和全充 SF_6 气体时的绝缘强度相同,这对减小腐蚀有实际意义。

1.3 沿面放电

电气设备中用来固定支撑带电部分的固体介质多数是在空气中。在固体和空气的分界面上出现沿着固体介质表面的气体放电现象,称为沿面放电(或称沿面闪络)。沿面放电是一种气体放电现象,沿面放电电压比气体或固体单独作绝缘介质时的击穿电压都低,受表面状态、空气污秽程度、气候条件等因素的影响很大。电力系统中的绝缘事故,很多是沿面放电造成的,如线路受雷击时绝缘子的闪络,大气污秽的工业区的线路、变电站绝缘子在雨、雾天时绝缘子闪络引起跳闸,都是沿面放电所致。了解沿面放电现象,掌握其规律,对电气设备绝缘设计和运行有重要的现实意义。

1.3.1 沿面放电的物理过程

沿面放电与固体介质表面的电场分布有很大关系,它直接受到电极形式和表面状态的影响。按电瓷绝缘结构分,固体介质处于电极间电场中的形式,有以下3种情况:

①固体介质处于均匀电场中,固、气体介质分界面平行于电力线,如图1.23(a)所示。瓷柱的引入,虽未影响极板间的电场分布,但放电总是发生在瓷柱表面,且闪络电压比纯空气间隙的击穿电压要低得多。造成这种现象的原因是:第一,固体介质与电极吻合不紧密,存在气隙。空气的介电常数比固体介质低,气隙中场强比平均场强大得多,使得气体中首先发生局部放电。当放电发生的带电质点到达固体介质表面时,使原均匀电场畸变,变成不均匀电场,降低了沿面闪络电压,如图1.24中曲线4所示。第二,固体介质表面吸潮而形成水膜。水具有离子电导,离子在电场中受电场力作用而沿介质表面移动,在电极附近积聚起电荷,使介质表面电压不均匀,电极附近场强增强。因此沿面闪络电压低于纯空气间隙的击穿电压。可见,沿面闪络电压和大气湿度及绝缘材料表面吸潮性有关。由图1.24可知,陶瓷的闪络电压比石蜡的低,这是因为石蜡不易吸潮。第三,介质表面电阻分布不均匀,表面粗糙,有毛刺或损伤,会引起沿介质表面分布不均匀,使闪络电压降低。

均匀电场中沿面放电现象在实际工程中较少。人们常用改进电极形状的方法使电场接近均匀,如对圆柱形的支柱绝缘子,可采用环状附件改善沿面电压分布,使瓷柱处于稍不均匀电场中,而具有类似均匀电场沿面放电的规律。

②固体介质在极不均匀电场中,电场强度具有较弱的垂直于表面的分量,如图1.23(c)所示。支柱绝缘子是一典型实例。此时,电极形状和布置已使电场很不均匀,在不均匀电场中影响电场分布不均匀的因素对闪络电压的影响不如均匀电场中显著,其他有关在均匀电场中分析沿面放电的叙述,均可用来解释这类不均匀电场中的沿面放电,只是沿面放电电压比纯空气间隙的击穿电压低得不多。提高沿面放电电压,一般从改进电极形状以改善电极附近电场着手。

③固体介质在极不均匀电场中,电场强度具有较强的垂直于表面的分量,如图1.23(b)所示。套管是一典型实例。

工程中具有这类结构的很多,它的闪络电压较低。以套管为例分析沿面放电发展情况,如图1.25所示。

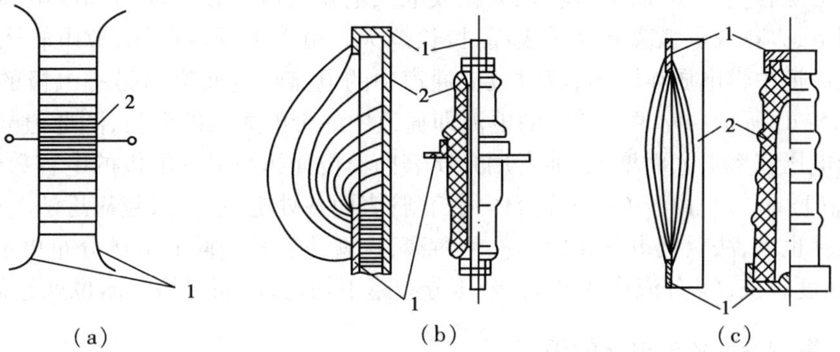

图1.23　介质在电场中的典型布置方式

(a)均匀电场;(b)有强垂直分量的极不均匀电场;(c)有弱垂直分量的极不均匀电场

1—电极;2—固体介质

当电压较低时,法兰处的电场很强,在法兰边缘处出现电晕,如图1.25(a)所示。随着电压升高,电晕向前延伸,逐渐形成具有辉光的细线状火花,如图1.25(b)所示。细线火花放电通道中电流密度较小,压降较大,放电细线的长度随外加电压的升高而成正比地伸长。当电压继续升高,超过某一临界值后,放电性质发生变化。线状火花被电场法线分量紧紧地压在介质表面上,在切线分量作用下,线状火花与介质表面摩擦,又向前运动,使表面局部发热。当电压增加而使放电电流增大时,在火花通道中个别地方的温度可能升得很高,可高到足以引起气体热游离的程度。热游离使通道中带电质点数 R 剧增,通道电导猛增,压降剧降,并使其头部场强增强,通道迅速向前发展,形成紫色、明亮的树枝状火花,这种树枝状火花此起彼伏,很不稳定,称为滑闪放电,如图1.25(c)所示。滑闪放电

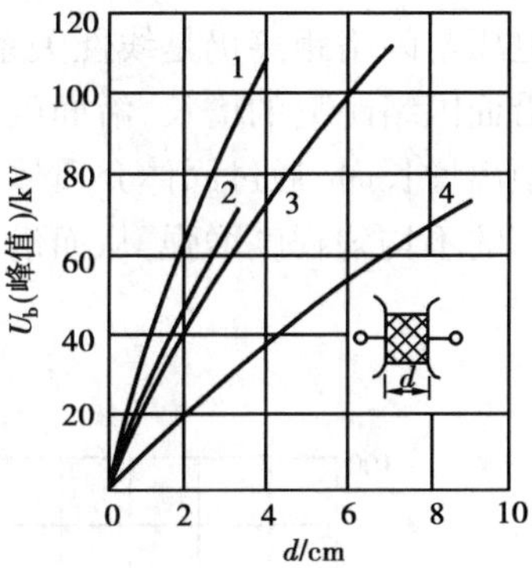

图1.24　均匀场中不同介质沿面工频闪络电压

1—纯空气击穿;2—石蜡;3—陶瓷;4—与电极接触不紧密的陶瓷

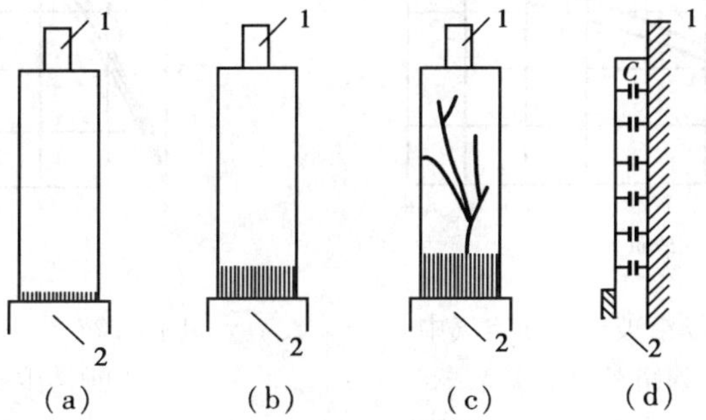

图1.25　沿套管表面放电示意图

1—导杆;2—法兰

是以介质表面放电通道中发生了热游离作为内部特征,其树枝状火花的长度随外加电压增加而迅速增长。当滑闪放电的树枝状火花到达另一电极时就形成了全面击穿即闪络,电源被短

接。此后依电源容量大小,放电可转入火花放电或电弧放电。在电动力和放电通道发热的上浮力的作用下,火花或电弧离开介质表面,拉长熄灭。由以上分析可知,放电转入滑闪放电阶段的条件是通道中带电质点剧增,流过放电通道中的电流经过通道与另一电极的电容构成通道,如图 1.25(d)所示。此时通道中的电流即通道中的带电质点的数目,随通道与另一电极间的电容量和电压速率加大而增大,前者用介质表面单位面积与另一电极的电容数值来表征,称为比电容 C_0(F/cm^2)。由于 C_0 的分流作用,套管表面各处电流不等,越靠近法兰电流越大,单位距离上压降也大,法兰处也就越容易发生游离,这就使套管表面的电压分布更不均匀。电压越高,变化速度越快,C_0 分流作用越大,电压分布越不均匀,沿面闪络电压也就越低。

1.3.2 影响沿面放电电压的因素

(1)电场分布情况和电压波形的影响

在均匀电场中或具有弱垂直分量的不均匀电场中,沿面闪络电压 U_f 与闪络距离近似呈线性关系,如图 1.26 和图 1.27 所示。在具有强垂直分量的不均匀电场中,直流电压下,沿面闪络电压与闪络距离仍是线性关系,如图 1.28 所示。但作用电压是工频、高频或冲击电压时,随着沿面闪络距离的增长,沿面闪络电压的提高呈显著饱和趋势,如图 1.29 所示。这是因为闪络距离增长时,通过固体介质体积内的电容电流和漏导电流随之增长的速度很快,使沿面电压分布的不均匀程度增强,从而沿面闪络电压呈饱和趋势。

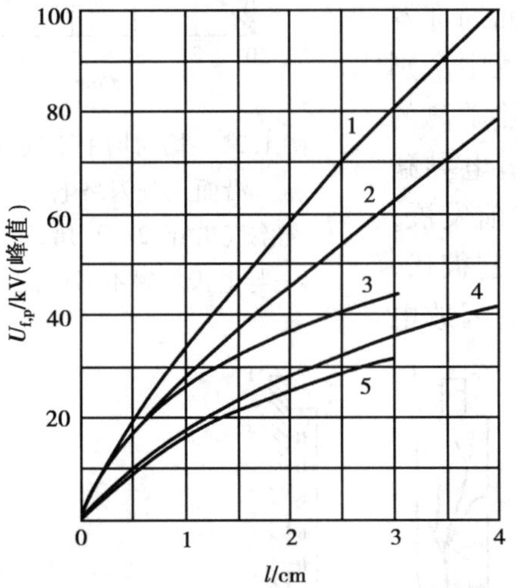

图 1.26 均匀电场沿玻璃表面空气中的闪络电压与闪络距离的关系

1—纯气隙击穿;2—$f=1\times10^5$ Hz;3—冲击电压;4—直流电压;5—$f=50$ Hz

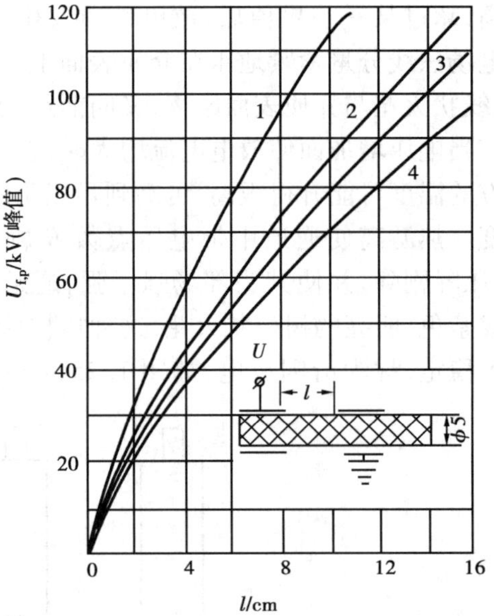

图 1.27 不均匀电场沿面闪络电压与闪络距离的关系

1—纯空气间隙;2—石蜡;3—胶纸;4—陶瓷、玻璃

从图 1.26 中可知,沿面闪络电压与作用电压波形有关。由于离子移动、电荷积聚需要一定时间,因此沿面闪络电压在变化较慢的电压(如直流、工频)作用下的闪络电压比在变化较快的电压作用下的闪络电压要低。

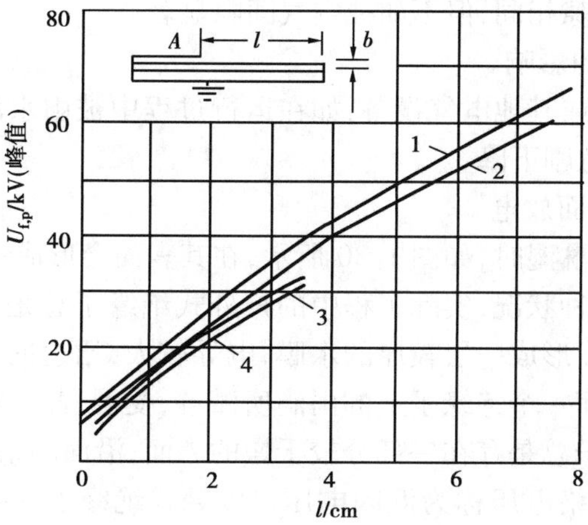

图 1.28　胶纸板的直流沿面闪络电压与闪络距离的关系
1,3—电极 A 为正;1,2—b=4 mm;2,4—电极 A 负;3,4—b=1 mm

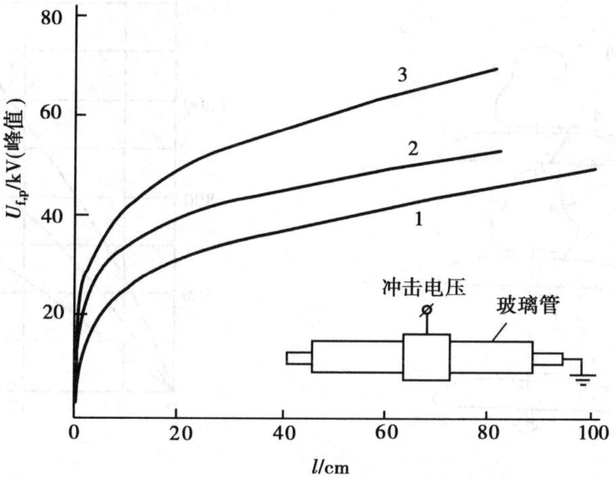

图 1.29　沿玻璃表面的冲击闪络电压与闪络距离的关系
(玻璃管内、外径 ϕ_1/ϕ_2,1—0.79/0.95;2—0.63/0.90;3—0.60/1.01)

(2)介质材料的影响

介质材料的影响主要表现在介质表面的吸潮方面。吸潮性强的介质如玻璃、陶瓷比吸潮性弱的介质如石蜡的沿面闪络电压低很多,但将玻璃、陶瓷烘干,则其沿面闪络电压可增高。

(3)气体状态的影响

和空气间隙一样,增加气体压力也能提高沿面闪络电压,但其程度不如纯气隙中显著。此时气体必须干燥,否则其相对湿度随气压增高而上升,介质表面凝聚水滴,沿面电压分布更不均匀,甚至出现高气压下的沿面闪络电压反而降低的现象。

湿度对沿面闪络电压也有显著影响。在空气相对湿度低于 50% 时,沿面闪络电压受湿度影响较小,但当湿度大于 65% 时,表面吸附水分能力大的介质,闪络电压随湿度增加而显著下降。表面吸附水分能力大的介质(如陶瓷、玻璃),受湿度的影响显著,其沿面闪络电压较纯空气间隙的击穿电压低很多,而表面吸附水分能力小的介质(如石蜡),情况则相反。

温度影响与纯空气间隙相同,但不如纯空气间隙显著。

(4)电介质表面情况的影响

在户外工作的绝缘子或其他电气设备,如在运行过程中被雨水淋湿绝缘表面或表面受到脏污,沿面闪络电压都会急剧下降。

1)表面被雨淋湿的沿面放电

当固体绝缘表面被雨淋湿时,如图1.30所示,在其表面会形成一层导电性的水膜,放电电压迅速下降。为了防止这种状况,实际工程中的户外式绝缘子总是具有较大的裙边。下雨时淋湿裙边的上表面,上表面形成一层较厚的水膜,电导较大,裙边的下表面和金具表面不直接被雨淋湿,只是由落在下面一个绝缘子上的雨滴所溅湿,受湿程度较小,水膜不能贯通绝缘子的上下两极。这样,绝缘子总是存在一部分较干燥的表面,沿面闪络电压得以提高。

湿状态的绝缘子的闪络电压称为湿闪电压。以悬式绝缘子X-4.5C型为例,湿闪电压为45 kV,干状态下的闪络电压(称为干闪电压)为75 kV,湿闪电压为干闪电压的60%,如图1.31所示。

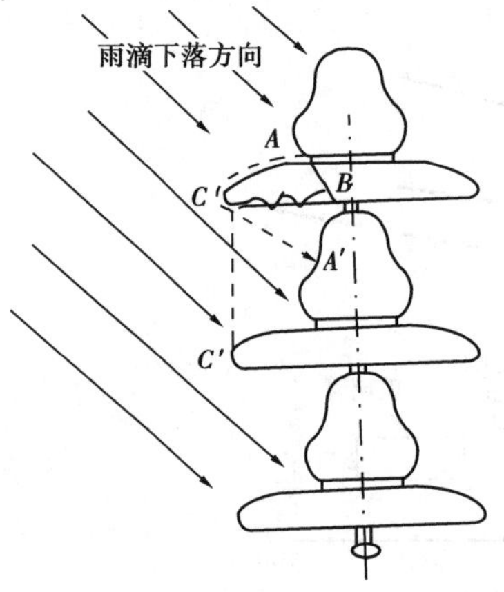

图1.30　雨淋时沿绝缘子串闪络情况

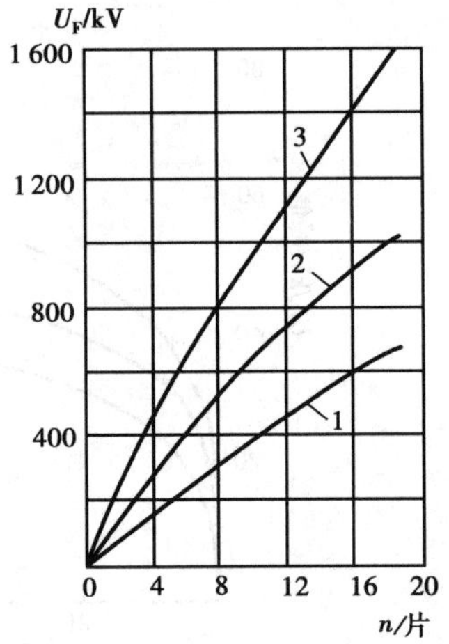

图1.31　悬式绝缘子串(X-4.5C)的放电特性
1—工频湿闪;2—工频干闪;
3—正极性1.5/40μs冲击电压

雨水的特征如雨量、雨水电导等,直接影响沿淋雨表面放电过程的发展,且会使放电途径发生改变,如增加雨水电导,可使其沿绝缘表面发生放电,引起放电电压降低。在进行湿闪试验时,试验条件应尽可能与实际运行情况相吻合。我国国家标准规定:雨量为每分钟3×(1±10%)mm,雨水电阻率为10 000×(1±5%)Ω·cm,淋雨角度为45°,雨滴细小均匀连续,淋雨试验应在试品淋雨5 min之后加压。

在试验大气条件下,试验电压按下式:

$$U_s = U_{s0}\left(\frac{760 + p}{1\ 520}\right) \tag{1.17}$$

式中:U_{s0}为标准大气条件下外绝缘试验电压,kV;U_s为试验大气条件下淋雨状外绝缘试验电压,kV;P为试验大气压,mmHg。

水温的影响已包含在雨水电阻率中,空气温度不考虑。

在操作和雷电冲击电压下,表面淋雨对闪络电压的影响比工频电压下要小。工作时间越短,湿闪电压越接近干闪电压,雷电冲击电压下的干、湿闪电压差别更小。

2)污秽的影响

电力系统中电气设备的外绝缘在运行中会受到工业污秽(化工、冶金、水泥、化肥等)或自然界盐、碱、飞尘等污秽的污染。在空气干燥的情况下,这些污秽物对绝缘子的沿面闪络电压没有多大的影响,但在毛毛雨、雾、露、雪等恶劣的气候条件下,会造成绝缘子沿面闪络电压下降,甚至可能在运行电压下绝缘子发生闪络,引起线路跳闸,危及电力系统的安全运行。这种污闪事故一般为永久性故障,不能用自动重合闸消除,往往会引起大面积停电,检修恢复时间长。据统计,污闪事故造成的损失已超过雷害事故。研究污秽绝缘闪络,对大气脏污地区线路和变电站绝缘的设计与运行有重大的意义。

运行中的绝缘子,在毛毛雨、雾、露等的作用下,其表面污秽层受潮湿润,在绝缘子表面形成导电水膜,表面电导大大增加,污秽层电导与污秽量、污秽中所含导电物质多少、污秽层吸潮性能的强弱、水分的导电性能等有关。表面电导增加,流过绝缘子表面泄漏电流急剧增大。由于绝缘子结构形状、污秽分布和受潮情况的不均匀等,使表面各处电流密度不均匀,在铁帽和铁脚附近的电流密度最大。在这些地方,局部污层表面发热增大而被烘干,出现干燥区,电压降集中在此,易产生辉光放电。随着表面电阻增大,电压分布变化,最后形成局部电弧。局部电弧可能发展成整个绝缘子的闪络,也可能自行熄灭,取决于外加电压的高低和电弧中流过的电流。

当局部电弧产生时,局部电弧迅速烘干邻近的湿润表面,并很快向前发展,此时,整个绝缘子表面可视为局部电弧燃烧与剩余湿润部分相串联,表面泄漏电流取决于电弧通道中的电导和剩余湿润层的电导。

如果污秽较轻或绝缘子的泄漏距离较长或电源功率不足时,剩余湿润污层电阻较大,则干燥带上的电弧中电流较小,放电呈蓝紫色的细线状。当放电电弧长度延伸到一定程度时,如外施电压和电流不足以维持电弧燃烧,在交流电流过零时电弧熄灭。此时,干燥带已扩展到较大范围,使表面总的电阻增大,表面泄漏电流减小,烘干作用大为减弱。经过一些时间,干燥带又重新湿润,泄漏电流增大,又重复上述过程,整个过程就成为烘干与湿润、燃弧与熄弧间歇性交替的过程,表面泄漏电流具有跳变的特点。这样的过程可以持续几个小时而不发生整个绝缘子的全面闪络。

如果污秽严重或绝缘子泄漏距离较短,剩余湿润部分的电阻较小,流过干燥区中的局部电弧的电流较大,放电呈黄红色编织状,通道温度也增高到热游离程度,成为具有下降伏安特性的电弧放电。此时,通道所需场强变小,外施电压足以维持很长电弧燃烧而不熄灭。在合适的条件下,电弧接通两极,形成表面闪络。

以上分析表明,沿污秽表面闪络的必要条件是局部电弧的产生,而流过污秽表面的泄漏电流足以维持一定程度的热游离是闪络的充分条件。绝缘子污闪是绝缘子表面污层电导能力和电流流过污层引起的发热过程的联合作用。由此可知:

第一,增大绝缘子表面泄漏距离可以降低沿绝缘子表面的工作电位梯度,这实际上增加了与局部电弧串联的湿润表面的电阻值,可以限制局部电弧中的电流,使电弧在连到另一极前就自动熄灭。

第二,污层电导越大(电阻越小)越危险,故化工污秽和盐污是最严重的。

第三,在其他条件相同时,直径小的绝缘子,其表面电阻大,污闪电压高。

第四,污闪是热过程发展起来的。由局部电弧发展到全面闪络需较长时间,污闪通常发生在正常运行电压下。污秽地区电网绝缘水平应根据工作电压下按污秽闪络条件来选择。

实际上影响绝缘子污闪的因素很多,污闪过程很复杂,且许多影响因素都是随机的,要确定各种影响因素,需要进行大量的现场和实验室研究。归纳起来,有 3 个主要因素:作用电压、湿润强度和污秽程度。简述如下:

(1)作用电压

由于绝缘子表面干燥过程和局部电弧发展到全面闪络需要较长时间,在短时电压作用下,放电来不及发展,因此在雷电冲击电压作用下,绝缘子表面污秽不会对闪络电压造成多大影响,和表面干燥时的闪络电压一致,但会降低绝缘子串的操作冲击闪络电压。电力系统的操作过电压不能烘干湿润的污层,但能在干燥带上"点火",引起局部电弧,促使绝缘子污闪。试验结果表明,脏污能使绝缘子的操作冲击闪络电压显著下降,例如,4 片 XP-7 绝缘子组成的缘子串,表面清洁、淋雨时的操作冲击闪络电压约为 250 kV,而表面脏污受潮时的操作冲击闪络电压只有 77 kV。

在其他条件相同的情况下,直流电压作用时的积污程度比交流电压下的情况严重得多,且积污速度和积污程度与该处场强近似成正比。在直流电压作用下,绝缘子的污闪性能又有其特点,需另行研究。

(2)湿润程度

干燥污秽的电阻很大,通常不会降低绝缘子闪络电压,但空气相对湿度超过 50% 时,随着湿度增加,闪络电压迅速下降。雾、毛毛雨,持续时间长,湿度大,对污闪极为有利。运行经验表明,绝缘子污闪都发生在雾、露、毛毛雨等高湿度天气,但是在大雨时,雨水流动、下滴,会冲掉绝缘子表面污秽,闪络电压反而升高。

(3)污秽程度

污秽强度对污闪电压的影响很大。绝缘表面积污量越大,表面电导越大,污闪电压越低,特别是污秽中含有大量可溶性盐类或碱、酸的积污,使污闪电压降低更多。一些含可溶性盐类少且不黏附的积尘,只有严重污染时(几十 mg/cm^2)才有使绝缘子发生污闪的可能。运行中,这类污秽易被雨水冲掉,对污闪电压影响较小。而一些黏附性强的积尘,如水泥厂的飞尘,不易清洗,使绝缘子表面粗糙,更易积污,对污闪电压影响较大。一般来说,绝缘子污秽闪络电压随污秽程度增加而降低,但严重污染时,下降会很缓慢。

工程上表征绝缘子表面污秽程度的特征参数一般采用"污层等值盐沉积密度"。这是指与绝缘子表面单位面积上污秽物导电性相当的等值盐 NaCl 的毫克数(mg/cm^2)。等值是指这些量的盐溶于 300 mL 容积的蒸馏水而形成的溶液的导电率相等。等值盐沉积密度反映了污秽沉积层中可溶性物质的导电能力与数量。目前我国电力部门执行的《高压架空线路和发变电站电瓷外绝缘污秽分级标准》就是按污秽性质、污源距离、气象情况及等值盐密度分为不同等级的污秽地区。不同污区保证一定的泄漏比距(即绝缘子串总的泄漏距离与作用在绝缘子串上的最高电压之比,cm/ kV)是防污闪的根本的、重要的措施。

要特别指出的是,用等值盐沉积容度这一参数能直观和简单地表达出绝缘子表面受污染的程度,且现场操作简单,曾得到广泛的应用。但进一步的研究指出,用这种方法标定的等值盐在绝缘子上所产生的作用往往与被等值的该自然污秽所产生的作用有相当大的差异(即不等价),具有同一等值盐密,其污秽的性质和状态不同的自然污秽绝缘子,其闪络电压也常有较大的差异。其原因如下:

①有些自然形成的污层较厚,较坚实,在自然雾或雨下,很难使污层内部的可溶性物质溶解入绝缘子表面薄薄的一层水膜中,而在求其等值盐密时,却是将绝缘子表面的全部积污刮刷下来并入定量的水中,两者的作用有可能相差好几倍。

②自然污秽中含有多种成分,其中一部分是像 NaCl 那样的强电解质,而大部分则是像 $CaSO_4$ 那样的弱电解质。强电解质在实际遇到的较大的溶液浓度时,仍能充分离解,而弱电解质则不然。例如,一定量的 $CaSO_4$ 在溶剂很少(如10 mL)时的离解度与溶剂很多(如300 mL)时的离解度是不相同的。曾对多条线路污秽性质不同的绝缘子,分别测其10 mL和300 mL水量下的等值盐密,后者与前者之比一般为1.5～3.4,水泥污秽甚至高达7.5。按规范,以300 mL溶剂来测定其等值盐密,此时,无论是强或弱的电解质,均已能充分离解,测得的等值盐密就高。而实际情况却是其溶剂仅仅是绝缘子表面薄薄的一层水膜,其量远小于300 mL,一般仅为5～10 mL自然污秽中的弱电解质远不能充分离解,实际起作用的等值盐密低。

IEC推荐使用"污层电导率"这一参数来表征污秽强度。其含义为:在交流低电压作用下,污秽绝缘子受潮时,测量表面污层电导,根据表面电导和绝缘子外形可计算得到污层电导率。污层电导率反映了绝缘子表面污层在受潮情况下的导电能力,对实际自然污层反映较好,与污闪电压有较好的相关关系。IEC用污层电导率划分污区,我国准备与IEC标准接轨,有关标准正在研究中。

为了防止绝缘子发生污闪,通常采用以下措施:

①增加绝缘子片数或采用防污型绝缘子等,以增加绝缘子表面泄漏距离。

②定期清扫或更换绝缘子,制订合理的清扫周期。

③在绝缘子表面涂憎水性材料(如有机硅油、地蜡等),防止水膜连成一片,减小泄漏电流,提高污闪电压。

④采用半导体釉绝缘子,利用半导体釉层中的电流加热表面,使表面不易受潮,同时使电压分闪络电压提高,但半导体釉层易老化。

⑤ 采用合成绝缘子。

1.3.3　提高沿面放电电压的措施

(1)屏障

从沿面放电产生的原因及过程可知,在固体介质上沿电场等位面方向安放突出的棱边(称为屏障),棱边缘与等位面平行,可以阻止带电质点在固体介质表面运动时从电场获得能量,从而阻止放电发展,增长闪络距离,提高闪络电压。

(2)屏蔽

改进电极形状,可以改善电极附近的电场,使沿固体介质表面的电位分布均匀,减小其最大电位梯度,也可以提高沿面闪络电压。电力系统中支撑高压配电装置和许多高压电器带电部分的支柱绝缘子,就是屏蔽的具体应用。高压架空线路上悬式绝缘子上的附加金具就是屏蔽的延伸。

绝缘子的金属部分与接地铁塔或带电导体间有电容存在,使得绝缘子串电压分布不均匀。

绝缘子串越长,电压分布就越不均匀。一般靠近高压侧的第一个绝缘子电压降最高,可能会发生电晕。盘式绝缘子的电晕起始电压为22～25 kV,在220 kV及以上的线路中,绝缘子串可能在工作电压下发生电晕。采用均压环,增加绝缘子对导线电容,可改善电压分布。在220 kV的线路中,虽有电晕,但在运行中绝缘子表面可能因电晕形成半导体薄膜,使第一片绝缘子上电压有所下降,电压分布均匀一些。而悬式绝缘子开始工作时电压允许达到25～30 kV,一般地区220 kV及以下的输电线路绝缘子串都不采用均压环。对超高压系统,绝缘子串很长,安装均压环可改善电压分布,且闪络前的电晕效果不够强,还能提高沿面闪络电压。330 kV及以上的线路中必须安装均压环。

在静电加速器、串接高压试验变压器等设备中,常常在高压绝缘筒上围以若干环形电极,分别接到分压器或电源的某些抽头上,以强制固定电位,使沿绝缘筒上的电压分布均匀,不易发生沿面闪络。

(3)表面处理

绝缘子表面受潮,会大大降低其闪络电压,而受潮程度与介质的吸潮性有关。陶瓷、玻璃等介质,虽不吸水和不透水,但它们都是离子型电介质,具有较强的亲水性,易在表面形成完整的水膜,增大表面电导,劣化其绝缘性能。以纤维素为基础的有机绝缘物,具有很强的吸水性,受潮后,绝缘性能大为恶化。在陶瓷、玻璃绝缘表面可以作憎水处理,使表面不易吸潮,即使受潮,也不易形成连续水膜。或采用含多种硅有机化合物的合成材料,它们具有较好的憎水性,机械强度好,直径可以较小,质量轻,体积小,具有很广泛的使用前途。

(4)应用半导体涂料

在法兰附近介质表面涂半导体漆或釉,以减小该处的表面电阻,抑制沿面放电的发展。在高压电机绕组出槽处和电缆头盒处得到广泛的应用。

(5)阻抗调节

采用附加金具可使沿绝缘子的电压分布得到改善,但效果不够满意。根本的方法是适当调节单元绝缘子阻抗,使每个绝缘子本身的导纳大体相等,且远大于对地、对高压导线侧的导纳,这样沿串电压分布就比较均匀。例如,前面的半导体釉绝缘子就是一个应用。还可以加大瓷件厚度,采用相对介电常数小的材料,以调节绝缘子阻抗。

习题与思考题

1.1　气体中带电质点的产生和消失有哪些方式?

1.2　气体放电的汤逊理论和流注理论的主要特征是什么?

1.3　在气体放电中,形成先导过程的条件是什么?

1.4　什么是电晕放电?

1.5　国家标准对各种试验电压波形的要求是怎样的?为什么要这样规定?

1.6　为什么 SF_6 气体绝缘大多只在均匀电场和稍不均匀电场下应用?最经济适宜的气压范围约为多少?采用更高气压时,应注意哪些问题?

1.7　试小结各种提高气隙击穿电压的方法,并指出适用于何种条件。

1.8　什么叫绝缘子的污闪?防止绝缘子的污闪主要有哪些措施?

第2章 液体电介质的电气特性

液体电介质与气体电介质一样具有流动性,击穿后有自愈性,但其电气强度比气体高。用液体电介质代替气体电介质制造的高压电气设备,可有效减小体积、节省材料,但液体电介质大多可燃,易氧化变质,并在长期运行过程中,产生水分、气体、酸、油泥等,导致电气性能劣化。液体电介质又称绝缘油,在常温下为液态,在电气设备中起绝缘、传热、浸渍及填充作用,主要用在变压器、油断路器、电容器和电缆等电气设备中。在断路器和电容器中的绝缘油还分别有灭弧和储能作用。

液体电介质有矿物绝缘油、合成绝缘油和植物油三大类。在实际中常使用混合油来改善某些特性。

2.1 液体电介质的极化与损耗

2.1.1 液体电介质的介电常数

从物理意义上来看,电介质中某一点的宏观电场强度 E,是指极板上的自由电荷以及电介质中所有极化分子形成的偶极矩共同在该点产生的场强。对充以电介质的平板电容器,如果介质是连续均匀线性的,则可运用电场叠加原理。电介质中所有极化分子形成的偶极矩的作用,可以通过电介质表面的束缚电荷的作用来表达。这样,电介质中任一点的电场强度,便等于极板上自由电荷面密度在该点产生的场强 σ/ε_0 与束缚电荷面密度 σ' 在该点产生的场强 $-\sigma'/\varepsilon_0$ 之和,即

$$E = \frac{\sigma - \sigma'}{\varepsilon_0} \tag{2.1}$$

而电介质中的有效电场 E_i,是指极板上的自由电荷以及除某极化分子以外其他极化分子形成的偶极矩共同在该分子产生的场强。偶极矩间的库仑作用力是长程的,有效电场强度 E_i 的计算很复杂。洛伦兹(Lorentz)首先对有效电场作了近似计算。

(1)非极性和弱极性液体电介质

非极性和弱极性液体电介质极化中起主要作用的是电子位移极化,其极化率为 a_e,相对

介电常数与折射率 n 仍近似保持麦克斯韦关系,即

$$\varepsilon_r = \varepsilon_\infty \approx n^2 \tag{2.2}$$

这类液体介质的相对介电常数一般为 2.5 左右,有四氯化碳、苯、二甲苯、变压器油等。

对非极性和弱极性液体电介质,它们的分子在外电场作用下,所感应的偶极矩大小相等,且沿电场方向排列。由于液体无一定的形状,分子在空间各处出现的概率相等,因此在洛伦兹球内分子的分布可以看作对称的,球内分子对中心 o 分子作用的场强 $E_2=0$,非极性和弱极性液体电介质的有效电场强度

$$E_i = E + \frac{P}{3\varepsilon_0} = \frac{\varepsilon_r + 2}{3} \tag{2.3}$$

式中:P 为极化强度[$P=\varepsilon_0(\varepsilon_r-1)E$]。

式(2.3)称为莫索缔(Mosotti)有效电场强度,将其代入克劳休斯方程[式(3.11)],得到非极性与弱极性液体电介质的极化方程为

$$\frac{\varepsilon_r - 1}{\varepsilon_r + 2} = \frac{N\alpha}{3\varepsilon_0} \tag{2.4}$$

式(2.4)称为克劳休斯-莫索缔(C1ausius-Mosotti)方程,简称克-莫方程。

(2)极性液体电介质

极性液体电介质包括中极性和强极性液体电介质,这类介质在电场作用下,除了电子位移极化外,还有偶极子极化。对强极性液体电介质,偶极子的转向极化往往起主要作用,相对介电常数 ε_r 远大于折射率平方 n^2,即 $\varepsilon_r \gg \varepsilon_\infty$。

极性液体分子具有固有偶极矩,它们之间的距离近,相互作用强,造成强的附加电场。洛伦兹球内分子作用的电场 $E_2 \neq 0$,莫索缔有效电场也不适用。

极性液体电介质的 ε_r 与电源频率有较大的关系。频率太高时偶极子来不及转动,ε_r 值变小,如图 2.1 所示。其中 ε_{r0} 相当于直流电场下的相对介电常数,$f>f_1$ 以后偶极子越来越跟不上电场的转动。ε_r 值不断下降;当频率 $f=0$ 时,偶极子已经完全跟不上电场转动了,这时只存在电子式极化,ε_r 减小,常温下极性液体电介质的 $\varepsilon_r \approx 3\sim6$。

温度对极性液体电介质的 ε_r 值也有很大的影响,如图 2.2 所示。当温度很低时,分子间的联系紧密,液体电介质黏度很大,偶极子转动困难,ε_r 很小;随着温度的升高,液体电介质黏度减小,偶极子转动幅度变大,ε_r 随之变大;温度继续升高,分子热运动加剧,阻碍极性分子沿电场取向,使极化减弱,ε_r 又开始减小。

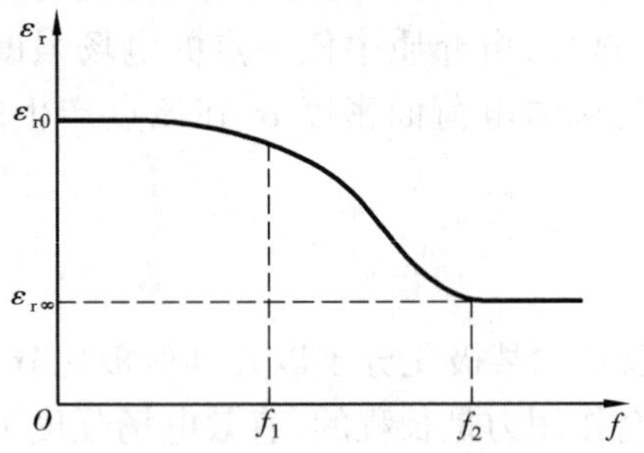

图 2.1 极性液体电介质的 ε_r 与电源频率的关系

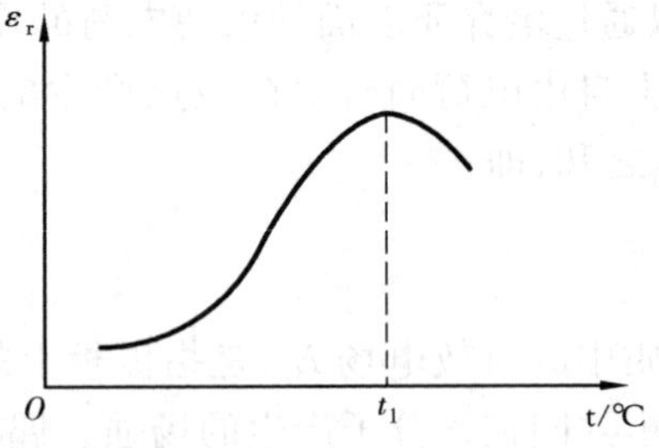

图 2.2 极性液体电介质的 ε_r 与温度的关系

2.1.2　液体电介质的损耗

(1)非极性和弱极性液体电介质的损耗

非极性和弱极性液体电介质的极化主要是电子位移极化,偶极子极化对极化的贡献甚微。在工频等较低频率下均能及时建立,相对介电常数与频率无关($\varepsilon_r = \varepsilon_s$),介质损耗主要来源于电导,介质损耗角正切为

$$\tan\delta = \frac{\gamma}{\omega\varepsilon_0} = 1.8\times10^{10}\frac{\gamma}{f\varepsilon_r} \tag{2.5}$$

一般非极性和弱极性液体电介质的电导率 γ 很小,在室温下 $\gamma = 1\times10^{-12}$ S/m,如取 $\varepsilon_r = 2$,$f = 50$ Hz,则 $\tan\delta = 1.8\times10^{-4}$,与实验结果相符。低频下这类液体介质的 ε,P,$\tan\delta$ 与频率 ω 的关系如图2.3所示,而在高频下受极性杂质等因素的影响,可能使 $\tan\delta$ 显著增大。

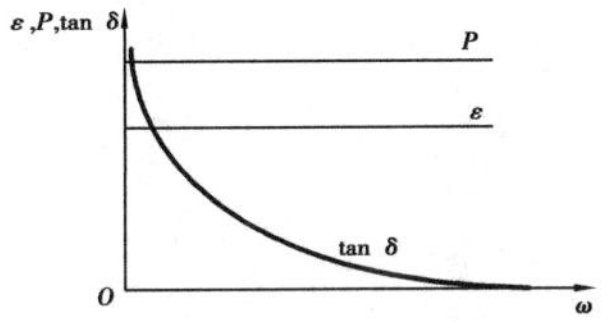

图2.3　ε、P、$\tan\delta$ 与频率 ω 的关系

(2)极性液体电介质的损耗

极性液体电介质的介质损耗与黏度有关,极性分子在黏性媒质中做热运动,在交变电场作用下,电场力矩将使极性分子做趋向于外场方向的转动,在定向转动过程中,因摩擦发热而引起能量的损耗。如黏度相当大,分子极化跟不上电场的变化;如黏度很小,分子定向转动时无摩擦。对这两种情况,偶极子转向极化引起的损耗都很小,但是,在中等黏度下,该损耗显著,在某一黏度下出现极值。

油纸电力电缆所用的由矿物油和松香组成的黏性复合浸渍剂,是一种极性液体电介质。其中矿物油是稀释剂,油的成分增加时复合剂的黏度减小,对应于一定频率下出现 $\tan\delta$ 占最大值的温度就向低温移动,而对应于恒定温度下出现 $\tan\delta$ 占最大值的频率就向高频移动。在配制由松香和矿物油组成电缆胶的组分时,这些规律有很大作用。表2.1列出工频下油和松香复合剂在不同配方时 $\tan\delta$ 最大值的温度,相应的 $\tan\delta$ 温度曲线如图2.4所示。

表2.1　工频下油和松香复合剂在不同配方时 $\tan\delta$ 最大值的温度

复合剂的组分			工频时 $\tan\delta$ 最大时的温度/℃
序号	松香/%	矿物油/%	
1	100	0	50
2	95	5	40
3	90	10	32
4	85	15	21
5	75	25	12

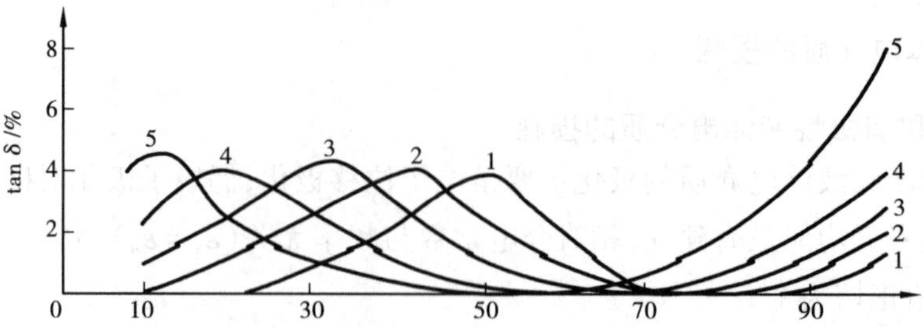

图 2.4　工频下松香复合剂的 tan δ 与温度的关系

2.2　液体电介质的电导

2.2.1　液体电介质的离子电导

(1)液体电介质中离子的来源

根据液体电介质中离子来源的不同,离子电导可分为本征离子电导和杂质离子电导两种。本征离子是指由组成液体本身的基本分子热离解而产生的离子。在强极性液体电介质中(如有机酸、醇、酯类等)明显地存在这种离子。

杂质离子是指由外来杂质分子(如水、酸、碱、有机盐等)或液体的基本分子老化的产物(如有机酸、醇、酚、醋等)离解而生成的离子,它是工程液体电介质中离子的主要来源。

极性液体分子和杂质分子在液体中仅有极少的一部分离解成为离子,它们可能参与导电。

(2)液体电介质中的离子迁移率

液体是介于气体和固体之间的一种物质状态,分子之间的距离远小于气体而与固体相接近,其微观结构与非晶态固体类似,通过 X 射线研究发现,液体分子的结构具有短程有序性。另外,液体分子的热运动比固体强,没有固体那样稳定的结构,分子有强烈的迁移现象。可以认为液体中的分子在一段时间内是与几个邻近分子束缚在一起,在某一平衡位置附近振动,而在另一段时间,分子因碰撞得到较大的动能,使它与相邻分子分开。当迁移一段路径至可与分子尺寸可相比较时,再次被束缚。液体中的粒子所处的状态与分子相似,一般可用如图 2.5 所示的势能图来描述液体中离子的运动状态。

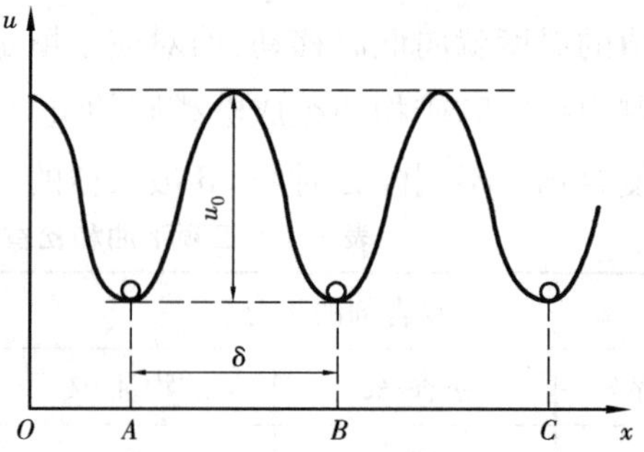

图 2.5　液体介质中的离子势能图

设离子为正离子,它们处于图 2.5 中 A,B,C 等势能最低的位置上振动,其振动频率为 v,当离子的热振动能超过邻近分子对它的束缚势垒 u_0 时,离子即能离开其稳定位置而迁移,这种由热振动而引起离子的迁移,在无外电场作用时也是存在的。

设离子带正电荷 q,电场强度沿 x 正方向。在电场的作用下,离子由 A 向 B 迁移所需克服的势垒将降低 Δu,而由 B 向 A 迁移所需克服的势垒相反,将上升 Δu,如图 2.6 所示,即

$$\Delta u = 0.5\delta qE \tag{2.6}$$

式中：δ 为离子每次跃迁的平均距离。

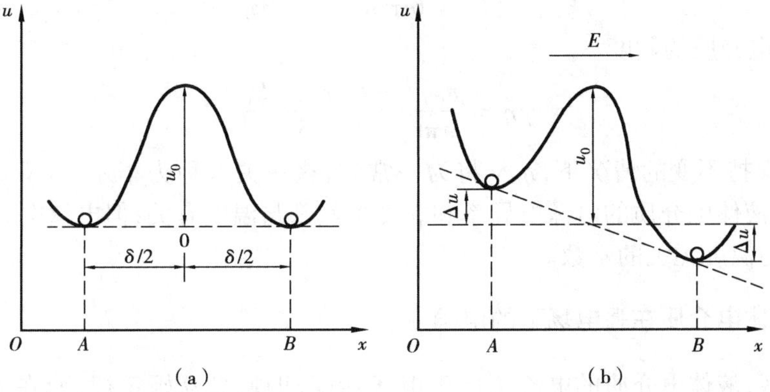

图 2.6　液体电介质中离子跃迁是所要克服的势垒模型

(a)无外电场；(b)有外电场

(3)液体电介质电导率与温度的关系

一般工程纯液体电介质在常温下主要是杂质离子电导，此时

$$\gamma = \frac{q^2 \delta v}{6kT}\sqrt{\frac{Nv_0}{\xi}}\mathrm{e}^{-\frac{(2u_0+u_a)}{2kT}} \tag{2.7}$$

从式(2.7)可知，在通常条件下，当外加电场强度远小于击穿场强时，液体介质的离子电导率是与电场强度无关的常数，其导电规律遵从欧姆定律。而电导率随温度的增加如式(2.7)所示。当温度发生变化时，指数项的改变远比 $1/T$ 项的变化大。在讨论离子电导率随温度的变化时，可忽略系数项随温度的变化，近似地写成

$$\gamma = A\mathrm{e}^{-\frac{B}{T}} \tag{2.8}$$

$$\ln \gamma = \ln A - \frac{B}{T} \tag{2.9}$$

即 $\ln \gamma$ 与 $(1/T)$ 的关系具有线性关系。

2.2.2　液体电介质的电泳电导与华尔屯定律

在工程应用中，为了改善液体电介质的某些物理化学性能(如提高黏度和抗氧化稳定等)，往往在液体电介质中加入一定量的树脂(如在矿物油中混入松香，这些树脂在液体电介质中部分呈溶解状态，部分可能呈胶粒状悬浮在液体电介质中，形成胶体溶液。此外，水分进入某些液体电介质也可能造成乳化状态的胶体溶液。这些胶粒均带有一定的电荷，当胶粒的介电常数大于液体的介电常数时，胶粒带正电；反之，胶粒带负电。胶粒相对于液体的电位 U_0 一般是恒定的(为 0.05 ~0.07 V)，在电场作用下定向的迁移构成“电泳电导”。胶粒为液体电介质中导电的载流子之一。

设胶粒呈球形，球体的半径为 r，液体的相对介电常数为 ε_r，胶粒的带电量 $q = 4\pi\varepsilon_r\varepsilon_0 U_0$，在电场 E 的作用下，受到的电场力为

$$F = qE = 4\pi\varepsilon_r\varepsilon_0 U_0 E \tag{2.10}$$

由此可得电泳电导率为

$$\gamma = n_0 q\mu = \frac{n_0 q^2}{6\pi r\eta} = \frac{8\pi r n_0 \varepsilon_r^2 U_0^2}{3\eta} \tag{2.11}$$

式中：η 为液体电介质的黏度。

$$\gamma\eta = \frac{n_0 q^2}{6\pi r} = \frac{8\pi r n_0 \varepsilon_r^2 U_0^2}{3} \tag{2.12}$$

在 $n_0, \varepsilon_r, U_0, r$ 保持不变的情况下，η, γ 将为一常数，这一关系称为华尔屯(Walden)定律。此定律表明，某些液体电介质的电泳电导率和黏度虽然都与温度有关，但电泳电导率与黏度的乘积可能为一个与温度无关的常数。

2.2.3 液体电介质在强电场下的电导

在弱电场区，液体电介质的电流正比于电场强度，即遵循欧姆定律，而在 $E \geqslant 10^7$ V/m 的强电场区，电流随电场强度呈指数关系增长，除极纯净的液体电介质外，一般不存在明显的饱和电流区，如图 2.7 所示。

实验结果表明，液体电介质在强电场区($E \geqslant E_2$ 区)的电流密度按指数规律随电场强度增加而增加，即

$$j = j_0 e^{C(E-E_2)} \tag{2.13}$$

式中：j_0 为液体电介质在场强 $E = E_2$ 时的电流密度；C 为常数。

式(2.13)可用离子迁移率和离子离解度在强电场中的增加来说明。在 $E > 2kT/q\delta$ 的强电场区，离子迁移率随场强增加而增加，可写为

$$\begin{cases} \mu = \dfrac{\delta v}{6E} e^{-\frac{u_0}{kT}} e^{\frac{q\delta E}{2kT}} = \dfrac{B}{E} e^{CE} \\ j = n_0 q\mu E = n_0 qB e^{CE} \end{cases} \tag{2.14}$$

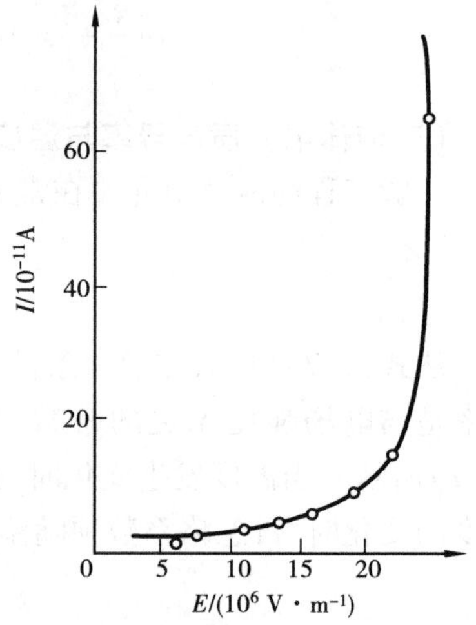

图 2.7　纯净的二甲苯电流与电场强度的关系

如以 $E = E_2$ 时的电流密度级 $j = j_0$ 代入式(2.14)，则有

$$j = j_0 e^{C(E-E_2)} \tag{2.15}$$

式中：$j_0 = n_0 qB e^{CE_2}$。

式(2.15)虽然与实验结果相似，但如以 $E_2 = 2kT/q\delta$ 来估算，得 $E_2 \approx 5 \times 10^8$ V/m，与实验结果相比较，约高一个数量级。

除了离子迁移率在强电场上可能激增之外，离子离解度和离子浓度在强电场下也会增加，有

$$n_0 = \sqrt{\frac{N_0 v_0}{\xi}} e^{-\frac{u_a}{2kT}} e^{\sqrt{\frac{e^3}{\pi\varepsilon_0\varepsilon_r}}\frac{\sqrt{E}}{2kT}} = Ae^{a\sqrt{E}} \tag{2.16}$$

此时，n_0, j 随 $\sqrt{E}$ 指数关系增加，与式(2.13)不符。把液体电介质在强电场下电导的激增归于离子电导与实验结果不符。

许多实验表明，液体电介质在强电场下的电导具有电子碰撞电离的特点。如图 2.8 所示为净化过的环已烷在强电场下的电流与电场强度的关系，与电极间的距离有关。随着极间距

离的增加,电流增加,曲线上移。这表明液体电介质在强电场下的电导可能是电子电导引起的。

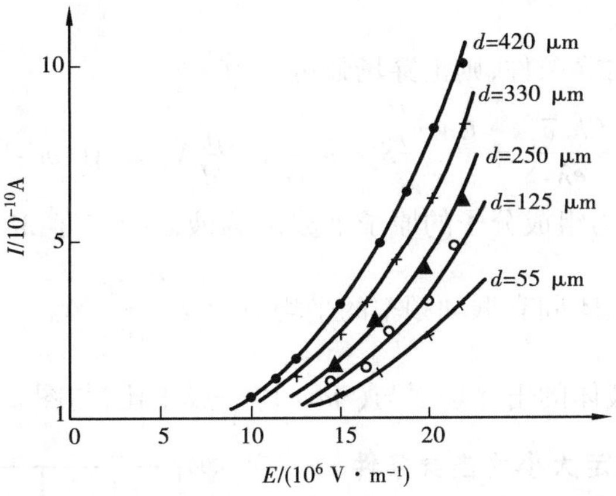

图2.8　净化的环己烷的电流与电场强度之间的关系

实验还表明,在纯净的环己烷中加入5%的乙醇,在弱电场下电导增加,但在强电场下电导反而比纯环己烷低。这说明强极性的乙醇的加入使弱电场下的离子电导增加,而在强电场下可能由于乙醇对电子有强烈的吸附作用,加入乙醇后使电子电导下降。

2.3　液体电介质的击穿

关于液体电介质击穿的机理,许多学者进行了大量的研究工作,但到目前为止,液体电介质的击穿理论还不完善。液体电介质的击穿与其含气、含杂质情况密切相关,在液体净化技术不够高的条件下,液体净化程度没有严格的指标规定,很多研究得到的实验结果差异很大,无法进行分析比较。近年来随着液体净化技术不断提高,得到一些合乎规律的实验研究结果,从而建立了一些比较实用化的液体电介质击穿学说。

2.3.1　高纯度去气液体电介质的电击穿理论

电击穿理论把气体碰撞电离击穿机理扩展用于液体,并进一步把碰撞电离与液体分子振动联系起来,以简单结构的有机液体电介质为例,阐明它的击穿过程与分子结构的关系。根据击穿发生的判定条件不同,有以下几种观点:

(1)碰撞电离开始作为击穿条件

液体电介质中阴极的场致发射或热发射的电子在电场中被加速而获得动能,在它碰撞液体分子时又把能量传递给液体分子,电子损失的能量都用于激发液体分子的热振动。假设液体分子热振动能量是量子化的,那么当液体分子基团的固有振动频率为 v 时(固有振动频率可以用红外吸收光谱法测量出来),在与电子的一次碰撞中,液体分子平均吸收的能量仅为一个振动能量子 hv(h 是普朗克常数)。当电子在相邻两次碰撞间从电场中得到的能量大于 hv 时,电子就能在运动过程中逐渐积累能量,直到电子能量大到一定值时,电子与液体相互作用时便导致碰撞电离。

设电子电荷为 e，电子平均自由行程为 λ，电场强度为 E，则碰撞电离的临界条件为

$$eE\lambda = Ch\nu \tag{2.17}$$

式中：C 为大于 1 的整数。

如把这个条件作为击穿条件，则击穿场强可写为

$$E_b = \frac{Ch\,\bar{v}_i}{e\lambda} = \frac{Ch\,\bar{v}_i}{e}S_0(m-1)\frac{\rho}{M}N_0 = A(m-1)\frac{\rho}{M} \tag{2.18}$$

式中：S_0 为分子常数；m 为组成分子的原子个数；ρ 为液体的密度；M 为液体的分子量；N_0 为阿伏伽德罗常数；$\bar{v}_i$ 为各基团固有振动频率的平均值；$A=\frac{Ch\,\bar{v}_i}{e}N_0$。

直链型碳氢化合物液体的击穿场强与 $(m-1)\frac{\rho}{M}$ 成正比，与图 2.9 所示的实验结果一致。

(2)电子崩发展至一定大小为击穿条件

类似气体放电条件处理，定义 α 为液体电介质上一个电子沿电场方向行经单位距离平均发生的碰撞电离次数，则 α 正比于碰撞总数 $\frac{1}{\lambda}$ 乘以电离概率 $e^{-Ch\nu/eE\lambda}$，即

$$\alpha = \frac{1}{\lambda}e^{-Ch\nu/eE\lambda} \tag{2.19}$$

设击穿条件为

$$\alpha d = A \tag{2.20}$$

式中：d 为电极间距离；A 为常数。

联立上两式，发生击穿时

$$\alpha d = A = \frac{d}{\lambda}e^{-Ch\nu/eE_b\lambda} \tag{2.21}$$

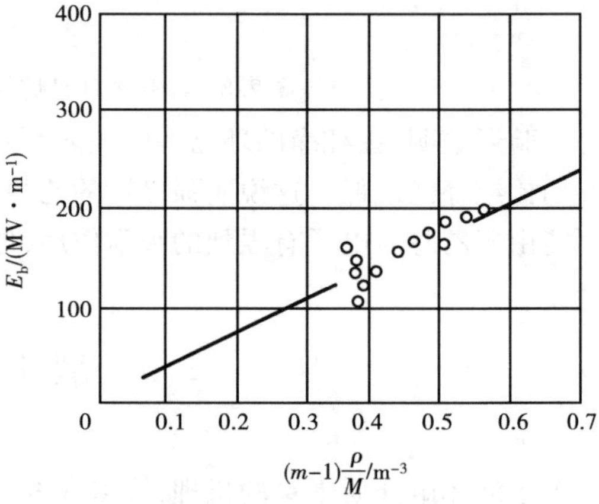

图 2.9　直链型碳氢化合物液体的击穿场强与 $(m-1)\frac{\rho}{M}$ 的关系

有

$$E_b = \frac{Ch\nu}{e\lambda\ln(d/A\lambda)} \tag{2.22}$$

式(2.22)说明在其他参数一定，液体电介质层的厚度减薄时，击穿场强应增大。这与实验结果定性相符。

2.3.2　含气纯净液体电介质的气泡击穿理论

液体电介质的气泡击穿理论是基于液体电介质击穿往往与液体含气或从液体中产生的气体密切相关而提出来的。气泡击穿理论认为，无论何种原因使液体中存在气泡，由于在交变电压下两串联介质中电场强度与介质介电常数成反比，气泡中的电场强度比液体电介质高，而气体的击穿场强又比液体电介质低得多，所以总是气泡先发生电离，这又使气泡温度升高，体积膨胀，电离将进一步发展。而气泡电离产生的高能电子又碰撞液体分子，使液体分子电离生成更多的气体，扩大气体通道，当气泡在两极间形成“气桥”时，液体电介质就能在此通道中发生击穿。

与上述电击穿一样，液体电介质的气泡击穿机理实际上也没有形成理论。以下为气泡击

穿的两种观点：

(1)热化气击穿

夏博(Shathaugh)等人提出，当液体中平均场强达到 $1\times10^{7}\sim1\times10^{8}$ V/m 时，阴极表面微尖端处的场强就可能达到 1×10^{8} V/m 以上。由于场致发射，大量电子由阴极表面的微尖端注入液体中，估计电流密度可达 1×10^{5} A/m^2 以上。夏博的这个估计后来被实验所证明。按这样的电流密度来估算发热，单位体积、单位时间中的发热量（=电流密度×电场强度）约为 1×10^{13} J/s·m^3，这些热量用来加热附近的液体，足以使液体气化。当液体得到的能量（转化为热量）等于电极附近液体气化所需的热量时，便产生气泡。夏博以产生气泡条件作为液体击穿条件，即

$$AE_{\mathrm{b}}^{a}\tau = m[c(T_{\mathrm{m}} - T_0)] + l_{\mathrm{b}} \tag{2.23}$$

式中：m 为空间电荷影响的常数，其值为 1.5～2；τ 为液体在电极粗糙处强场区滞留的时间；A 为常数；c 为液体比热；l_{b} 为液体汽化热；E_{b} 为液体击穿场强。

式(2.23)中 A，τ 及 m 都不能精确地确定，式(2.23)只能粗略地估算液体电介质的击穿场强。式(2.23)表明，当液体温度升高时，击穿场强下降，这与实验结果一致。

(2)电离化气击穿

在研究气体放电对绝缘油的影响时发现，油在放电作用下产生低分子气体，其中主要是氢气、甲烷等，这种化气过程大致如下：

$$C_nH_{2n+2} \rightarrow C_nH_{2n+1} + H^0$$

$$C_mH_{2m+2} \rightarrow C_mH_{2m+1} + H^0$$

$$2H^0 \rightarrow H_2\uparrow$$

$$C_nH_{2n+1} + C_mH_{2m+1} \rightarrow C_{n+m}H_{2(n+m)+2}$$

其中，H^0 为氢的游离基。

这种化气的作用解释为电离产生的高能电子是液体分子 C—H 键（C—C 键）断裂所致。当液体电介质中电场很强，致使有高能电子出现时，也会发生上述类似的过程，液体放气，这就是电离化气的观点。电离化气的观点已得到实验证明。用分光光度计观察水中放电现象发现，放电时产生的气体并不是蒸气，而是氢气。对绝缘油击穿时的气体进行光谱分析，证明了不存在残留的空气及油的蒸气，主要存在的是氢气。

2.3.3　工程纯液体电介质的杂质击穿

纯净液体电介质的击穿场强虽高，但其精制、提纯极其复杂，而且在电气设备制造过程中难免会有杂质重新混入。此外，在运行中也会因为液体电介质劣化而分解出气体或低分子物，所以工程用液体电介质总或多或少含有一些杂质。例如，油常因受潮而含有水分，还常含有由纸或布脱落的纤维等固体微粒。在工程纯液体电介质的击穿中，这些杂质起着决定性的作用。

(1)水分的影响

液体电介质中含有水分时，如果水分溶解于液体电介质中，则对击穿电压影响不大；如果水分呈悬浮状态，则使击穿电压明显下降。水与纤维杂质共存时，水分的影响更为严重。

吉孟特专门研究了含水液体电介质的击穿。吉孟特的水桥击穿模型如图 2.10 所示。他认为当水分在液体中呈悬浮状态存在时，由于表面张力的作用，水分呈圆球状（即胶粒），均匀

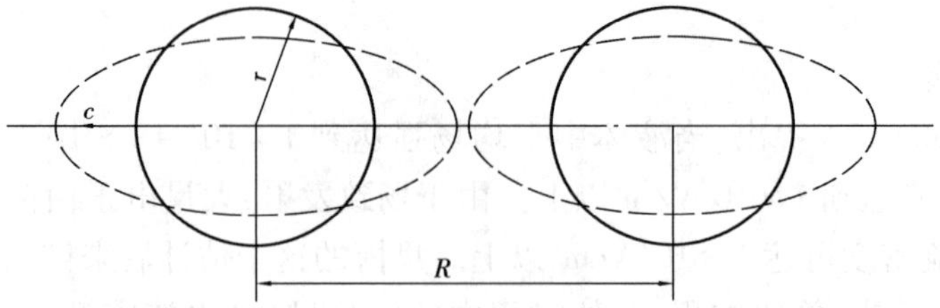

图 2.10　水桥击穿模型

悬浮在液体中,直径一般为 $10^{-4} \sim 10^{-2}$ cm。在外电场作用下,水的介电常数很大,水球容易极化而沿电场方向伸长成为椭圆球,如果定向排列的椭圆水球贯穿于电极间形成连续水桥,则液体电介质在较低的电压下发生击穿。通过理论曲线与实验结果进行比较,得到较好的一致性,如图 2.11 所示。

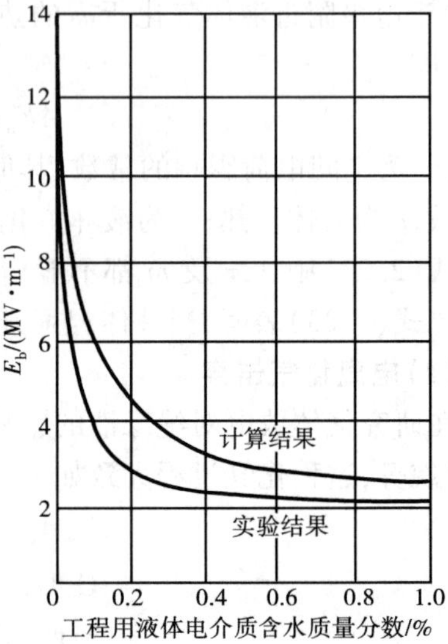

图 2.11　变压器油 E_b 与含水质量分数的关系

工程用绝缘油含水时,其击穿电压与温度的关系如图 2.12 所示。在 0 ~ 60 ℃ 内,随着温度的升高,水在油中的溶解度增大,一部分悬浮状态的水变成溶解状态,相当于胶粒水珠的体积浓度下降,击穿场强随温度升高而明显增加,在 60 ~ 80 ℃ 内出现最大值。温度更高时,油中所含的水分汽化增多,又使击穿场强下降。而纯净干燥变压器油在0 ~ 80 ℃内,E_b 几乎与温度无关。

(2)固体杂质的影响

当液体电介质中有悬浮固体杂质微粒时,实验证明它们会使液体电介质击穿场强降低。这一现象解释如下:一般固体悬浮粒子的介电常数比液体的大,在电场力作用下,这些粒子向电场强度最大的区域运动,在电极表面电场集中处逐渐积聚起来。考克(Kok)根据这种现象提出液体电介质杂质小桥击穿模型(如图 2.13)并进行了理论计算。由悬浮粒子所受电场力与运动阻尼力间的平衡关系,并考虑了粒子的扩散作用,导出液体电介质击穿场强与杂质粒子半径的 $r^{-1.5}$ 成正比的结果。悬浮粒子的半径减少,击穿场强增大。工程应用上经常对液体电介质进行过滤、吸附等处理,除去粗大的杂质粒子,以提高液体电介质的击穿场强。

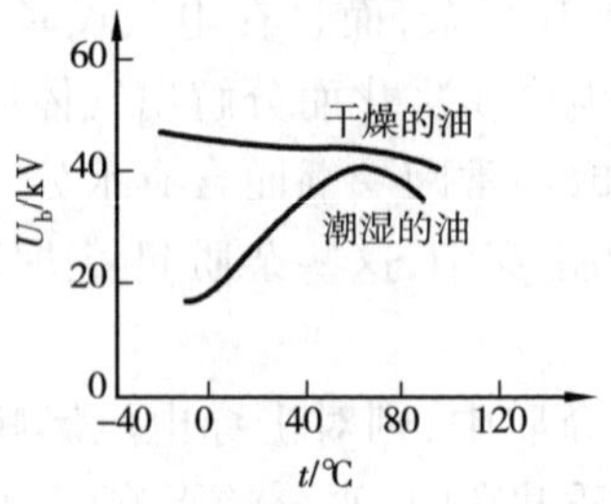

图 2.12　变压器油工频击穿电压与温度的关系

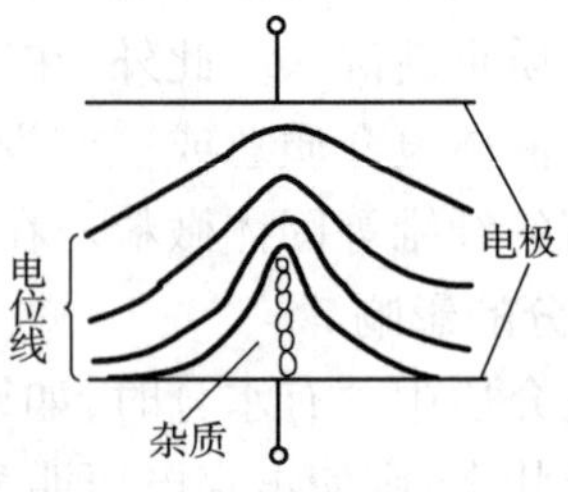

图 2.13　杂质小桥击穿模型

实验表明，电场越均匀，杂质对击穿电压的影响越大，击穿电压的分散性也越大，而在不均匀电场中，杂质对击穿电压的影响较小。这一现象可以这样解释：当液体电介质含有杂质时，杂质粒子的移动能使液体内的电场发生畸变，均匀电场实际上已被畸变为不均匀电场，杂质对击穿电压的影响较大；相反，在极不均匀电场的情况下，杂质粒子移动到电场强度最大处，出现了较多的空间电荷，从而削弱了强电场，致使杂质对击穿电压的影响变弱。对冲击击穿电压，杂质的影响较小，因为在冲击电压的短时间作用下，它还来不及形成“小桥”。

习题与思考题

2.1　电介质极化的基本形式有哪几种？各有什么特点？

2.2　极性液体的介电常数受哪些因素影响？

2.3　液体电介质的电导是如何形成的？电场强度对其有何影响？

2.4　目前液体电介质的击穿理论主要有哪些？

2.5　液体电介质中气体对其电击穿有何影响？

2.6　水分、固体杂质对液体电介质的绝缘性能有何影响？

2.7　如何提高液体电介质的击穿电压？

第 3 章

固体电介质的电气特性

固体电介质广泛用作电气设备的内绝缘，常见的有绝缘纸、纸板、云母、有机绝缘材料等，而用于制造绝缘子的固体电介质有电瓷、玻璃、硅橡胶等。

3.1 固体电介质的极化与损耗

3.1.1 固体电介质的介电常数

电介质的极化是电介质在电场作用下，其束缚电荷相应于电场方向产生弹性位移现象和偶极子的取向现象。这时电荷的偏移大都是在原子或分子的范围内作微观移动并产生电矩（即偶极矩）。

电介质的介电常数也称为电容率，是描述电介质极化的宏观参数。电介质极化的强弱可用介电常数的大小来表示，它与该介质分子的极性强弱有关，还受到温度、外加电场频率等因素的影响。

根据静电场中关于均匀各向同性的电介质相对介电常数的定义，电介质的相对介电常数为

$$\varepsilon_r = \frac{D}{\varepsilon_0 E} \tag{3.1}$$

式中：D 为电介质中电通量密度；E 为电介质中宏观电场强度。

以平板电容器为例进一步说明介电常数的物理意义。设一真空平板电容器的极板面积为 S，极板的间距为 d，且 d 远小于极板的尺寸，极板的边缘效应可以忽略，极板上的电荷分布和极板间的电场分布可认为是均匀的。如图 3.1(a) 所示，在外施恒定电压 U 的作用下，设极板上所充的电荷面密度为 σ_0，根据静电场的高斯（Gauss）定理，极板间真空中的电场强度为

$$E = \frac{\sigma_0}{\varepsilon_0} \tag{3.2}$$

而真空电容器的电容量为

$$C_0 = \frac{\sigma_0 S}{U} \tag{3.3}$$

当极板间充满均匀各向同性的电介质时，如图 3.1(b)。在电场作用下电介质产生极化，介质表面出现与极板自由电荷极性相反的束缚电荷，抵消了极板自由电荷产生的部分电场。由于外施电压保持不变，极板间距也不变，所以极板间介质中的场强 $E(E=U/d)$ 维持不变。这时只有从电源再补充一些电荷到极板，才能补偿介质表面束缚电荷的作用。设介质表面束缚电荷面密度为 σ'，则极板上自由电荷面密度应增加为

$$\sigma = \sigma_0 + \sigma' \tag{3.4}$$

而充满电介质后电容器的电容量为

$$C = \frac{\sigma S}{U} = \frac{(\sigma_0 + \sigma')S}{U} \tag{3.5}$$

显然，极板间充满电介质后，电介质的极化使电容器的电容量比真空时增加了，且电容增加量与束缚电荷面密度成正比。电介质的极化越强，表面束缚电荷面密度也越大。可以用充满电介质后电容量的变化来描述电介质极化的性能。

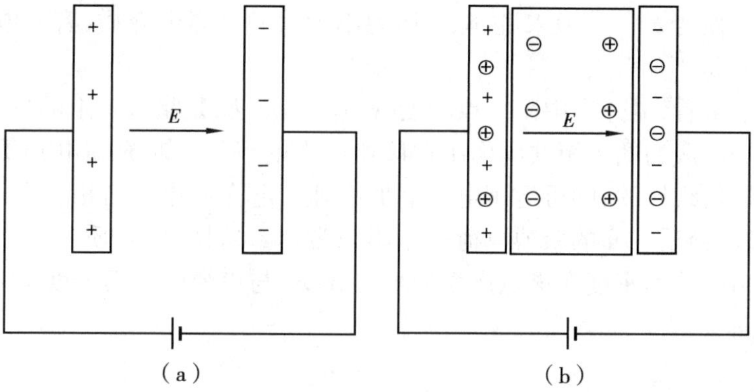

图 3.1　平板电容器中的电荷和电场分布

(a)真空；(b)充以介质

定义一电容器充以某电介质时的电容量 C 与真空时电容量 C_0 的比值为该介质的相对介电常数，即

$$\varepsilon_r = \frac{C}{C_0} \tag{3.6}$$

将式(3.3)、式(3.5)代入式(3.6)，得

$$\varepsilon_r = \frac{C}{C_0} = \frac{\sigma}{\sigma_0} \tag{3.7}$$

式(3.7)表明，ε_r 在数值上等于充满电介质后极板上自由电荷面密度与真空时极板上自由电荷面密度之比值。可见，ε_r 是一个相对的量，称为相对介电常数，它是大于 1 的常数。而电介质的绝对介电常数 $\varepsilon = \varepsilon_r \varepsilon_0$，单位为 F/m。在工程中，材料通常用相对介电常数 ε_r 来描述。为了便于叙述，“相对”两字有时省略，简称为介电常数。由于绝对介电常数总包含 10 的负幂次方，而相对介电常数为大于 1 的常数，因此不会引起混淆。

根据电介质极化强度 P 的定义，当电介质中每个分子在电场方向的感应偶极矩为 μ 时，则有

$$P = N\mu \tag{3.8}$$

式中：N 为电介质单位体积中的分子数。

若作用于分子的有效电场强度为 E_i，则分子的感应偶极矩可以认为与 E_i 成正比，即

$$\mu = \alpha E_i \tag{3.9}$$

式中：α 为比例常数，称为分子极化率，在SI单位制中的单位为 $F \cdot m^2$。

根据式(3.8)和式(3.9)，可得电介质极化的宏、微观参数的关系为

$$P = \varepsilon_0(\varepsilon_r - 1)E \tag{3.10}$$

也可写成

$$\varepsilon_r - 1 = \frac{N\alpha E_i}{\varepsilon_0 E} \tag{3.11}$$

式(3.11)建立了电介质极化的宏观参数 ε_r 与分子微观参数(N,α,ε_i)的关系。一般来说，作用于分子上的电场强度 ε_i 不等于介质中的宏观平均电场强度 E，称 ε_i 为电介质的有效电场或内电场。式(3.11)又称为克劳休斯方程。

克劳休斯方程表明，要由电介质的微观参数(N,α)求得宏观参数介电常数 ε_r，必须先求得电介质的有效电场强度 E_i。一般来说，除了压力不太大的气体电介质，有效电场强度 E_i 和宏观平均电场强度 E 是不相等的。

从物理意义上来看，电介质中某一点的宏观电场强度 E，是指极板上的自由电荷以及电介质中所有极化分子形成的偶极矩共同作用在该点产生的场强。对充满电介质的平板电容器，如果介质是连续均匀线性的，则可运用电场叠加原理。电介质中所有极化分子形成的偶极矩的作用，可以通过电介质表面的束缚电荷的作用来表达。这样，电介质中任一点的电场强度，便等于极板上自由电荷面密度在该点产生的场强 σ/ε_0 与束缚电荷面密度 σ' 在该点产生的场强 $-\sigma'/\varepsilon_0$ 之和，即

$$E = \frac{\sigma - \sigma'}{\varepsilon_0} \tag{3.12}$$

电介质中的有效电场 E_i，是指极板上的自由电荷以及除某极化分子以外其他极化分子形成的偶极矩共同在该分子产生的场强。偶极矩间的库仑作用力是长程的，使有效电场强度 E_i 的计算很复杂。洛伦兹(Lorentz)首先对有效电场作了近似计算。

(1)非极性固体电介质

这类介质在外电场作用下，按其物质结构只能发生电子位移极化，其极化率为 α_e。它包括原子晶体(如金刚石)、不含极性基团的分子晶体(如晶体萘、硫等)和非极性高分子聚合物(如聚乙烯、聚四氟乙烯、聚苯乙烯等)。

如不考虑聚合物微观结构的不均匀性(高分子聚合物中晶态和非晶态并存)和晶体介质介电常数的各向异性，非极性固体电介质的有效电场 $E_i = \dfrac{(\varepsilon+2)E}{3}$(莫索缔有效电场)，介电常数与极化率的关系符合克-莫方程。

(2)极性固体电介质

极性固体电介质在外电场作用下，除了发生电子位移极化外，还有极性分子的转向极化。转向极化的贡献使介电常数明显地与温度有关。

一些低分子极性化合物在低温下形成极性晶体，在这些晶体中，除了电子位移极化外，还可能观察到弹性偶极子极化或转向极化。当极性液体凝固时，分子失去转动定向能力而往往观察到介电常数在熔点温度急剧地下降。又有一些低分子极性化合物，在凝固后极性分子仍

有旋转的自由度,如冰、氧化乙烯等,最典型的是冰。这一类低分子极性晶体,虽然具有转向极化,可能贡献较大的介电常数,但由于其 ε 对温度的不稳定性,介质损耗角正切值大以及某些物理、化学性能不良等,很少被用作电介质。对极性高分子聚合物,如聚氯乙烯、纤维、某些树脂等,它们含有极性基团,结构不对称而具有极性。极性高聚物的极性基团在电场作用下能够旋转,极性高聚物的介电常数是由电子位移极化和转向极化所贡献的。在固体电介质中,由于每个分子链相互紧密固定,旋转很困难,因此,极性高聚物的极化与其玻璃化温度密切相关。

3.1.2　固体电介质的损耗

在电场作用下没有能量损耗的理想介质是不存在的,实际电介质中总有一定的能量损耗,包括由电导引起的损耗和某些有损极化引起的损耗,总称为介电损耗。

绝缘材料的介质损耗角正切就是损耗角 δ 的正切值,可直接用 $\tan\delta$ 表示。绝缘材料的损耗角 δ 是在其上的外施电压与由此产生的电流之间的相位差的余角,如图 3.2 所示,它是由介质电导以及介质极化的滞后效应所引起的。

$$\varepsilon_r' = \varepsilon_r \tag{3.13}$$

根据电流电压的相量关系可得到复介电常数 ε_r^*。ε_r^* 是由相对介电常数损耗指数联合而来的,即

$$\varepsilon_r^* = \varepsilon_r' - j\varepsilon_r'' \tag{3.14}$$

由上述关系得

$$\tan\delta = \frac{\varepsilon_r''}{\varepsilon_r'} \tag{3.15}$$

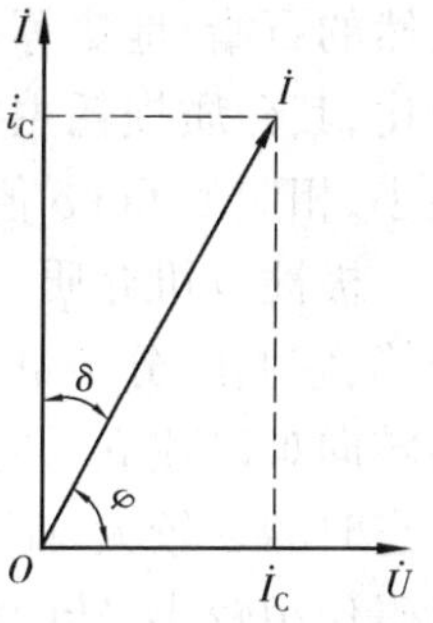

图 3.2　介质损耗角 δ

绝缘材料的介质损耗指数 ε'' 等于该材料的 $\tan\delta$ 与相对介电常数 ε_r 的乘积。

(1)固体无机电介质

1)无机晶体

普通的无机晶体介质如氯化钠(NaCl)、石英和云母等,它们只有位移极化,其介质损耗主要来源于电导,$\tan\delta$ 与直流电导率 γ 的关系为

$$\tan\delta = 1.8 \times 10^{10}\frac{\gamma}{f\varepsilon_r} \tag{3.16}$$

2)无机玻璃

无机玻璃的基本结构是由 SiO_2 或 B_2O_3 形成具有近似规则的空间网,在纯净玻璃的组成中没有弱联系的离子,无机玻璃结构紧密,在交变电场作用下只存在很小的电导损耗,如石英玻璃在室温下的,硼玻璃在高频下,而且 $\tan\delta$ 值几乎与温度无关。制造工艺和使用性能的要求使工程上的玻璃都含有一价碱金属离子,它们在玻璃中是一些弱联系的离子,使玻璃结构变松并在其中局部范围内运动。这不仅增加贯穿电导,并且引起热离子极化和松弛损耗。

玻璃的介质损耗可以认为主要由 3 个部分组成,即电导损耗、松弛损耗和结构损耗。它们与温度的关系如图 3.3 所示。结构损耗与玻璃结构的紧密程度有关,结构越松,结构损耗一般越大。显然,工程用玻璃的介质损耗主要由附加的碱金属离子所引起。

3)陶瓷介质

陶瓷介质在电力工程和无线电工程中应用广泛。陶瓷介质通常具有不均匀的结构,其中

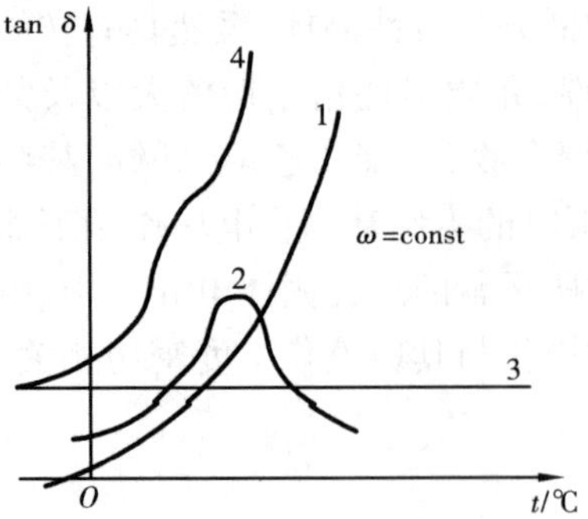

图 3.3 玻璃 tan δ 与温度的关系
1—电导损耗;2—松弛损耗;
3—结构损耗;4—总介质损耗

既含有结晶相,又含有玻璃相和气隙。可以把陶瓷分为含有玻璃相和几乎不含玻璃相两类:第一类陶瓷是含有大量玻璃相和少量微晶的结构,如普通绝缘瓷(低频瓷),其介质损耗主要由 3 个部分组成:玻璃相中离子电导损耗、结构较松的多晶点阵结构引起的松弛损耗以及气隙中含水分引起的界面附加损耗,tan δ 相当大。第二类是由大量的微晶晶粒所组成,仅含有极少量或不含玻璃相,如氧化铝高频瓷、以硅酸镁为基础的块滑石瓷和以金红石与碱土金属的钛酸盐为基础的特种陶瓷等,通常结晶相结构紧密,tan δ 比第一类陶瓷小得多。

(2)固体有机电介质

非极性有机介质,如聚乙烯、聚苯乙烯、聚四氟乙烯和天然的石蜡、地蜡等,它们既没有弱联系离子,也不含极性基团,在外电场作用下只有电子位移极化,其介质损耗主要由杂质电导引起,tan δ 可由式(3.16)来确定。这类介质的电导率一般很小,相应的 tan δ 值也很小,被广泛用作工频和高频绝缘材料。

极性有机介质,如含有极性基的有机介质(聚氯乙烯、酚醛树脂和环氧树脂等)及天然纤维等,它们的分子量一般较大,分子间相互联系的阻碍作用较强,除非在高温下,整个极性分子的转向难以建立,转向极化只可能由极性基团的定向所引起。实验结果表明,极性介质在结晶状态时的 ε 较大,而在无定形状态时反而减小,这说明极性基团在分子组成晶体点阵时受到的阻碍作用较小,转向极化在结晶相中得以充分建立。当处于无定形态时分子间联系减弱且相互排列不太规则时,极性基团受到的阻碍作用增强而难以转动。这些介质在软化范围内 ε 不随温度升高而增大,反而是减小,同时出现 tan δ 最大值。

这类极性有机介质的损耗,主要取决于极性基的松弛损耗,在高频下的损耗也很大,不能作为高频介质应用。

3.2 固体电介质的电导

任何电介质都不可能是理想的绝缘体,它们内部总是或多或少地具有一些带电粒子(载流子),如可以迁移的正、负离子以及电子,空穴和带电的分子团。在外电场的作用下,某些联系较弱的载流子会产生定向漂移而形成传导电流(电导电流或泄漏电流)。换言之,任何电介质都不同程度地具有一定的导电性能,只不过其电导率很小而已,而表征电介质导电性能的主要物理量即为电导率下或其倒数——电阻率 ρ。

固体电介质的电导按导电载流子种类可分为离子电导和电子电导两种,前者以离子为载流子,而后者以自由电子为载流子。在弱电场中主要是离子电导。

3.2.1 固体电介质的离子电导

固体电介质按其结构可分为晶体电介质和非晶体电介质两大类。对晶体电介质,特别是离子晶体的离子电导机理研究得比较多,现已比较清楚。然而在绝缘技术中使用极其广泛的高分子非晶体材料，其电导机理尚未完全搞清楚。

(1)晶体无机电介质的离子电导

晶体电介质的离子来源有本征离子和弱束缚离子两种。

1)本征离子电导

离子晶体点阵上的基本质点(离子)在热振动下离开点阵形成载流子，构成离子电导。这种电导在高温下比较显著，有时也称为“高温离子电导”。

2)弱束缚离子电导

与晶体点阵联系较弱的离子活化而形成载流子，这是杂质离子和晶体位错与宏观缺陷处的离子引起的电导，它决定了晶体的低温电导。

晶体电介质中的离子电导机理与液体中离子电导机理相似，具有热离子跃迁电导的特性，而且参与电导的也只是晶体的部分活化离子(或空位)。

(2)非晶体无机电介质的离子电导

无机玻璃是一种典型的非晶体无机电介质，它的微观结构是由共价键相结合的 SiO_2 或 B_2O_3 组成主结构网，其中含有离子键结合的金属离子。

玻璃结构中的金属离子一般是一价碱金属离子(如 Na^+，K^+ 等)和二价碱土金属离子(如 Ca^{2+} 等)。这些金属离子是玻璃导电载流子的主要来源。玻璃的电导率与其组成成分及含量密切相关。纯净的石英玻璃(非晶态 SiO_2)和硼玻璃(B_2O_5)具有很低的电导率($\gamma = 1 \times 10^{-15}$ s/m)。同时，它们的电导率随温度的变化与离子跃迁电导机理相符，即 $\gamma = Ae^{-B/T}$。对石英玻璃 $B = 22\,000$ K，对硼玻璃 $B = 25\,500$ K，它们的 B 值都较高。这类纯净玻璃的导电载流子是其中所含少量碱金属离子活化而形成的。

(3)有机电介质中的离子电导

非极性有机电介质中不存在本征离子，导电载流子来源于杂质。通常纯净的非极性有机电介质的电导率极低，如聚苯乙烯在室温下 $\gamma = 1 \times 10^{-17} \sim 1 \times 10^{-16}$ S/m。在工程上，为了改善这类介质的力学、物理和老化性能，要引入极性的增塑剂填料、抗氧化剂、抗电场、老化稳定剂等添加物，这类添加物的引入将造成有机材料电导率的增加。一般工程用塑料的电导率为 $\gamma = 1 \times 10^{-13} \sim 1 \times 10^{-11}$ S/m。

3.2.2　固体电介质的电子电导

固体电介质在强电场下，主要是电子电导，这在禁带宽度较小的介质和薄层介质中比较明显。

电介质中导电电子的来源包括来自电极和介质体内的热电子发射、场制冷发射及碰撞电离，而其导电机制则有自由电子气模型、能带模型和电子跳跃模型等。

(1)晶体电介质的电子电导

根据晶体结构的能带模型，离子晶体和分子晶体中的电子多处于价带之中，只有极少量的电子由热激发作用跃迁到导带，成为参与导电的载流子，并在价带中出现空穴载流子。导带上的电子数和价带上的空穴数主要取决于温度和晶体的禁带宽度 u_g 及费米能级 u_F。一般取式

$$n_i^2 \approx 4.83 \times 10^{21 T^{1.5}} e^{-\frac{u_g}{2kT}} \tag{3.17}$$

不同禁带宽度及温度下晶体中载流子本征浓度见表3.1。

表 3.1 不同禁带宽度及温度下晶体中载流子本征浓度 单位:n_i/m^{-3}

T/K \ u_g/eV	1	2	3	4	5	6
300	1.1×10^{17}	5.0×10^{8}	2.2	9.8×10^{-9}	~0	~0
400	2.0×10^{19}	1.0×10^{13}	5.1×10^{6}	2.6	1.3×10^{-6}	~0
500	4.8×10^{20}	4.3×10^{15}	3.8×10^{10}	3.4×10^{5}	3.0	2.7×10^{-5}
600	4.7×10^{21}	3.2×10^{17}	2.1×10^{13}	1.4×10^{9}	9.4×10^{4}	6.2

从表 3.2 可知,在 $u_g>3$ eV 的晶体中,本征热激发电子浓度与空穴浓度很低,不足以形成明显的电子电导。而在 $u_g<3$ eV 的晶体中,在较高温度时将有明显的本征电子电导。$u_g=3$ eV 可粗略地作为区分电介质和半导体的界限。由于介质的存在,在晶体的禁带中将引入中间能级。例如,杂质能级接近导带,则杂质能级上的电子将在热激发作用下进入导带,成为导电载流子,使电子电导增加,这种杂质称为施主杂质。此时费米能级 u_F 上移,与导带的 U_C 相接近,电子浓度 n 增加,空穴浓度 p 减小,n 与 p 不再相等,但仍保持不变。如杂质能级接近价带,则价带电子易于激发到杂质能级上,增加了空穴的浓度,这种杂质称为受主杂质。在半导体晶体中,前者称为电子型半导体,后者称为空穴型半导体。它们的能级图如图 3.4 所示。

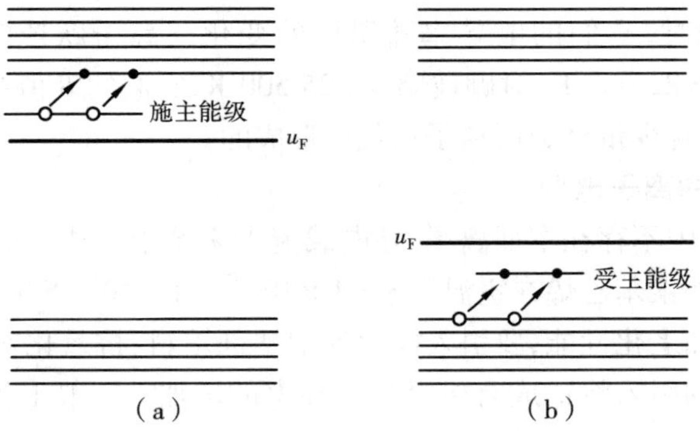

图 3.4 杂质半导体的能级图

(a)电子半导体;(b)空穴半导体

晶体电子电导电流密度为

$$j = en\mu_e E \tag{3.18}$$

电介质晶体本征电子浓度极低,本征电子导电可以忽略,电子电导只能在强光激发或强场电离以及电极效应引入大量电子时才能明显存在。而半导体的本征电导却很明显,不可忽略,然而实用的半导体材料多为掺杂半导体,它们的电导主要由杂质或电极注入等因素决定。

(2)电介质中的电子跳跃电导

常用的绝缘高分子介质材料多由非晶体或非晶体与晶体共存所构成。从整体来看其原子分布是不规则的,但在局部区域却是有规则排列的,在较大区域才失去其规则性。由原子周期性排列所形成能带仅能在各个局部区域中存在,在不规则的原子分布区能带间断,在具有非晶态结构的区域电子不能像在晶体导带中那样自由运动,电子从一个小晶区的导带迁移到相邻小晶区的导带要克服一势垒(图 3.5)。此时电子的迁移可通过热电子跃迁或隧道效应通过势垒。在电场强度不十分强(小于 1×10^{8} V/m)的情况下,隧道效应不明显,主要是局部能带的导带上电子在热振动的作用下,跃过势垒相邻的微晶带跃迁而形成电子跳跃电导。

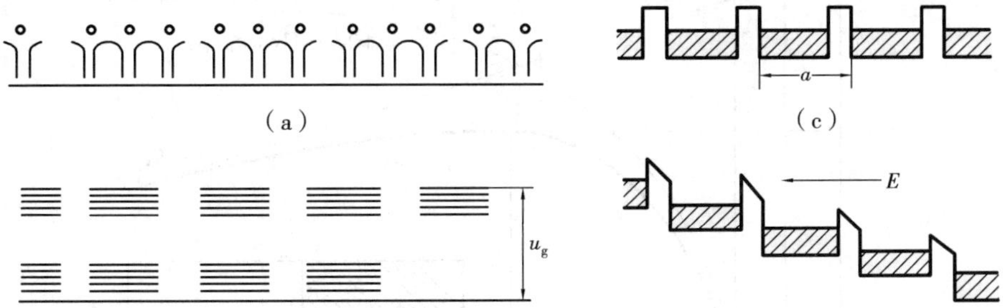

(a)　(c)　(b)　(d)

图3.5　不规则结晶系的能带结构和电子跃迁模型

(a)电子电位图;(b)能带图;(c)无电场时势能图;(d)有电场时势能图

(3)热电子发射电流

电介质中的电子被强烈地束缚在介质分子上,从能带论观点来看,即禁带宽度较宽,u_g 值较大,从价带热激发到导带而引起本征电子电导电流极小。除杂质能使介质中导带电子增多电子电导增加外,电极上的电子向介质中的发射(或注入)也是介质中导电子的重要来源之一。就电极上的电子向介质中发射的机理而言,可分为热电子发射和场致发射两种。金属电极中具有大量的自由电子,但由于金属表面的影响,在电子离开金属时必须克服一势垒 ϕ_D(相对于金属中的费米能级)。金属中的电子能量大多处于费米能级以下,只有少部分电子由于热的作用具有较高的能量,当其能量 u 超过(ϕ_D+u_F)时,才可能超过势垒 ϕ_D 脱离金属向介质或真空中发射,并引起发射电流。因此发射电流与温度有关,它随着温度升高而增加,故称为热电子发射电流。

从金属向介质(真空相同)内发射电子时,两者界面处有电位势垒存在,电流受到限制。在没有电场作用时,由热能而使电子从金属发射的热电子电流密度,由理查森-杜什曼(Richardson-Dush man)式知

$$j = AT^2 e^{-\varphi_D/kT} \tag{3.19}$$

式中:$A=\dfrac{4\pi mek^2}{h^3}$,其中,$m$ 为电子质量;$\phi_D=u_{xo}-u_F$,ϕ_D 为金属的功函数;u_{xo}为沿 x 轴方向逸出金属的电子在 x 方向所应具有的最低能量。

当外施电场 E 时,电场将使电子逸出金属的势垒降低,电子容易发射,这一现象称为肖特基(Schottky)效应,如图3.6所示。当电子从金属电极发射时,金属表面感应正电荷,这时,电子受到感应正电荷的作用力 $F(x)$,可以看成以金属为对称面,电子与其对称位置的等量正电荷之间的静电引力(镜像法),从而可得热电子发射电流密度与外电场 E 的关系式为

$$j = AT^2 \exp[-(\phi_D-\sqrt{e^3E/4\pi\varepsilon_0\varepsilon_r})]/kT \tag{3.20}$$

(4)场致发射电流

在强电场下,当电子能量低于势垒高度不很大,而势垒厚度又很薄时,电子就可能由于量子隧道效应穿过势垒。以宽度为 l,高度为 u_0 的势垒组成一维矩形势场的模型如图3.7所示(当 $k\leqslant x\leqslant l$ 时,$u_p=u_0$;当 $x<k,x>l$ 时,$u_p=0$)。

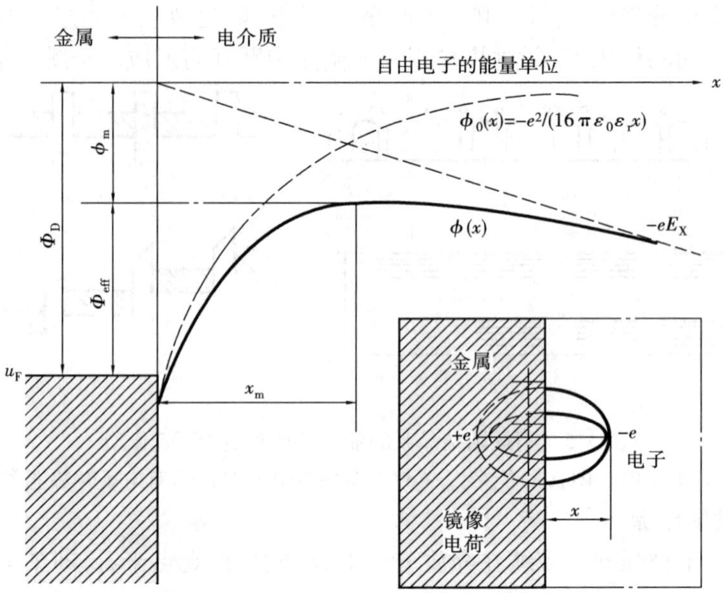

图 3.6　肖特基效应势垒图

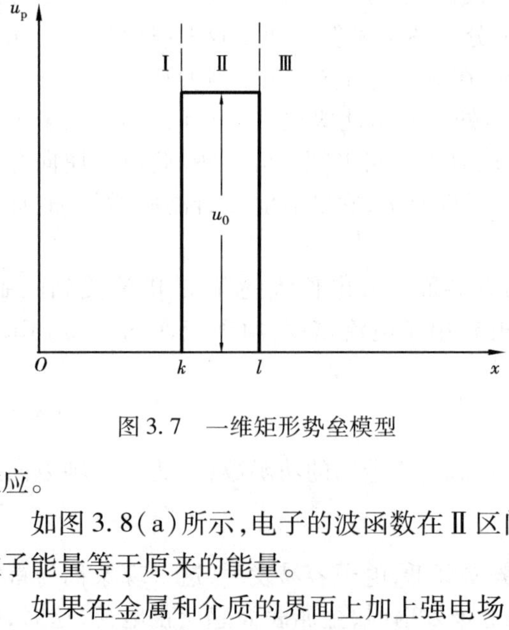

图 3.7　一维矩形势垒模型

如果粒子的总能量小于势垒的高度（即 $u < u_0$），从经典力学的观点来看，粒子可以在 $x < 0$ 的区域Ⅰ中运动，也可以在 $x > l$ 的区域Ⅲ中运动，但它不能由区域Ⅰ穿过势垒Ⅱ到区域Ⅲ去。也就是说，粒子由区域Ⅰ越过势垒Ⅱ到达区域Ⅲ所需的能量必须大于势垒的高度（即 $u > u_0$），但对电子等微观粒子，情况就不同了。

对具有能量 $u < u_0$ 的微观粒子，粒子可以由区域Ⅰ穿过势垒Ⅱ到达区域Ⅲ，并且粒子穿过势垒后，能量并没有减少，仍然保持在区域Ⅰ时的能量，这种现象通常形象化地称为隧道效应。

如图 3.8(a)所示，电子的波函数在Ⅱ区间发生了衰减，但是通过势垒后进入Ⅲ区间内的粒子能量等于原来的能量。

如果在金属和介质的界面上加上强电场，如图 3.8(b)所示，由于肖特基效应使势垒高度降低到 ϕ_{eff}，同时从费米能级到相同势能的导带的宽度（x_0）变小，于是产生隧道现象。

(5)空间电荷限制电流

在强电场下介质具有电子性电导电流，此时电子电流是由电极向介质中注入电子而形成电极注入电流 I_c 和电介质体内的电子电流 I_b 组成。在稳态情况下应有 $I_c = I_b$，如 $I_c \neq I_b$，则在介质中将有电荷积聚而出现空间电荷。如 $I_c < I_b$，在阴极前形成正的空向电荷，它将加强阴极处的电场强度，增加阴极的注入电流，直至 I_c 升高到 $I_c = I_b$；如 $I_c > I_b$，在阴极前形成负的空间电荷，即积聚与电极同极性电荷。这些负的空间电荷将削弱阴极表面的电场，使 I_c 降低，同时，在介质中电子空间电荷的存在，引起空间电荷限制电流 I_s，直到 $I_c = I_b + I_s$，电子电导电流

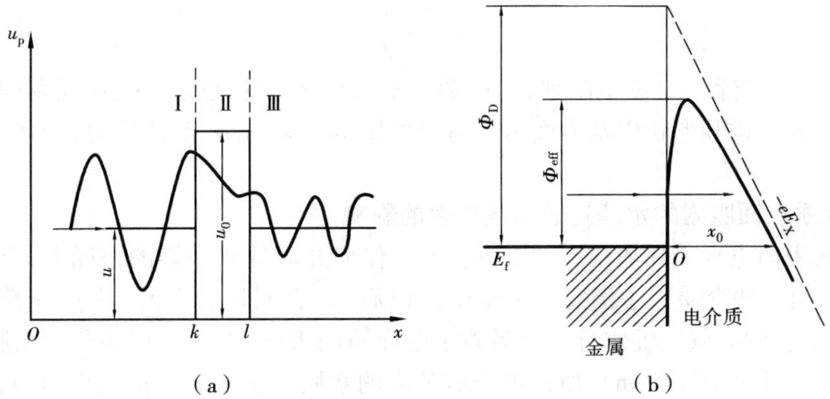

图3.8　隧道效应

达到平衡。

如忽降介质本身的电子电流 I_b（$I_c \gg I_b$）与电介质中陷阱中心对电子的捕获空间，注入介质中的电子与真空管中的电子相似，此空间电荷所引起的电流包括漂移电流和扩散电流两部分。此时空间电荷限制电流密度可写成

$$j_s = ne\mu E - eD_e\left(\frac{dn}{dx}\right) \tag{3.21}$$

式中：n 为空间电荷的体积浓度；D_e 为电子的扩散系数。

3.2.3　固体电介质的表面电导

前面讨论的电介质电导，都是指电介质的体积电导，这是电介质的一个物理特性参数，它主要取决于电介质本身的组成、结构、含杂情况及电介质所处的工作条件（如温度、气压、辐射等）。体积电导电流贯穿整个电介质，同时，通过固体电介质的表面还有一种表面电导电流 I_s。表面电导 I_s 电流与固体电介质上所加电压 U 成正比，即

$$I_s = G_s U \tag{3.22}$$

式中：G_s 为固体电介质的表面电导，S。

如固体电介质表面上加以两平行的平板电极，板间距离为 d，电极长度为 l（图3.9），则 G_s 与 l 成正比，与 d 成反比，可以写成

$$G_s = \gamma_s \frac{l}{d} \tag{3.23}$$

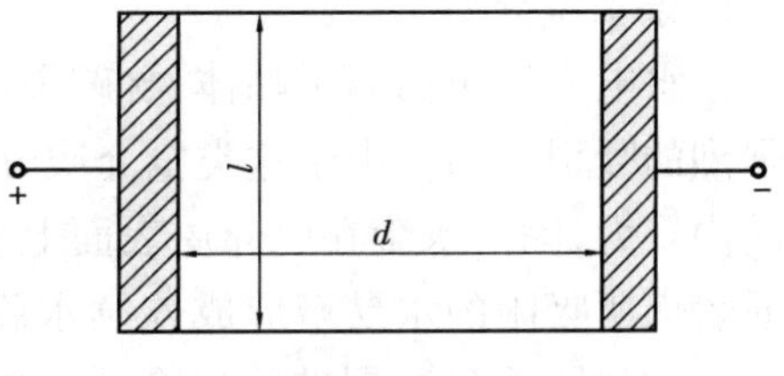

图3.9　表面电导计算图

式中：γ_s 为介质的表面电导率，S。

此时也可写成表面电流密度形式

$$j_s = \frac{I_s}{l} = \gamma_s \frac{U}{l} = \gamma_s E \tag{3.24}$$

式中：j_s 为表面电流密度，A/m。

表面电导也可用表面电阻 R_s 和表面电阻率 ρ_s 来表示，它们与 G_s，γ_s 有以下关系，即

$$R_s = \frac{1}{G_s} \tag{3.25}$$

$$\rho_s = \frac{1}{\gamma_s} \tag{3.26}$$

介质的表面电导率 γ_s（或电阻率 ρ_s）的数值不仅与介质的性质有关，还受到周围环境的湿度、温度、表面的结构和形状以及表面污染情况的影响。γ_s 和 ρ_s 不能作为物质的物理特性参数看待。

(1)电介质表面吸附的水膜对表面电导率的影响

电介质的表面电导受环境湿度的影响极大。任何介质处于干燥的情况下，介质的表面电导率 γ_s 很小，但一些介质处于潮湿环境中受潮以后，γ_s 有明显的上升（或 ρ_s 下降）如图 3.10 所示。可以假定，湿空气中的水分子被吸附于电介质的表面，形成一层很薄的水膜，因为水本身为半导体（$\rho_s = 1 \times 10^5\ \Omega \cdot m$），所以电介质表面的水膜将引起较大的表面电流，使 γ_s 增加。显然电介质电导的大小与电介质表面上连续水膜的形成及本膜的电阻率有关。

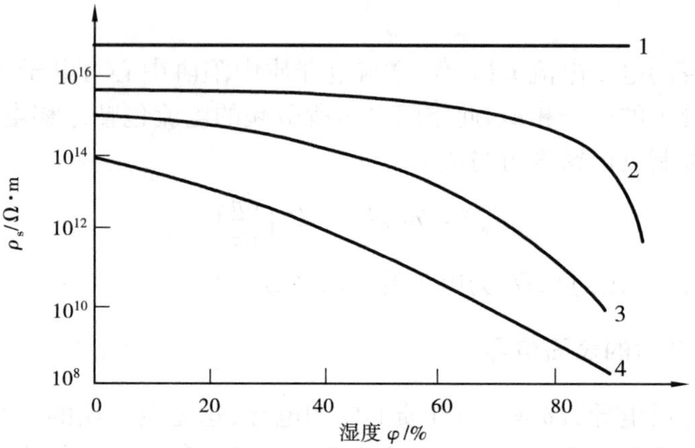

图 3.10　电介质表面电阻率与空气相对湿度的关系

1—石蜡；2—琥珀；3—虫胶；4—陶瓷

(2)电介质的分子结构对表面电导率的影响

电介质按水在介质表面分布状态的不同，可分为亲水电介质和疏水电介质两大类。

1）亲水电介质

亲水电介质包括离子晶体、含碱金属的玻璃以及极性分子所构成的介质等，它们对水分子有强烈的吸引作用。由于这类电介质分子有很强的极性，对水分子的吸引力超过了水分子之间的内聚力，因此水滴在电介质表面上形成的接触角常小于 90°，如图 3.11（a）所示。这种电介质表面所吸附的水易于形成连续水膜，表面电导率大，特别是一些含有碱金属离子的介质（如碱卤晶体，含碱金属玻璃），介质中的碱金属离子还会进入水膜，降低水的电阻率，使表面电导率进一步上升，甚至丧失其绝缘性能。

2）疏水电介质

一般非极性介质如石蜡、聚苯乙烯、聚四氟乙烯和石英等属于疏水电介质。这些电介质的分子由非极性分子所组成，它们对水的吸引力小于水分子的内聚力，吸附在这类电介质表面的水往往成为孤立的水滴，其接触角大于 90°，不能形成连续的水膜，如图 3.11（b），γ_s 很小，且大气湿度的影响较小。数据见表 3.2。

一些多孔性介质（如大理石、层压板）它们吸湿后不仅表面电导率增加，而且体积电导也

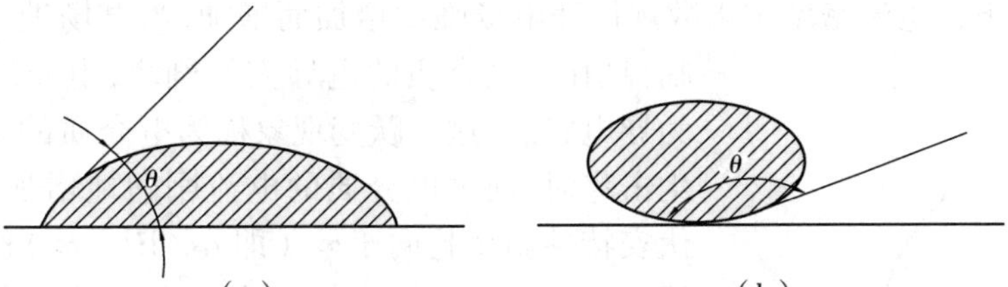

图 3.11　水滴在两类电介质上的分布状态
(a)亲水电介质;(b)疏水电介质

会增加,这是水分子进入介质内部造成的。

表 3.2　不同材料的接触角及大气湿度 φ 对其表面电阻率的影响

材料	接触角 $\theta/(^\circ)$	$\frac{\rho_s}{\Omega}$		材料	接触角 $\theta/(^\circ)$	$\frac{\rho_s}{\Omega}$	
		$\varphi=0$	$\varphi=98\%$			$\varphi=0$	$\varphi=98\%$
聚四氟乙烯	113	5×10^{17}	3×10^{17}	氨基薄片	65	6×10^{14}	3×10^{13}
聚苯乙烯	98	5×10^{17}	3×10^{15}	高频瓷	50	1×10^{16}	1×10^{13}
有机玻璃	73	5×10^{15}	1.5×10^{15}	熔融石英	27	1×10^{17}	6.5×10^{10}

(3)电介质表面清洁度对表面电导率的影响

电介质表面电导率 γ_s 除受介质结构、环境湿度的强烈影响外,电介质表面的清洁度对 γ_s 影响很大,表 3.3 给出了有关的数据。表面污染特别是含有电解质的污秽,会引起电介质表面导电水膜的电阻率下降,从而使 γ_s 升高。

表 3.3　电介质表面清洁度对 γ_s 的影响($\varphi=70\%$)

介质	表面不清洁时 γ_s/S	表面清洁时 γ_s/S
碱玻璃	2×10^{-8}	3×10^{-11}
熔融玻璃	2×10^{-8}	1×10^{-13}
云母模制品	2×10^{-9}	1×10^{-13}

显然,要使电介质表面电导低,应该采用疏水电介质,并使电介质表面保持干净。有时为了降低亲水电介质的表面电导可以在电介质表面涂以疏水电介质(如有机硅树脂、石蜡等),使固体表面不形成连续水膜,以保证有较低的 γ_s。

3.3　固体电介质的击穿

当施加于电介质的电场增大到相当强时,电介质的电导就不服从欧姆定律了。实验表明,电介质在强电场下的电流密度按指数规律随电场强度增加而增加,当电场进一步增强到某个临界值时,电介质的电导突然剧增,电介质由绝缘状态变为导电状态,这一跃变现象称为电介质的击穿。电介质发生击穿时,通过电介质的电流剧烈地增加,通常以电介质伏安特性斜率趋向于∞(即 $dI/dU=\infty$)作为击穿发生的标志,如图 3.12 所示。发生击穿时的临界电压称为电介质的击穿电压,相应的电场强度称为电介质的击穿场强。

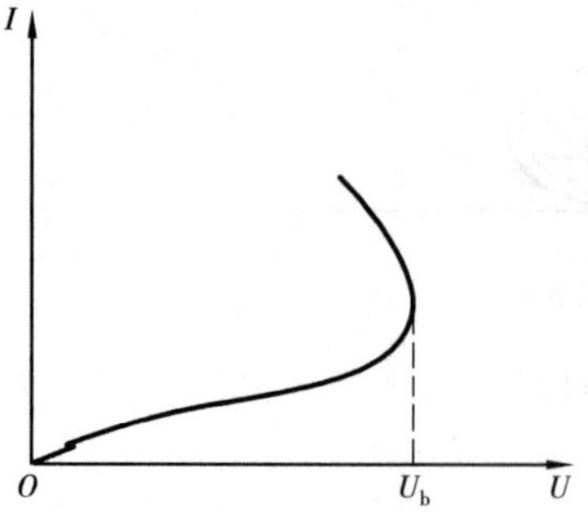

图 3.12　电介质击穿时的伏安特性

电介质的击穿场强是电介质的基本电性能之一,它决定了电介质在电场作用下保持绝缘性能的极限能力。在电力系统中常常因某一电气设备的绝缘损坏而造成事故。在很多情况下,电力系统和电气设备的可靠性在很大程度上取决于其绝缘介质的正常工作。随着电力系统额定电压的提高,对系统供电可靠性的要求也提高了,系统绝缘介质在高场强下正常工作变得至关重要。近年来,高电压技术已不再限于电力工业的需要,还扩展应用到许多科技领域中,并涉及很多高场强绝缘的问题。这些情况的存在使研究电介质击穿机理、影响因素、不同介质的耐电强度等变得十分必要。

与气体、液体电介质相比,固体电介质的击穿场强较高,但固体电介质击穿后材料中留下了不能恢复的痕迹,如烧焦或熔化的通道、裂缝等,即使去掉外施电压,也不像气体、液体电介质那样能自行恢复绝缘性能。

固体电介质的击穿常见的有热击穿、电击穿和不均匀介质局部放电击穿等形式。电介质击穿场强与电压作用时间的关系及不同击穿形式的范围如图 3.13 所示。固体电介质击穿还伴随有机械的、热的、化学的等复杂过程,至今还没有建立起可以满意地解释所有击穿现象的理论,但是已经有了一些能够较好说明部分现象的理论。

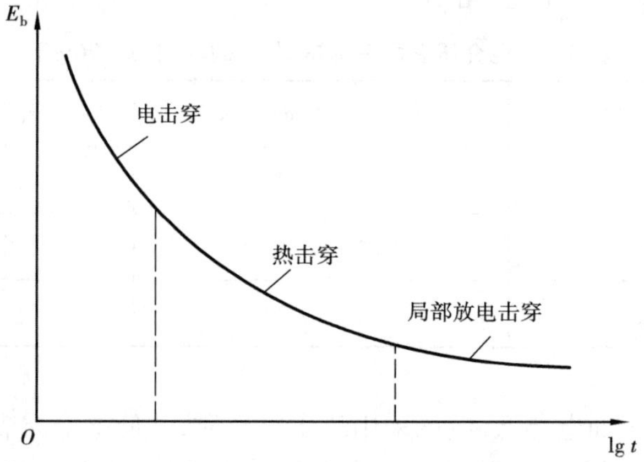

图 3.13　固体电介质击穿场强与电压作用时间的关系

3.3.1　热击穿

热击穿是由电介质内部热不稳定过程造成的。当固体电介质加上电场时,电介质中发生的损耗将引起发热,使电介质温度升高。

电介质的热击穿与材料的性能有关,还在很大程度上与绝缘结构(电极的配置与散热条件)及电压种类、环境温度等有关。热击穿强度不能看作电介质材料的本征特性参数。

对固体电介质的热击穿,很多学者都做过实验和理论研究,然而要定量进行讨论却十分复杂。

(1)瓦格纳热击穿理论

瓦格纳热击穿模型如图 3.14 所示。假设固体电介质置于平板电极 a,b 之间,该电介质有一处或几处的电阻比其周围小得多,构成电介质中的低阻导电通道。如通道的横截面积为 s,长度为 d,电导率为 γ,当加上直流电压 U 后,电流便主要集中在这导电通道内,则每秒钟内导电通道由电流通过而产生的热量为

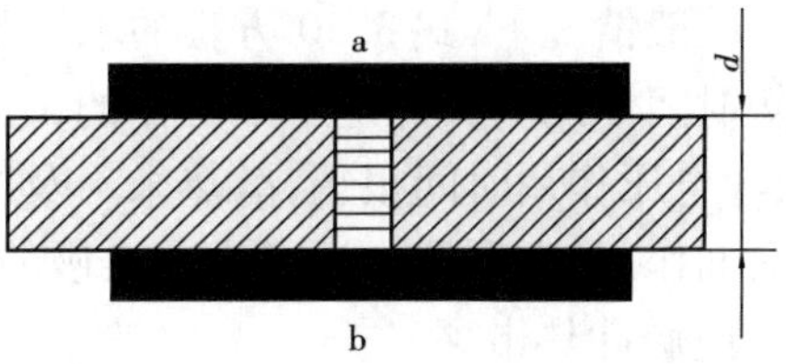

图 3.14　瓦格纳热击穿模型

$$Q_1 = 0.24\frac{U^2}{R} = 0.24U^2\gamma\frac{S}{d} \tag{3.27}$$

每秒钟内由导电通道向周围介质散出的热量与通道长度 d,通道平均温度 T 与周围介质温度 T_0 的温度差$(T-T_0)$成正比,即散热量为

$$Q_2 = \beta(T - T_0)d \tag{3.28}$$

式中:β 为散热系数。

电介质导电通道的电导率 γ 与温度 T_0 的关系为

$$\gamma = \gamma_{t_0}e^{\alpha(T-T_0)} \tag{3.29}$$

式中:γ_{t_0}为导电通道在温度 T_0 时的电导率;α 为温度系数。

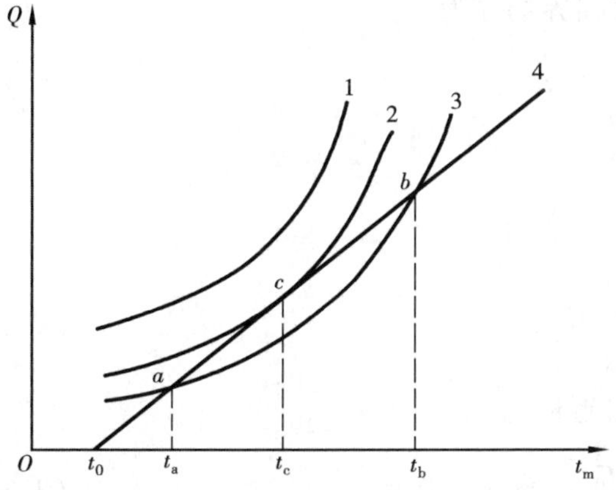

图 3.15　发热与散热曲线

由上可知,γ 是温度的函数,发热量 Q_1 也是温度的函数,对不同的电压 U 值,Q_1 与 t 的关系是一簇指数曲线,如图 3.15,曲线 1,2,3 分别为在电压 U_1、U_2、U_3($U_1 > U_2 > U_3$)作用下,电介质发热量与电介质导电通道温度的关系,而散热量 Q_2 与温度差$(t-t_0)$成正比,如图 3.15 中曲线 4 所示。

从图 3.15 可知:曲线 1(电压为 U_1 时)高于曲线 4,固体电介质内发热量 Q_1 总是大于散热量 Q_2,在任何温度下都不会达到热平衡,电介质的温度将不断地升高,最后导致电介质热击穿。曲线 3(电压为 U_3 时)与曲线 4 有两个交点,$Q_1 = Q_2$。由于发热量等于散热量,此两点称为热平衡点,a 点是稳定的热平衡点,b 点是不稳定的热平衡点,因此电介质被加热到通道温度为 t_a 就停留在热稳定状态。曲线 2(电压为 U_2 时)与曲线 4 相切,切点 c 是一个不稳定的热平衡点。当导电通道温度 $t < t_c$ 时,电介质发热量大于散热量,温度将上升到 t_c;当 $t > t_c$ 时,发热量大于散热量,导电通道的温度将不断上升,导致热击穿。可见,曲线 2 是电介质热稳定状态和不稳定状态的分界线,电压 U_2 确定为热击穿的临界电压,t_c 为热击穿的临界温度。

相应于切点 c 的热击穿临界电压为

$$U_c = \sqrt{\frac{\beta\gamma_0}{0.24s\alpha e}}de^{-\frac{\alpha t_0}{2}} \tag{3.30}$$

(2)均匀固体电介质热击穿电压的确定

一般情况下,式3.30方程的求解是困难的。电介质材料通常是在长时间的交、直流电压或短时间作用的脉冲电压下工作的,可以近似地为两种极端情况来讨论此类方程式的求解问题:①电压作用时间很短,散热来不及进行的情况,称这种情况下的击穿为脉冲热击穿;②电压长时间作用,电介质内温度变化极慢的情况,称这种情况下的击穿为稳态热击穿。

1)脉冲热击穿

电场作用时间很短,导热过程可以忽略不计,则热平衡方程为

$$C_V\frac{dT}{dt} = \gamma E^2 \tag{3.31}$$

如已知 $E = E(t)$ 及 $\gamma = \gamma(t, E)$,即可由式(3.32)求出温度到达电介质热破坏临界温度时的热击穿场强。

假设施加于电介质的脉冲电场为斜角波形电场,即

$$E = \left(\frac{E_c}{t_c}\right)t \tag{3.32}$$

式中:E_c 为热击穿场强;t_c 为击穿时间。

一般在电场不太强的情况下,介质的电导率可表示为

$$\gamma = \gamma_0 e^{-\varphi/kt} = \gamma_0 e^{-\beta/t} \tag{3.33}$$

式中:γ_0,φ 为介质的常数;k 为玻耳兹曼常数;$\beta = \varphi/k$。

在环境温度不高时,$\beta \gg t_0$,$t_c > t_0$,可得热击穿临界场强为

$$E_c \cong \left[\frac{3c_v t_0^2}{\gamma_0\beta t_c}\right]^{\frac{1}{2}} e^{\frac{\beta}{2t_0}} \tag{3.34}$$

式(3.34)给出了击穿场强与击穿时间的关系。

2)稳态热击穿

热击穿临界电压为

$$U_{oc}^2 = 8\int_{t_0}^{t_c}\frac{K}{\gamma}dt \tag{3.35}$$

在环境温度不高时,$\beta \gg t_0$,$t_c > t_0$,式(3.35)积分可近似为

$$U_{oc} \cong \left(\frac{8Kt_0^2}{\gamma_0\beta}\right)^{\frac{1}{2}} e^{\frac{\beta}{2t_0}} \tag{3.36}$$

3.3.2 电击穿

电击穿是在较低温度并消除边缘效应的电极装置等严格控制的条件下,进行击穿试验时所观察到的一种击穿现象。电击穿的主要特征是:击穿场强高(5~15 MV/cm 范围),实际绝缘系统是不可能达到的;在一定温度范围内,击穿场强随温度升高而增大,或变化不大。均匀电场中电击穿场强反映了固体电介质耐受电场作用能力的最大限度,它仅与材料的化学组成及性质有关,是材料的特性参数之一,通常称为耐电强度或电气强度。

希伯尔(Hippel)和弗罗利希(Frohlich)在固体物理的基础上用量子力学为工具逐步发展

建立了固体电介质电击穿的碰撞电离理论。这一理论可简述如下：

在强电场下固体导带中可能因场致发射或热发射而存在一些导电电子，这些电子在外电场作用下被加速获得动能，同时在其运动中又与晶格振动相互作用而激发晶格振动，把电场的能量传递给晶格。当这两个过程在一定的温度和场强下平衡时，固体电介质有稳定的电导；当电子从电场中得到的能量大于晶格振动损失的能量时，电子的动能就越来越大，至电子能量大到一定值后，电子与晶格振动的相互作用便导致电离产生新电子，自由电子数迅速增加，电导进入不稳定阶段，击穿开始发生。

按击穿发生的判定条件的不同，电击穿理论可分为两大类：第一类以碰撞电离开始作为击穿判据，这类理论称为碰撞电离理论，也称为本征电击穿理论；另一类以碰撞电离开始后，电子数倍增到一定数值，足以破坏电介质结构作为击穿判据，这类理论称为雪崩击穿理论。

(1)本征电击穿理论

在电场 E 的作用下，电子被加速，电子单位时间从电场获得的能量可表示为

$$A = A(E,u) \tag{3.37}$$

式中：u 为电子能量。

电子在其运动中与晶格振动相互作用而发生能量的交换。由于晶格振动与温度有关，所以 B 可写为

$$B = B(T_0,u) \tag{3.38}$$

式中：T_0 为晶格温度。

平衡时

$$A(E,u) = B(T_0,u) \tag{3.39}$$

当场强增加到使平衡破坏时，碰撞电离过程便立即发生。使式(3.39)成立的最大场强就是碰撞电离开始发生的起始场强，把这一场强作为电介质的临界击穿场强。

(2)雪崩击穿理论

根据雪崩机理的不同，雪崩击穿分为两种类型：场致发射击穿和碰撞电离雪崩击穿。

1)场致发射击穿

如在强场电导中所述，由于量子力学隧道效应，从价带向导带场致发射电子，引起电子雪崩。基于这种观点的理论认为，隧道电流的增长，对晶格能量的注入使其温度上升，在晶格温度到达临界温度时，便导致击穿发生，这种击穿称为场致发射击穿。

2)碰撞电离雪崩击穿

这种击穿理论是：导带中的电子被外施电场加速到具有足够的动能后，发生碰撞电离，这一过程在电场下不断地由阴极向阳极发展，形成电子雪崩。当这种电子雪崩区域达到某一界限时，晶格结构被破坏，固体发生击穿。

3.3.3　不均匀电介质的击穿

不均匀电介质的击穿是指包括固体、液体或气体组合构成的绝缘结构中的一种击穿形式。与单一均匀材料的击穿不同，不均匀电介质的击穿是从耐电强度低的气体开始，表现为局部放电，然后或快或慢地随时间发展至固体电介质，劣化损伤逐步扩大，致使电介质击穿。

前述固体电介质击穿理论适用于宏观均匀的单一电介质的击穿现象，在实际应用中经常遇到的是宏观不均匀复合电介质。从凝聚状态来分析，一般总是气体与液体或固体、液体与固

体和固体与固体的组合，即使是单一电介质的绝缘结构，由于材料的不均匀性、含有杂质或气隙等也不能看成单一均匀电介质，因此研究不均匀电介质的击穿具有重要的实用意义。

(1)复合电介质的击穿

1)双层复合电介质的击穿

设一双层复合电介质模型及其等效电路如图3.16所示。双层复合电介质的厚度、电导率及介电常数分别为 $d_1, d_2, \gamma_1, \gamma_2$ 和 $\varepsilon_1, \varepsilon_2$，外施电压为 U 以及两层介质中场强分别 E_1, E_2。

设 U 为外施恒定电压，在 U 作用下达到稳态时，若引入复合电介质的宏观平均场强

$$E = \frac{U}{d_1 + d_2} = \frac{U}{d} \tag{3.40}$$

则有

$$\begin{cases} E_1 = \dfrac{\gamma_2 d}{\gamma_1 d_2 + \gamma_2 d_1} E \\ E_2 = \dfrac{\gamma_1 d}{\gamma_1 d_2 + \gamma_2 d_1} E \end{cases} \tag{3.41}$$

式中：$d = d_1 + d_2$。

从式(3.41)可知，各层电介质电场强度与其电导率成反比。如 $\gamma_1 = \gamma_2$，则 $E_1 = E_2 = E$；如 γ_1 与 γ_2 相差很大，其中必有一层电介质的场强大于 E，如 $E_1 > E$，则当 E_1 达到第一层电介质的击穿场强 E_{1b} 时，引起该层电介质击穿。第一层击穿后，全部电压加在第二层上使 E_2 发生畸变，通常导致第二层电介质随之击穿，即引起全部电介质击穿。

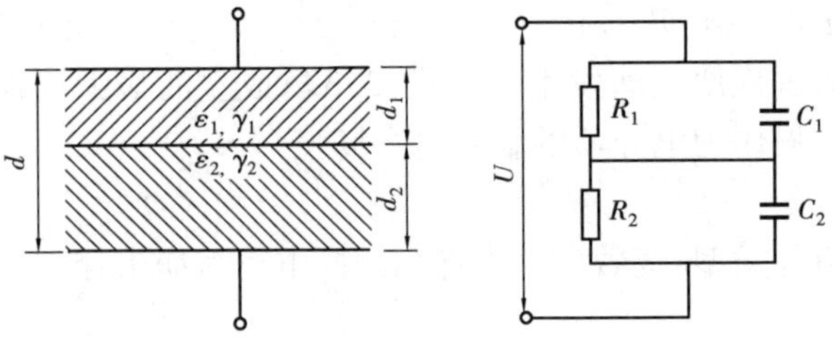

图3.16 双层复合电介质及其等效电路

2)边缘效应及其消除方法

在不同的电场均匀度下研究固体电介质击穿时发现，电场不均匀度越高，击穿电压随电介质厚度的增长越慢，即平均击穿场强越低，分散性也越大，只有在均匀电场下才具有击穿电压与厚度的正比关系，可以得到材料的最大击穿强度。为了研究固体电介质本征击穿的物理常数——耐电强度，必须采用消除边缘的方法，使固体电介质能在足够均匀的电场下发生电击穿。

在复合电介质中电场分布不均匀的情况下，当未采用任何措施改善电极边缘处的电场分布时，周围媒质的击穿强度常比固体电介质要小，在固体电介质击穿之前先在电场集中的电极边缘处发生放电，放电火花可视为电极针状般的延伸，于是电极边缘处的电场分布发生强烈畸变，若放电开始时外施电压高于固体电介质一定厚度下的最小击穿电压(电介质在极不均匀电场作用下的击穿电压)，则媒质放电后立即引起固体电介质的击穿。这种因电极边缘媒质放电而引起固体电介质在电极边缘处较低电压下击穿的现象称为边缘效应。

消除均匀电场边缘效应的方法之一是将电极试样系统做成一定的尺寸和形状，一般会把试样制作为凹面状，如图3.17所示。若试样厚度 t 与下凹部分最小厚度 d 之比足够大(比值不小于5~10)，则击穿发生在足够均匀电场的最小厚度处。但并非所有的固体电介质都能实现，如云母、有机薄膜等介质困难较大。对这类固体电介质，通常采用简单电极试样系统，如固

体试样置放在两平板电极间、平板与圆球或圆球与圆球电极间的系统，置于液体媒质之中。消除边缘效应的方法之二是选用适当的媒质，使在固体电介质击穿之前媒质中所分配到的电场度低于其击穿值。

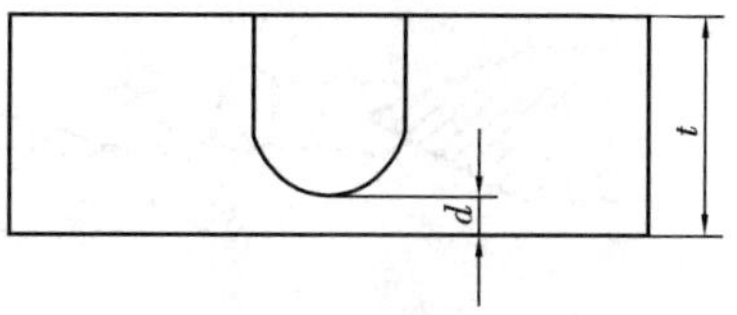

图 3.17　获得均匀电场的电极试样系统

(2)局部放电

在含有气体(如气隙或气泡)或液体(如油膜)的固体电介质中，当击穿强度较低的气体或液体中的局部电场强度达到其击穿场强时，这部分气体或液体开始放电，使电介质发生不贯穿电极的局部击穿，这就是局部放电现象。这种放电虽然不立即形成贯穿性通道，但长期的局部放电，使电介质(特别是有机电介质)的劣化损伤逐步扩大，导致整个电介质击穿。

局部放电引起电介质劣化损伤的机理是多方面的，但主要有以下 3 个方面：

①电的作用。带电粒子对电介质表面的直接轰击作用，使有机电介质的分子主链断裂。

②热的作用。带电粒子的轰击作用引起电介质局部的温度上升，发生热熔解或热降解。

③化学作用。局部放电产生的受激分子或二次生成物的作用，使电介质受到的侵蚀可能比电、热作用的危害大。

局部放电是电介质应用中的一种强场效应，它在电介质介电现象和电气绝缘领域均具有重要意义。局部放电图与放电类型相关，不同的类型放电位置不同，如图 3.18 ~ 图 3.20 所示为交流状态下局部放电的放电图。

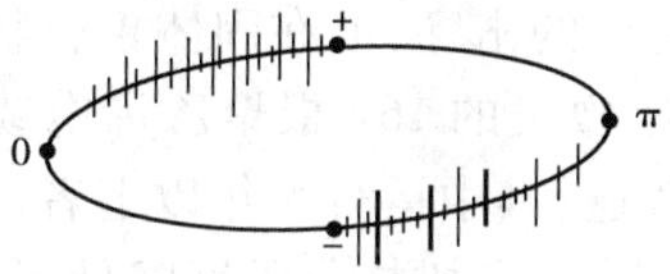

图 3.18　绝缘内部气泡的放电图形

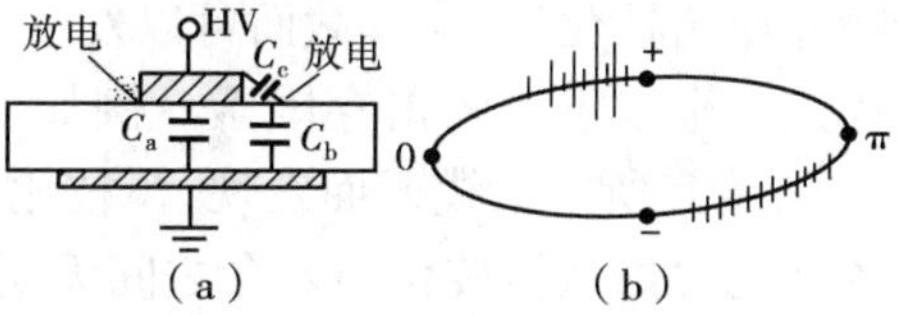

图 3.19　表面放电图形

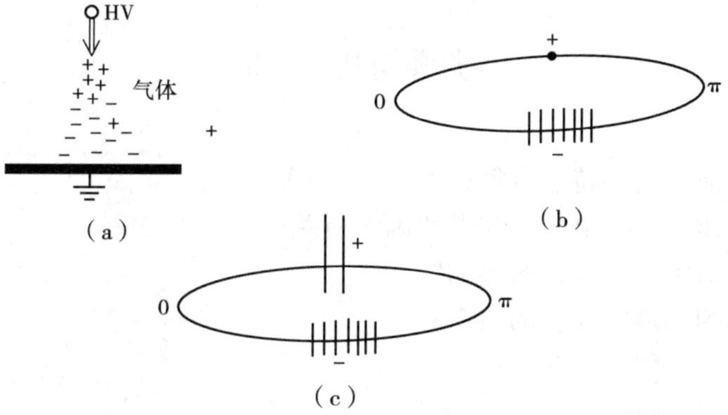

图 3.20　电晕放电图形

(a)放电部位；(b)放电图形；(c)较高电压时放电波形

(3)聚合物电介质的树枝化击穿

树枝化击穿是聚合物电介质在长时间强电场作用下发生的一种老化破坏形式，在介质中形成具有气化了的严如树枝状的痕迹，树枝是充满气体的直径为皮米以下的细微“管子”组成的通道，如图 3.21 所示。

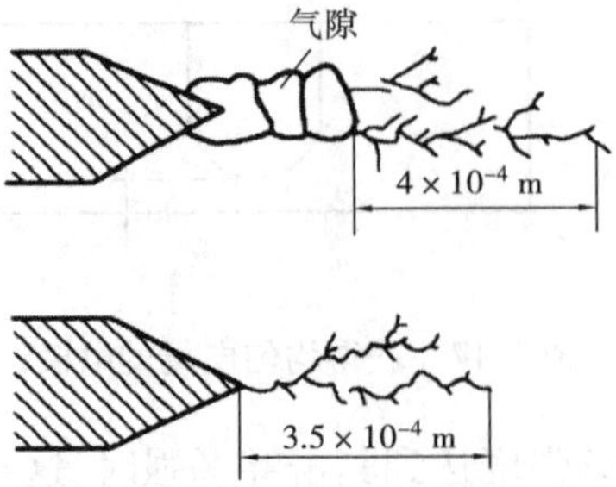

图 3.21　电极尖端有、无气隙时的电树枝

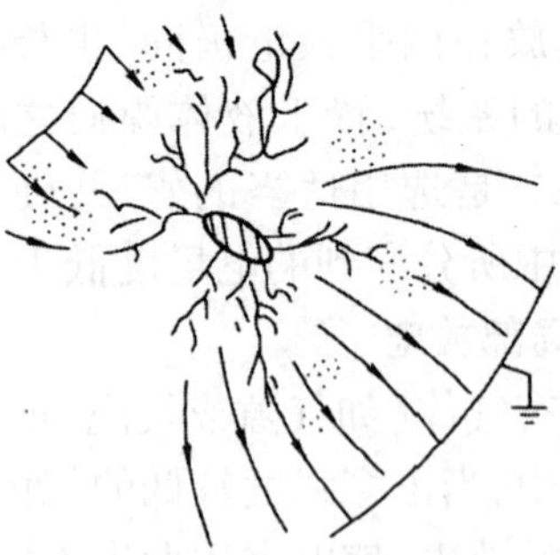

图 3.22　35 kV 聚乙烯电缆中的杂质电树枝

引起聚合物电介质树枝化的原因是多方面的。树枝可以因介质中间歇性的局部放电而缓慢地扩展,更可以在脉冲电压作用下迅速发展,也能在无任何局部放电的情况下,由电介质中局部电场集中而发生。属于这些原因引起的树枝称为电树枝(如图 3.21 所示有、无气隙的树枝和图 3.22 所示为 35 kV 聚乙烯电缆中的杂质电树枝)。树枝能因存在水分而缓慢发生,如在水下运行的 200 ~ 700 V 低压电缆中也发现有树枝,一般称为水树枝,即直流电压下也能促进树枝化。此外,还有因环境污染或绝缘介质中存在杂质而引起的电化学树枝,如电缆中由腐蚀性气体在线芯处扩散,与铜发生反应就形成电化学树枝。

树枝化的位置是随机的,即树枝引发于电介质中各个高场强的点,如粗糙或不规则的电极表面或介质内部的间隙、杂质等处。

聚合物介质树枝化后,在其截面可以发生或不发生完全的击穿,但在固体聚合物介质中,树枝化击穿是一个很重要的击穿因素。例如,美国西海岸敷设的 161 根聚乙烯电缆,运行了 1 ~ 11 年以后,检查所有电缆截面发现,树枝化现象相当普遍,其中运行 5 年以上者,几乎有一半产生了树枝化。虽然树枝化与寿命之间无明确的关系式,但是树枝化无疑降低了电缆的使用寿命。树枝化是聚合物介质击穿的先导,但击穿并不因树枝化而接踵到来。

习题与思考题

3.1　固体电介质的击穿特点有哪些?

3.2　固体电介质的表面电导率与哪些因素有关?

3.3　局部放电对电介质有什么影响?

3.4　什么是均匀固体电介质的热击穿?

第2篇 高电压试验

高电压技术是一门理论与试验紧密结合的学科，由于电介质的放电理论尚不够完备，高电压与电气绝缘的诸多问题还须依赖试验来解释，电力系统中的绝缘配置、故障分析与诊断也要借助试验手段来完成。因此，高电压试验是高电压技术课程非常重要的一部分，也是实际工程中不可或缺的研究手段。

第 4 章

绝缘的预防性试验

电气设备绝缘预防性试验是现代电力系统安全、可靠运行的重要措施之一，在新设备的调试、绝缘性能检查等环节中经常应用。

绝缘故障大多因内部存在缺陷而引起，有些绝缘缺陷是在设备制造过程中产生和潜存下来的，还有一些绝缘缺陷则是在设备运行过程中由外界影响因素的作用逐渐发展和形成的。绝缘缺陷种类很多、影响各异，绝缘预防性试验的项目也多种多样。每个项目所反映的绝缘状态和缺陷性质各不相同，同一设备往往要接受多项试验，才能作出比较准确的判断和结论。可以通过测量绝缘特性的变化来发现潜在的缺陷，然后采取措施消除隐患。这是进行绝缘预防性试验项目的主要目的。

4.1 绝缘电阻、吸收比与泄漏电流的测量

绝缘电阻是一切电介质和绝缘结构的绝缘状态最基本的综合性特性参数。电气设备中大多采用组合绝缘式和层式结构，在直流电压下均会有明显的吸收现象，使外电路中出现一个随时间而衰减的吸收电流，如果在电流衰减过程中的两个瞬间测得两个电流值或两个相应的绝缘电阻值，则利用其比值（也称吸收比）可检验绝缘介质是否严重受潮或存在局部缺陷。

测量泄漏电流从原理上来说，与测量绝缘电阻相似，但前者所加的直流电压要高得多，能发现用兆欧表所不能显示的某些缺陷，具有自己的某些特点。

4.1.1 绝缘电阻与吸收比的测量

绝缘电阻是反映绝缘性能的最基本的指标之一，通常用兆欧表来测量绝缘电阻。用兆欧表来测量电气设备的绝缘电阻，是一项简单易行的绝缘试验方法，在设备维护检修时，广泛地用作常规绝缘试验。

通常以加压后 1 min 时测得的电阻值作为该试验品的绝缘电阻。由于在某些设备绝缘中存在吸收现象，1 min 的绝缘电阻值受到尚未完全衰减的吸收电流的影响，因此它常比真正的绝缘电阻值要低一些。当绝缘介质部分受潮或整体受潮，表面变脏，留有表面放电或击穿痕迹时，绝缘电阻就会显著降低。不过绝缘的缺陷必须是贯通性的，即必须在电极间形成贯通性导

电通道，否则绝缘电阻不会有显著的变化。很多设备的绝缘电阻值和绝缘介质的结构、形状、尺寸等有关，这一点给判断测量结果造成了一些困难。通常是把处于同样运行条件下的不同相的绝缘电阻进行比较，或把这次测得的绝缘电阻值和过去测得的数值进行比较来发现问题。

兆欧表俗称摇表，它的原理如图4.1所示。图中G为手摇（或电动）直流发电机，也可由交流发电机经晶体二极管整流获得直流；M为流比计式的测量机构，包括处在永磁磁场内的可动部分电压线圈LV和电流线圈LA。在把被试品接到两个测量端子L和E之间时，摇动发电机手柄，直流电压就加到两个并联的支路上。第一个支路电流 I_V 通过电阻 R_V 和电压线圈LV。第二个支路电流 I_A 通过被试电阻 R_A 和电流线圈LA。两个线圈中电流产生的力矩方向相反。在力矩差的作用下，使可动部分旋转，两个线圈所受的力也随之改变。当达到平衡时，指针偏转的角度 α 正比于 I_V/I_A。因为并联支路内的电流分配是与电阻成反比的，所以偏转角的大小可以反映出被试电阻的大小。它不受电源电压波动的影响，这是兆欧表的重要优点。

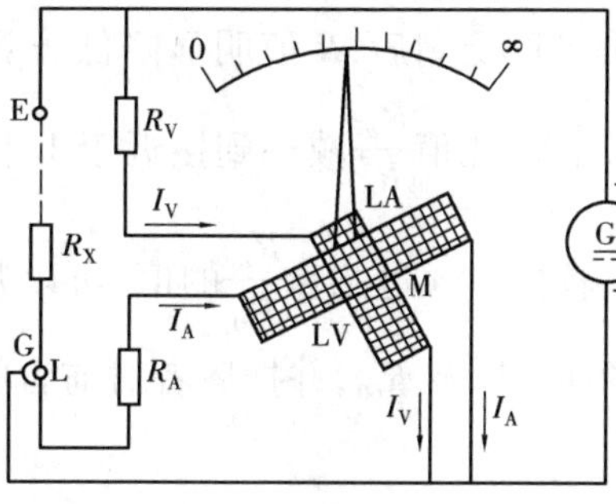

图4.1　兆欧表的原理接线图

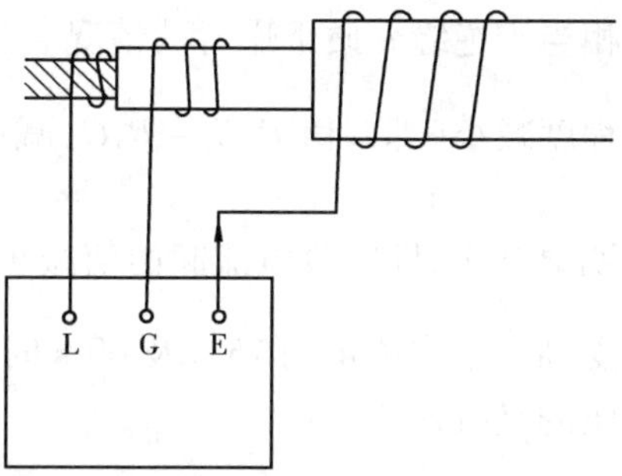

图4.2　兆欧表屏蔽极的使用

图4.1中的G是兆欧表的屏蔽端子，用以消除被试品表面泄漏电流的影响。它直接与发电机的负极（兆欧表直流电源）相连。试验时的连线如图4.2所示，图中以电缆作为被试品。如不接屏蔽极，测得的绝缘电阻是表面电阻与体积电阻的并联值，这时沿绝缘介质表面的泄漏电流同样经过电流线圈。如果把绝缘介质表面缠上几匝裸铜丝，并接到端子G上，如图4.2所示，则沿面泄漏电流将经过G直接回到发电机，而不经过电流线圈。这时测得的便是消除了表面泄漏电流影响的真实的体积电阻。

常用兆欧表的电压有500，1 000，2 500，5 000 V等。对额定电压1 000 V或以上的设备，应用2 500 V或5 000 V的兆欧表进行测试。兆欧表的功率小，仪表内阻大，当被测绝缘电阻较低时，实际上加在绝缘介质上的电压远小于仪表的额定电压。

兆欧表采用了流比计的测量机构，仪表的读数与发电机的端电压（转速）绝对值关系不大，一般只要使手柄的转速达到额定转速（通常为120 r/min）的80%以上就可以了，重要的是必须保持转速的恒定。因为被试品一般具有一定的电容量，电压的变动会引起电容电流的变化，使指针摇摆不定。基于同样的理由，当被试品电容较大时，测量后必须先把兆欧表从测量回路断开，然后停止转动发电机，以避免被试品电容电流反充损坏仪表。对电容量较大的设备如电机、变压器、电容器等，利用前面所述的吸收现象来测量这些设备的绝缘电阻随时间的变化情况，可以更有利于判断绝缘的状态。在第3章介绍的双层复合电介质及其等效电路中，如用 R_0 和 R_∞ 分别表示 $t=0$ 和 $t=\infty$ 时测得的绝缘电阻，则

$$R_0 = \frac{rR}{r+R} \qquad R_\infty = R$$

$$\frac{R_\infty}{R_0} = 1 + \frac{R}{r}$$

式中

$$R = R_1 + R_2, r = \frac{R_1R_1(R_1 + R_2)(C_1 + C_2)^2}{(R_1C_1 - R_2C_2)^2} \tag{4.1}$$

过渡过程的时间常数

$$T = \frac{R_1R_2}{R_1 + R_2}(C_1 + C_2) \tag{4.2}$$

对于很多实际绝缘介质来说,其结构不均匀,存在较明显的吸收现象,吸收电流的起始值常大于泄漏电流值,即 $r<R$,及 $R/r>1$,从而得

$$\frac{R_\infty}{R_0} = 1 + \frac{R}{r} > 2$$

上式相当于绝缘介质干燥时的情况。当绝缘介质严重受潮后,R 值明显降低,r 则因各层的不均匀程度减小(即差值 $R_1C_1 - R_2C_2$ 减小)而有所增大,比值$\frac{R_\infty}{R_0}$减小到接近于1,同时时间常数 T 也明显减小,即吸收电流起始值减小,衰减得也较快。通过测量$\frac{R_\infty}{R_0}$的值,可以判断绝缘介质是否受潮。通常测定的15 s及60 s时的绝缘电阻值 R_{15} 及 R_{60},并把后者对前者的比值称为绝缘介质的吸收比 K,即

$$K = R_{60}/R_{15} \tag{4.3}$$

一般认为如 $K<1.3$,就可以判断为绝缘介质可能受潮。显然,只有被试品电容比较大时,吸收现象才明显,才能用来判断绝缘性能状况。对大型发电机还可以采用10 min与1 min的绝缘比值作为极化指数。除受潮外,当绝缘介质有严重集中性缺陷时,K 值也可以反映出来。例如,当发电机定子绝缘介质局部发生裂纹,形成了贯通性导电通道时,K 值便大大降低而接近1。对各类高压电气设备绝缘所需要的绝缘电阻值、吸收比 K,《电力设备预防性试验规程》(DL/T596—2005)(以下简称《试验规程》)中有明确的规定。

测量绝缘电阻能有效地发现下列缺陷:总体绝缘质量欠佳;绝缘介质受潮;两极间有贯穿性的导电通道;绝缘介质表面情况不良。测量绝缘电阻不能发现下列缺陷:绝缘介质中的局部缺陷,如非贯穿性的局部损伤,含有气泡、分层脱开等;绝缘介质的老化,已经老化的绝缘介质,其绝缘电阻还可能相当的高。

应该指出,无论是绝缘电阻的绝对值还是吸收比都只是参考性的。如不满足最低合格值,则绝缘介质中肯定存在某种缺陷;如已满足最低合格值,也不能肯定绝缘介质是良好的。有些绝缘介质,特别是油浸的或电压等级较高的绝缘介质,即使有严重缺陷,用兆欧表测得的绝缘电阻值、吸收比仍可能满足规定要求,这主要是因为兆欧表的电压较低。根据绝缘电阻或吸收比的值来判断绝缘状况时,不仅应与规定标准相比较,还应与过去试验的历史资料相比较,与同类设备的数据相比较,以及将同一设备的不同部分的数据相比较(用不平衡系数 k = 最大值/最小值来表示,一般认为如 $k>2$,则表示某种绝缘缺陷存在)。当然,也应该与本绝缘介质的其他试验结果相比较。

测量绝缘电阻时应注意下列几点:

①试验前应将被试品接地放电一定时间。对容量较大的被试品,一般要求接地放电时间为 5 ~ 10 min。这是为了避免被试品上可能存留残余电荷而造成测量误差。试验后也应这样做,以求安全。

②高压测试连接线应尽量保持架空,确需使用支撑时,要确认支撑物的绝缘性能对被试品绝缘测量结果的影响极小。

③测量吸收比时,应等电源电压稳定后再接入被试品,并开始计时。

④对带有绕组的被试品,应先将被测绕组首尾短接,再接到 L 端子,其他被测绕组也应先首尾短接后再接到应接端子。

⑤绝缘电阻与被试品温度有十分显著的关系。绝缘介质温度升高时,绝缘电阻大致按指数率降低,吸收比的值也会有所改变。测量绝缘电阻时,应准确记录当时绝缘介质的温度,而在比较时,也应该按相应温度时的值来比较。

⑥每次测试结束时,应在保持兆欧表电源电压的条件下,先断开 L 端子与被试品的连线,以免被试品对兆欧表反向放电,损坏仪表。

4.1.2　泄漏电流的测量

除了用兆欧表测量绝缘电阻外,还可以利用高压直流装置和微安表测量流过被测试绝缘介质的泄漏电流。两者的原理和适用范围是一样的。不同的是测量泄漏电流可使用较高的电压(10 kV 及以上),比兆欧表能更有效地发现一些尚未完全贯通的集中性缺陷。一方面,加在被试品上的直流电压要比兆欧表的工作电压高得多,能发现兆欧表不能发现的某些缺陷,如分别在 20 kV 和 40 kV 电压下测量额定电压为 35 kV 及以上变压器的泄漏电流,能比较灵敏地发现瓷套开裂、绝缘纸筒沿面碳化、变压器油劣化及内部受潮等缺陷。另一方面,施加在被试品上的直流电压是逐渐增大的,这样可以在升压过程中见识泄漏电流的增长动向。此外,在电压升到规定的试验电压值后,要保持 1 min 再读出最后的泄漏电流值。在这段时间内,还可以观察泄漏电流是否随时间的延续而变大。当绝缘介质良好时,泄漏电流应保持稳定,且其值很小。

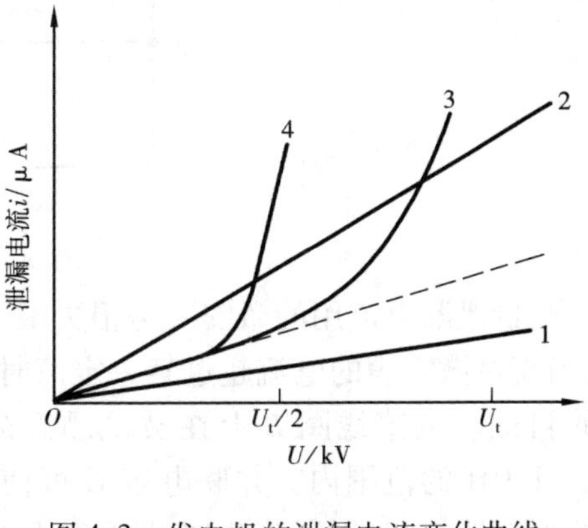

图 4.3　发电机的泄漏电流变化曲线

1—良好绝缘;2—受潮绝缘;3—有集中性缺陷;4—有危险的集中性缺陷;U_t—发电机的直流耐压试验电压

如图 4.3 所示为发电机的几种不同的泄漏电流变化曲线。绝缘良好的发电机,泄漏电流值较小,且随电压呈线性上升,如曲线 1;如果绝缘介质受潮,电流值变大,但基本上仍随电压线性上升,如曲线 2;曲线 3 表示绝缘介质中已有集中缺陷,应尽可能找出原因加以消除;如果在电压尚未到直流耐压试验电压 U_t 的 1/2 时,泄漏电流就已急剧上升,如曲线 4,那么这台发电机在运行下(不必出现过电压)就可能发生击穿。

本试验项目所需的设备仪器和连接方式都与直流高电压试验相似,此处仅给出简单的试验接线,如图 4.4 所示。其中,交流电源经调压器接到试验变压器 T 的一次绕组上,其电压用电压表 PV1 测量;试验变压器输出的交流电压经高压整流元件 VD(一般采用高压硅堆)接在稳压电容 C 上,为了减少直流高压的脉动幅度,C

值一般需0.1 μf左右,不过当被试品是电容较大的发电机、电缆等设备时,也可不加稳压电容。R为保护电阻,以限制初始充电电流和故障短路电流不超过整流元件和变压器的允许值,通常采用水电阻。整流所得的直流高压可用高压静电压电压表PV2测得,而泄漏电流则以接在被试品TO高压侧或接地侧的微安表来测量。如果被试品的一极固定接地,且接地线不易解开时,微安表可接在高压侧(见图4.4的a处),这时读数和切换量程有些不便,应特别注意安全。在这种情况下,微安表及其接往被试品TO的高压连线均应加等电位屏蔽(见图4.4中虚线),使这部分对地杂质散电流(泄漏电流、电晕电流)不流过微安表,以减小测量误差。当被试品的两极都可以做到不直接接地时,微安表就可以接在被试品低压侧和大地之间(见图4.4中的b处),这时读数方便、安全,回路高压部分对外界物体的杂散电流入地时都不会经过微安表,不必设屏蔽。

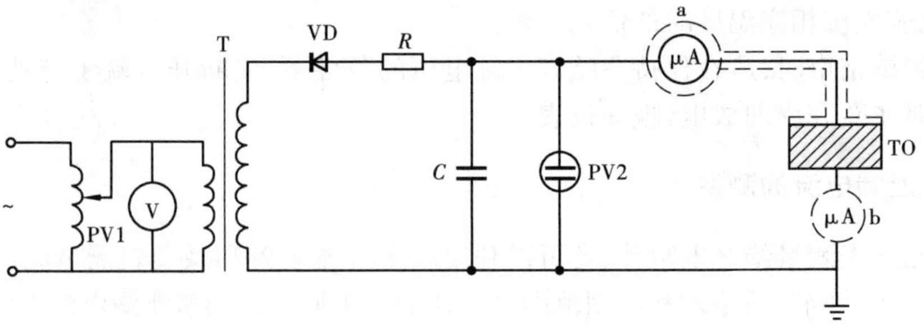

图4.4　泄漏电流试验接线图

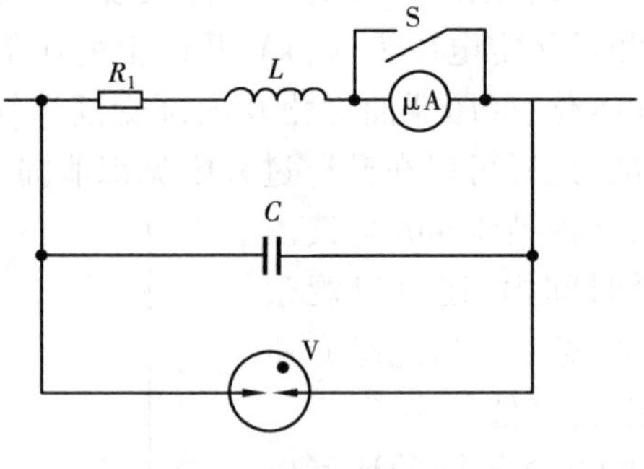

图4.5　微安表保护回路

测量泄漏电流用的微安表是很灵敏、很脆弱的仪表,需要并联一保护放电管V,如图4.5所示,当流过微安表的电流超过某一定值时,电阻R_1的电压降将引起V的放电而达到保护微安表的目的。电感线圈L上在被试品意外击穿时能限制电流脉冲并加速V的动作,其值在0.1~1.0H的范围内。并联电容C可使微安表的指示更加稳定。为了尽可能减小微安表损坏的可能性,平时用开关S加以短接,只在需要读数时才打开S。

4.1.3　目前常用的绝缘电阻测试方法

目前数字兆欧表基本上取代了手摇式兆欧表。数字兆欧表由高压发生器、测量桥路和自动量程切换显示电路三大部分组成。其工作原理为:经电子线路构成的高压发生器将低压转换成高压试验电源,供给测量桥路;测量桥路实现比例式测量,将测量结果送自动量程切换显示电路进行量程转换和数字显示。

4.2　介质损耗角正切的测量

介质的功率损耗 P 与介质损耗角正切 $\tan\delta$ 成正比，后者是绝缘品质的重要指标，测量 $\tan\delta$ 值是判断电气设备绝缘状态的一种灵敏有效的方法。

$\tan\delta$ 能反映绝缘介质的整体缺陷（如整体老化）和小电容被试品中的严重局部性缺陷。根据 $\tan\delta$ 随电压而变化的曲线，可判断绝缘介质是否受潮、含有气泡及老化的程度。但是，测量 $\tan\delta$ 不能灵敏地反映大容量发电机、变压器和电力电缆（它们的电容量很大）绝缘介质的局部缺陷，这时应尽可能将这些设备分解成几个部分，然后分别测量它们的 $\tan\delta$。

例如，当绝缘结构由两部分并联组成时，其整体的介质损耗为这两部分之和，即 $P = p_1 + p_2$。

$$U^2\omega C\tan\delta = U^2\omega C_1\tan\delta_1 + U^2\omega C\tan\delta_2 \tag{4.4}$$

由此得

$$\tan\delta = \frac{C_1\tan\delta_1 + C_2\tan\delta_2}{C}$$

且

$$C = C_1 + C_2$$

若第二部分的体积远小于第一部分的，即 $V_2 \ll V_1$，则得 $C_2 \ll C_1$，$C = C_1$

$$\tan\delta = \tan\delta_1 + \frac{C_2}{C_1}\tan\delta_2 \tag{4.5}$$

式(4.5)的第二项的系数 $\frac{C_2}{C_1}$ 很小，当第二部分绝缘结构出现缺陷，$\tan\delta_2$ 增大时，并不能使总的 $\tan\delta$ 明显增大。例如，在一台 110 kV 大型变压器上，测得总的 $\tan\delta$ 为 0.4%，是合格的；但把套管分开测得 $\tan\delta$ 为 3.4%，不合格。当大设备的绝缘结构由几部分组成时，最好能分别测量各部分的 $\tan\delta$，以便发现缺陷。

4.2.1　西林电桥测量法的基本原则

测量 $\tan\delta$ 值最常用的电路是采用高压交流平衡电桥（西林电桥），但也有采用不平衡电桥（介质试验器）或低功率因数的瓦特表进行测量的。

西林电桥的原理接线图如图 4.6 所示。

在图 4.6 中，Z_x 为 AC 段阻抗，即是 C_x 与 R_x；同理，Z_N 为 CB 段阻抗，即是 C_N；Z_3 与 Z_4 则分别指 AD 和 BD 段阻抗。C_x，R_x 为被测试样的等效并联电容和电阻，R_3，R_4 表示电阻比例臂，C_N 为平衡试样电容 C_x 的标准，C_4 为平衡损耗角正切的可变电容。根据电容平衡原理，当

$$Z_xZ_4 = Z_NZ_3 \tag{4.6}$$

式中：Z_x 为电桥的试样电阻（即 R_x 和 C_x）；Z_N 为标准电容器阻抗（即 C_N）；Z_3 为桥臂 Z_3（即 R_3）的阻抗；Z_4 为桥臂 Z_4（即 R_4）的阻抗。

从图 4.6 可得

$$\frac{1}{Z_x} = \frac{1}{R_x} + j\omega C_x \quad Z_N = \frac{1}{j\omega C_N}$$

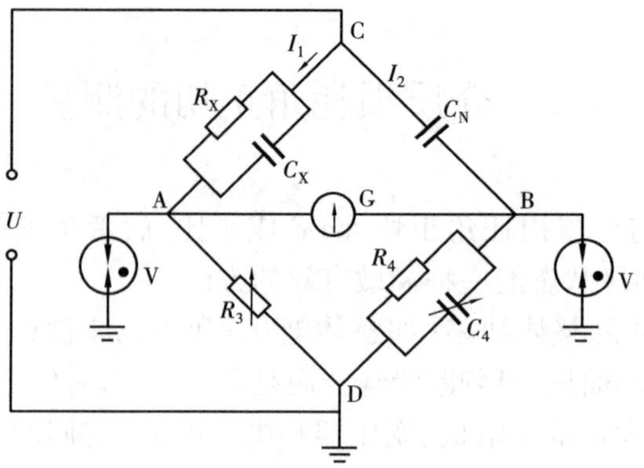

图 4.6 西林电桥的原理接线

$$Z_3 = R_3 \qquad \frac{1}{Z_4} = \frac{1}{R_4} + j\omega C_4 \tag{4.7}$$

将式(4.7)代入式(4.6),再将实部和虚部分别列出等式,解得方程式,得

$$C_x = \frac{R_4}{R_3} C_N \frac{1}{1 + \tan^2 \delta_x} \tag{4.8}$$

$$\tan \delta_s = \omega C_4 R_4 \tag{4.9}$$

式中:$\tan \delta_x$ 为试样的损耗角正切,$\tan_x = \frac{1}{\omega} C_x R_x$。

当 $\tan \delta_x < 0.1$ 时,试样电容可近似地计算为

$$C_x = \frac{R_4}{R_3} C_N \tag{4.10}$$

当桥臂电阻 R_3,R_4 和电容 C_N,C_4 已知时就可以求得试样电容和损耗角正切,计算出 C_x 后,根据试样与电极的尺寸再计算其相对介电常数。

如果被试品用串联等效电路表示,也可得出同样的结果。

由于电介质的 $\tan \delta$ 值有时会随着电压的升高而起变化,所以西林电桥的工作电压 U 不宜太高,通常在预防性试验中采用 5 ~ 10 kV。更高的电压也不宜采用,因为那样会增加仪器的绝缘难度和影响操作安全。

通常桥臂阻抗要比 Z_3 和 Z_4 大得多,工作电压主要作用在桥臂阻抗上,它们被称为高压臂,而 Z_3 和 Z_4 为低压臂,其作用电压只有数伏。为了确保人身和设备安全,在低压臂上并联有效电管(A、B 两点对地),以防止在 R_3,C_4 等需要调节的元件上出现高压。

电桥达到平衡时的向量图如图 4.7 所示,其中电桥的平衡是通过 R_3 和 C_4 来改变桥电压的大小和相位来实现的。在实际操作中,R_3 和 Z_4 相互之间也有影响,需反复调节 R_3 和 C_4,才能达到电桥的平衡。

这是西林电桥的正接线,可以看出,接地点放在 D 点,被试品 C_x 的两端均对地绝缘。实际上,绝大多数电气设备的金属外壳是直接放在接地底座上的,换言之,被试品的一极往往是固定接地的。这时就不能用正接线来测量它们的 $\tan \delta$,而应改用如图 4.8 所示的反接线法进行测量。

在反接线的情况下,电桥调节平衡的过程,以及所得的 $\tan \delta$ 和 C_x 的关系式,均与正接线时无异。不同的是:接地点移至 C 点,原先的两个调节臂接到高电压下,这意味着各个调节元

件(R_3,R_4)、检流计 G 和屏蔽网均处于高电位,必须保证足够的绝缘水平和采取可靠的保护措施,以确保仪器和测试人员的安全。

高压西林电桥的灵敏度主要由测量电压和平衡指示器的灵敏度决定。其测量误差,即电容的相对误差和损耗角正切的绝对误差,也主要取决于平衡指示器的灵敏度和测量电压。

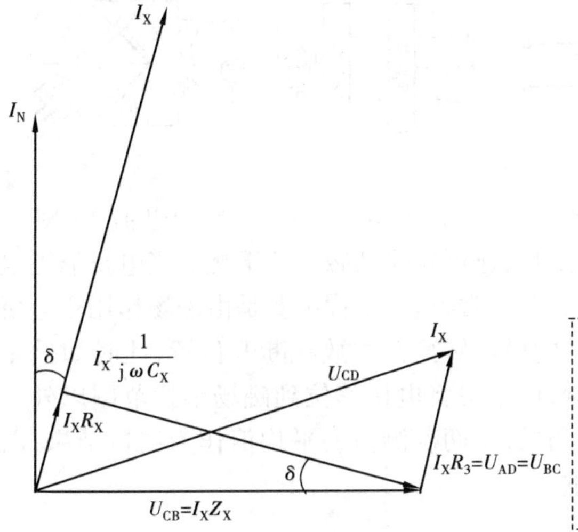

图 4.7　西林电桥平衡时的相量图

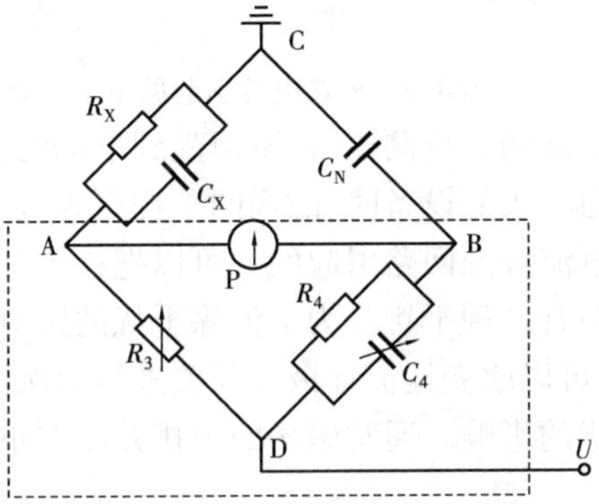

图 4.8　西林电桥反接线原理图

4.2.2　西林电桥测量法的电磁干扰

在现场进行测量时,被试品和桥体都处在周围带电部分的电场作用范围之内,虽然电桥本体及连接线都采取了屏蔽,但对被试品通常无法做到全部屏蔽。这时等值干扰源电压 U'就会通过对被试品高压电极的杂散电容 C'产生干扰电流 I',影响测量,如图 4.9。当电桥平衡时,$I_G=0$,检流计支路可当作开路,干扰电流 I'在通过 C'后,分成两路,一路经 C 入地,另一路经 R_3 及试验变压器漏抗入地。前者的阻抗远大于后者,可以认为 I'全部流过 R_3。

在没有外电场的干扰下,电桥平衡时流过 R_3 的电流即被试品电流 I_x,相应的损耗角为 δ。有干扰时,干扰电流流过电阻 R_3,改变了电平的平衡条件,这时要使电桥保持平衡就必须把 R_3 和 C_4 调整为新的数值。C_4 的值改变了,这时测得介质损耗角已经和前面的不同,记为 δ'。此时流过 R_3 的电流已变为 I'_X 即相当于在 I_x 上叠加电流 I',I'_X 和 I_N 的夹角即为 δ',同时 R_3 值的改变也引起测得的 C_x 改变。在某种条件下甚至可能出现负的 δ'值。这时在电桥的正常接线下无法达到平衡,只有把 C_4 从 R_4 并联更改为与 R_3 并联,才能使电桥平衡,并按照新的条件计算新的 $\tan\delta$。

为了消除或减小由电场干扰引起的误差,可以采取下列措施:①加设屏蔽。用金属屏蔽罩或网把被试品与干扰源隔开,这在实际上难以做到。②采用移相电源。由图 4.9 可知:在有干扰的情况下,只要使 I'与 I_x 同相或反相,测得的 $\tan\delta$ 不变。干扰电流 I'的相位一般是无法改变的,但可以改变试验电源电压从而改变 I_x 的相位以达到上述目的。应用移相电源消除干扰的接线如图 4.10 所示。测量前先将 Z_4 短接,将 R_3 调到最大值,使干扰电流尽量通过检流计,并调节移相电源的相角和电压幅值,使检流计指示最小。这表明 I'与 I_x 相位相反,移相任务已经完成,可退去电源电压,保持移相电源的相位,拆除 BD 间的短接线,然后正式开始测量。

若在电源电压正、反两种情况下测量得的 tan δ 值相等,则说明移相效果较好。③倒相法。这是一种比较简便的方法。测量时将电源正接和反接各测一次,然后进行计算,求得 tan δ 和 C_x。

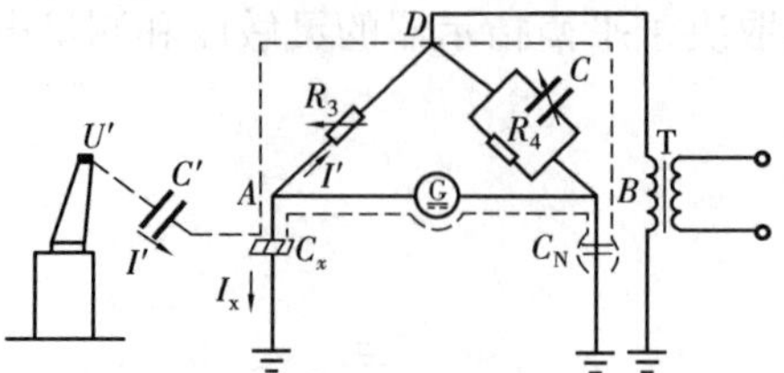

图 4.9　外接电源引起的电磁干扰

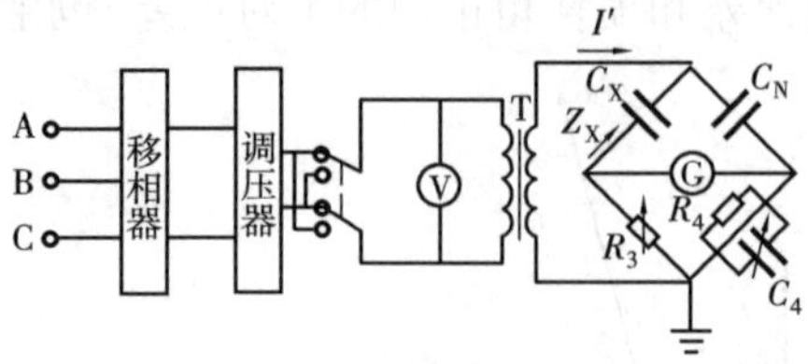

图 4.10　移相电源消除干扰的接线图

在现场进行测试时,不但受到电场的干扰,还可能受到磁场的干扰。当电桥靠近电抗器等漏磁通较大的设备时,磁场的干扰更为显著。通常,这一干扰主要是由磁场作用于电桥检流计内的电流线圈回路引起的。可以把检流计的极性转换开关放在断开位置,此时如果光带变宽即说明有这种干扰。为了消除干扰的影响,可设法将电桥移位到磁场干扰范围以外。若不能做到,可以改变检流计极性开关进行两次测量,用两次测量的平均值作为测量结果,以减小磁场干扰的影响。通常磁场的干扰并不严重。

4.2.3　西林电桥测量法的其他影响因素

利用西林电桥测量 tan δ 除了受电磁场的干扰以外,还受到以下因素的影响:

(1)温度的影响

温度对 tan δ 值的影响很大,具体的影响程度随绝缘材料和结构的不同而异。一般来说,tan δ 随温度的增高而增大。现场试验时的温度是不确定的,为了便于比较,应将在各种温度下的测得的 tan δ 值换算到 20 ℃时的值。被试品内部的实际温度很难确定,换算方法也不很准确,换算后仍有较大的误差,tan δ 的测量应尽可能在 10 ~ 30 ℃的条件下进行。

(2)试验电压的影响

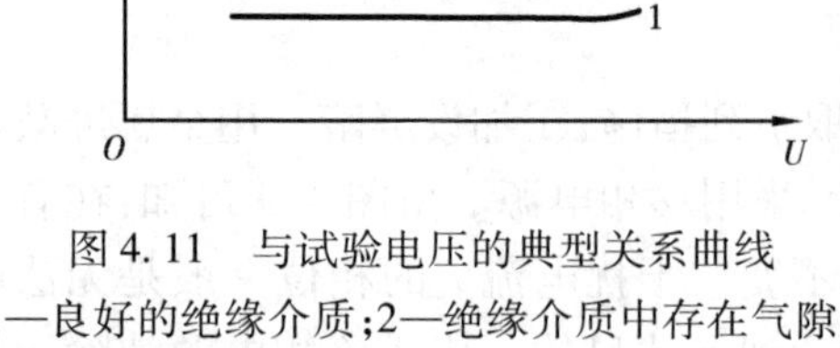

图 4.11　与试验电压的典型关系曲线
1—良好的绝缘介质;2—绝缘介质中存在气隙;3—受潮绝缘介质

一般来说,良好的绝缘介质在额定电压范围内,其 tan δ 值几乎保持不变,如图 4.11 中曲线 1 所示。如果绝缘介质内部存在空隙或气泡时,情况就不同了。当所加电压尚不足以使气泡电离时,其 tan δ 值与电压的关系与良好绝缘没什么差别;当所加电压大到能引起气泡电离或发生局部放电时,tan δ值即开始随 U 的升高而迅速增大,电压回落时电离要比电压升高时更强些,会出现闭环状曲线,如图 4.11 中的曲线 2 所示。如果绝缘介质受潮,则电压较低时的 tan δ 就已相当大,电压升高时,tan δ将急剧增大;电压回落时,tan δ 也要比电压上升时更大一些,形成不闭合的分叉曲线,如图 4.11 中的曲线 3 所示,其主要原因是介质的温度因发热而上升了。

(3)被试品电容量的影响

对电容量较小的被试品(如套管、互感器等),测量 $\tan\delta$ 能有效地发现局部集中性缺陷和整体分布性缺陷。但对电容量较大的被试品(如大中型发电机、变压器、电力电缆、电力电容等)测量 $\tan\delta$ 只能发现整体分布性缺陷,因为局部集中性缺陷所引起的介质损耗增大值这时只占损耗的一个很小的部分,所以用测量 $\tan\delta$ 的方法来判断绝缘状态就不灵敏了。对可以分解成几个彼此绝缘部分的被试品,可分别测量其各个部分的 $\tan\delta$ 值,能更有效地发现缺陷。

(4)被试品表面泄漏的影响

被试品表面泄漏电阻总是与被试品等值电阻 R_x 并联,显然会影响所测得的 $\tan\delta$ 值,这在被试品 C_x 较小时尤需注意。为了排除或减小这种影响,在测试前应清除绝缘介质表面的积污和水分,必要时还可在绝缘介质表面上装设屏蔽极。

4.3　局部放电的测量

当电气设备内部绝缘介质发生局部放电时,将伴随着许多现象的出现。有些属于电的,如电脉冲、介质损耗的增大和电磁波辐射;有些属于非电的,如光、热、噪声、气体压力的变化和化学变化。这些现象可以用来判断局部放电是否发生,检测的方法可以分为电气检测法和非电检测法两类。在多数情况下,非电气检测法不够灵敏,它属于定性测量,即只能判断是否存在局部放电,而不能进行定量的分析。而且有些非电测量必须打开设备才能进行,很不方便。目前得到广泛应用而且比较成功的方法是电气检测法,即测量绝缘介质的气隙放生放电时的电脉冲。它不仅可以判断局部放电的有无,还可以判定放电的强弱。

4.3.1　局部放电测量的基础

设在固体或液体介质内部 g 处存在一个气隙或气泡,如图4.12(a)所示,C_g 代表该气隙的电容,C_b 代表与该气隙串联的那部分介质的电容,C_a 代表其余完好部分的介质电容,可得出如图4.12(b)所示的等效电路,其值与 C_g 并联的放电间隙的击穿等效该气隙中发生的火花放电,Z 代表对应于气隙放电脉冲频率的电源阻抗。

整个系统的总电容为

$$C = C_a + \frac{C_b C_g}{C_a + C_g} \tag{4.11}$$

在电源电压 $u = U_m \sin\omega t$ 的作用下,C_g 上分到的电压为

$$u_g = \frac{C_b}{C_b + C_g} U_m \sin\omega t \tag{4.12}$$

如图4.13(a)中的虚线所示。当 u_g 达到该气隙的放电电压 U_s 时,气隙内发生火花放电,相当于图4.12(b)中的 C_g 通过并联间隙放电;当 C_g 上的电压从 U_s 迅速下降到熄灭电压(也称为剩余电压)U_r 时,火花熄灭,完成一次局部放电。图4.14表示一次局部放电从开始到终结的过程,在此期间,出现一个对应的局部放电电流脉冲。这个放电过程很短,约 10^{-8} s 数量级,可认为瞬时完成,回到与工频电压相对应的坐标上,就变成一条垂直短线,如图4.13(b)所示。气隙每放电一次,其电压瞬时下降一个 $\Delta U_g = U_s - U_r$。

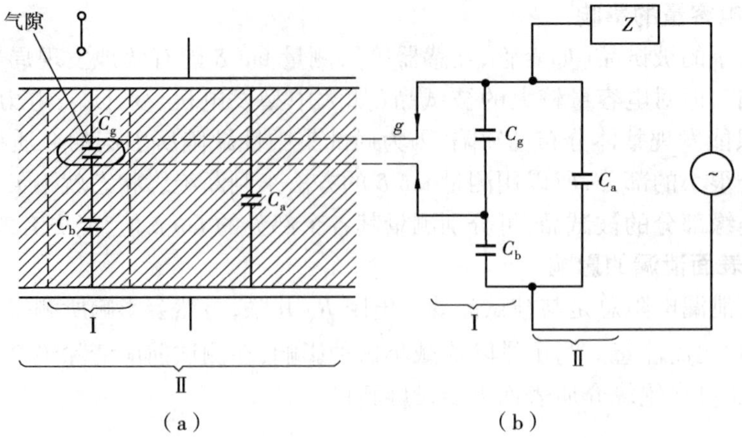

图 4.12　绝缘介质内部气隙局部放电的等效电路

(a)示意图;(b)等效电路

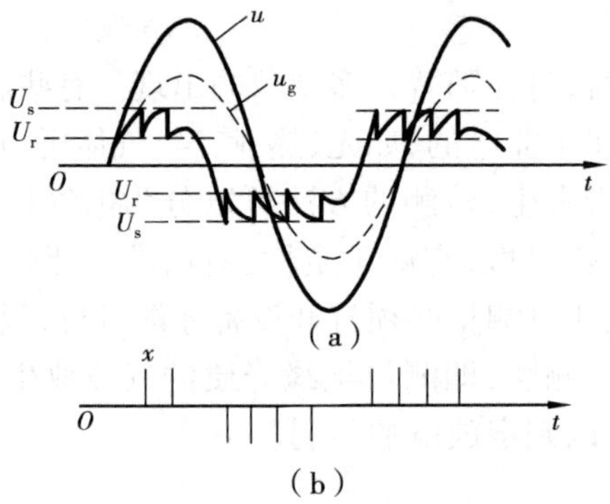

图 4.13　局部放电时的电压电流变化曲线

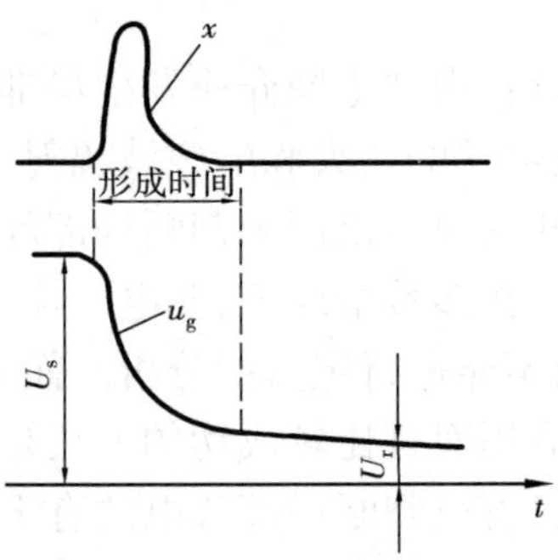

图 4.14　一次局部放电的电流脉冲

随着外加电压的继续上升,重新获得充电,直到又达到 u_g 值时,气隙发生第二次放电,以此类推。

气隙每次放电所释放的电荷量为

$$q_r = (C_g + C_aC_b/C_a + C_b)(U_s - U_r) \tag{4.13}$$

因为 $C_a \gg C_b$,所以

$$q_r \approx (C_g + C_b)(U_s - U_r) \tag{4.14}$$

式(4.14)中的 q_r 为真实放电量,但因式中的 C_g, C_b, U_s, U_r 都无法测得,故 q_r 也难以确定。

气隙放电引起的压降 $(U_s - U_r)$ 将按反比分配在 C_a 和 C_b 上(从气隙两端看,C_a 和 C_b 串联连接),C_a 上电压变为

$$\Delta U_a = \frac{C_a}{C_a + C_b}(U_s - U_r) \tag{4.15}$$

这意味着当气隙放电时,被试品两端的电压会下降 ΔU_a,这相当于被试品放电电荷 q。

$$q = (C_a + C_b)\Delta U_a = C_b(U_s - U_r) \tag{4.16}$$

因为 $C_a \gg C_b$,所以式(4.16)的近似式为

$$q \approx C_a \Delta U_a \tag{4.17}$$

式中:q 为视在放电量,通常以它作为衡量局部放电强度的一个重要参数。

从以上各式可知,q 既是发生局部放电时的被试品电容 C_a 所放掉的电荷,也是电容 C_b 上电荷增量($C_b\Delta U_a$)。由于有阻抗 Z 的阻隔,在上述短暂放电过程中,电源 u 几乎不起作用。

将式(4.14)和式(4.16)比较,得

$$q=\frac{C_b}{C_g+C_b}q_r \tag{4.18}$$

由于 $C_a \gg C_b$,视在放电量 q 要比真实放电量 q_r 小得多,但它们之间存在比例关系,因此 q 值能相对地反映 q_r 的大小。

在交流电压的作用下,只要电压足够高,局部放电在每半个周期内可以重复多次;在直流电压的作用下,情况就不相同了,这时电压的大小和极性都不变,一旦内部气隙发生放电,空间电荷会在气隙内建立起反向电场,放电熄灭,直到空间电荷通过介质内部电导中和而使反向电场削减到一定程度后,才会出现第二次放电。可见在其他条件相同时,直流电压下单位时间的放电次数要比交流电压时少很多,从而使直流电压作用下局部放电引起的破坏作用也远比交流电压作用下局部放电引起的破坏作用小,这也是绝缘介质在直流下工作电场强度可以大于交流工作电场强度的原因之一。

除了视在放电量之外,表征局部放电的重要参数有放电重复率(N)和放电能量(W),它们和视在放电量是表征局部放电的3个基本参数。其他的参数有平均放电电流、放电均方率、放电功率、局部放电起始电压(U_i)和局部放电熄灭电压等。

4.3.2　局部放电测量的脉冲电流法

此法测量的是视在放电量。发生局部放电时,被试品两端会出现一个几乎是瞬时的电压变化,在检测回路中引起高频脉冲电流,将它变换成电压脉冲后可以用示波器等测量其波形或幅值,其大小与视在放电量成正比,通过校准能得出视在放电量(一般用单位 pC)。此法灵敏度高、应用广泛。

4.3.3　局部放电测量的非电检测法

(1)噪声检测法

用人的听觉检测局部放电是最原始的方法之一。这种方法灵敏度很低,且带有试验人员的主观因素。后来噪声检测法改用微音器或其他传感器和超声波探测仪等作非主观性的声波和超声波检测,常用作放电定位。

局部放电产生的声波和超声波频谱覆盖面从十赫到数十赫,应选频谱中所占分量较大的频率范围作为测量频率,以提高检测的灵敏度。超声波探测仪的特点是抗干扰能力相对较强,使用方便,可以在运行中或耐压试验时检测局部放电,适合预防性试验的要求。工作原理:当绝缘介质内部发生局部放电时,在放电处产生的超声波向四周传播,直达电气设备外壳的表面,在设备外壁贴装压电元件,在超声波的作用下,压电元件的两个端面会出现交变的束缚电荷,引起端部金属电极上电荷的变化或在外电路中引起交变电流,由此指示设备内部是否发生局部放电。

(2)光检测法

沿面放电和电晕放电常用光检测法进行测量,且效果很好。绝缘介质内部发生局部放电时会释放光子而产生光辐射,不过只有在透明介质的情况下,才能实现。有时可用光电倍增器

或影像亮化器等辅助仪器来增加检测灵敏度。

(3)化学分析法

化学分析法是指用气相色谱仪对绝缘油中溶解的气体进行气相色谱分析的试验方法。通过分析绝缘油中溶解的气体成分和含量,能够判断设备内隐藏的缺陷类型。它的优点是能够发现充油电气设备中一些用其他试验方法不易发现的局部性缺陷(包括局部放电)。例如,当设备内部有局部过热或局部放电等缺陷时,其附近的油会分解而产生炔类气体及 H_2,CO,CO_2 等,它们不断溶解到油中。局部放电所引起的气相色谱特征是 C_2H_2 和 H_2 的含量较大。此法灵敏度相当高,操作简便,且设备不需停电,适合在线绝缘诊断。

4.4 绝缘油性能检测

在高压电气设备中,绝缘油得到了广泛的应用,如电力变压器、电力电容器、电流互感器等。在这些设备中,电气设备的主要部件均浸在绝缘油中,绝缘油还将填充到容器的各个部分,将设备中的空气排除,起到绝缘和散热的作用。

目前,我国使用较多的绝缘油是变压器油。变压器油是从石油中经分馏精制而成的碳氢化合物,其中主要是烷属炔和环烷属炔。烷属炔和环烷属炔都是饱和烃,其分子结构中没有双键,它不易与氧或其他物质起化学作用,性能稳定,这就保证了变压器油能在电气设备中稳定地运行。

除变压器油外,还有多种绝缘油(液体绝缘材料),如电容器油、硅油、十二烷基苯、电缆油、蓖麻油、二芳基乙烷(S 油)等。虽然不同的绝缘油各有特点,如有的绝缘油的介电常数大,有的绝缘强度高,有的介质损耗因数小(介质损耗角)等,但各种绝缘油的试验方法却都是相同的。现以变压器油为例,来说明绝缘油的试验方法。

变压器油的试验内容很多,除电气性能外,还有许多物理、化学性能的试验。其主要试验内容有电气性能的试验和物理、化学性能的试验。电气性能的试验包括电阻率的测量、介质损耗因数($\tan\delta$)的测量、介电常数的测量和电气强度的试验。物理、化学性能的试验包括酸值试验、凝固点试验、闪火点试验、黏度试验、变压器油的气相色谱分析和液相色谱分析。

4.4.1 绝缘油的电气试验

(1)介电常数(ε)、介质损耗因数($\tan\delta$)的测量

1)介电常数(ε)

介电常数又称为电容率,是指在一个电容器两极板间和电极周围全部只由被试验绝缘材料(如变压器油)充满时的电容与同样电极形状的真空电容之比,记为 ε。

2)介质损耗因数($\tan\delta$)

介质损耗因数在前面章节已有叙述。介质损耗因数实际是绝缘介质损耗角的正切,δ 角为损耗角。损耗角为外施交流电压与通过介质电流之间的相角的余角。

3)测量仪器

前面已经介绍了几种测量介质损耗因数的仪器,这里不再赘述。

4）测量电极

测量变压器油的电容、介质损耗因数的电极有两种：一种是圆柱形电极杯（三端电极），如图 4.15 所示；另一种是平板电极（平板型三端电极）。如图 4.16 所示。

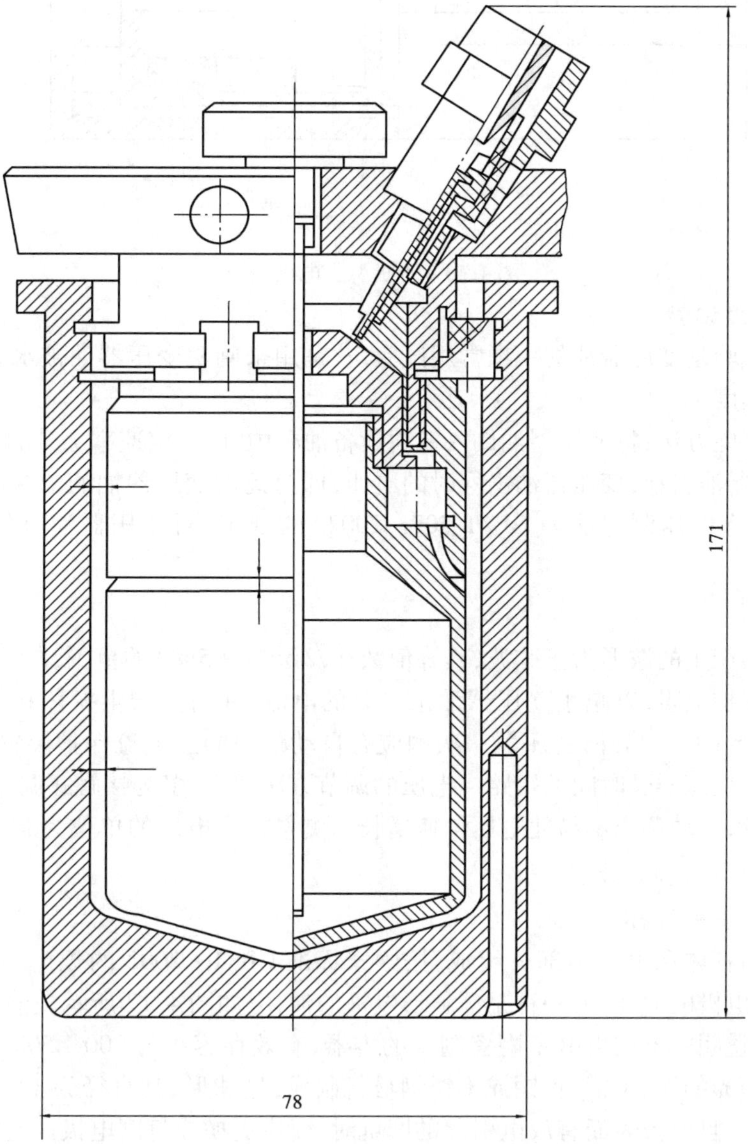

图 4.15　圆柱形三电极系统

在用电极测量变压器油的 ε 和 $\tan\delta$ 时，应仔细清洗电极。将电极拆开后，先用丙酮，然后用软性擦皂或洗净剂洗涤。擦洗电极时，不应损伤金属电极表面粗糙度。具体清洗方法可按国家标准《液体绝缘材料相对电容率、介质损耗因数和直流电阻率的测量》（GB/T 5654—2007）的有关规定进行。电极洗净后，不要用手直接接触其表面，应避免潮气或灰尘的污染。

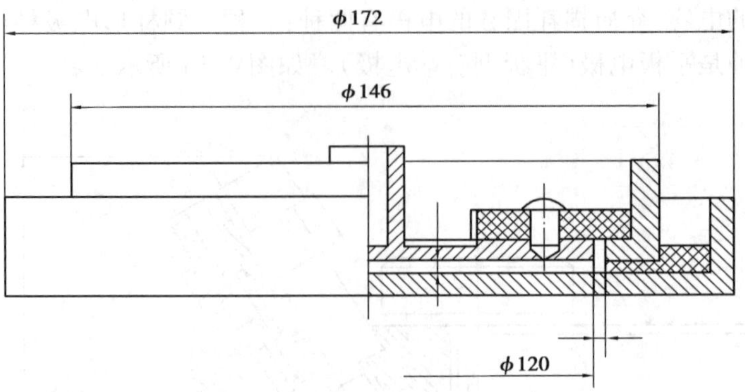

图 4.16　平板型三电极系统

(2) 电气强度试验

电气强度试验是变压器油的一项常用试验,它是用来阐明变压器油被水分和其他悬浮物质物理污染的程度。

电气强度试验方法:将变压器油倒入专门设备油杯中,以一定速率上升的交流电压加在油杯上,直至变压器油击穿,变压器油击穿时的电压,即为此次变压器油的击穿电压。根据国家标准《绝缘油击穿电压测定法》(GB/T 507—2002)的规定,对变压器油电气强度试验简述如下:

1) 试验装置

试验变压器产生的波形为正弦波,其峰值数在$\sqrt{2}\times(1\pm 5\%)$的范围,装置应良好地接地,试验线路应有保护电阻,以减小变压器油击穿时的电流,并防止产生振荡和变压器油的分解(由击穿电流引起的)。另外,变压器一次侧应有自动跳闸的过电流保护装置,以防止因变压器油击穿而引起变压器长时间的短路。电压的调节方法很多,多为接触式调压器调压,最好采用自动升压系统,手动调压不易使电压匀速增长。测量击穿电压的单位为 kV(有效值),也可用峰值电压除以$\sqrt{2}$得到有效值。

2) 试验电极——油杯

试验油杯由杯体和电极两部分组成,按国家标准 GB/T—2002 的规定,有两种类别的油杯;一种是球形电极的油杯;另一种是球盖形电极的油杯,如图 4.17 所示。油杯的杯体是由玻璃、塑料制成的透明容器或由电工陶瓷制成的容器,有效存容积为 300 ~ 500 mL,杯体以密闭为宜。电极由磨光的铜、黄铜、青铜或不锈钢材料制成,呈球形,其直径为 12.5 ~ 13 mm,电极的表面应光滑,一旦电极表面有放电引起的凹坑时,就应更换或打磨电极。电极应安装在水平轴上,电极间的距离为2.5 mm,其间隙可用块规校准。要求间距的精准度为 0.1 mm,电极浸入油的深度为 40 mm 左右。

3) 试验过程

①取油样。应用洁净的容器从桶装或听装容器的底部抽取油样。

②将油样慢慢倒入洁净的油杯中。在将油倒入油杯中时,要尽量避免形成气泡。

③在油杯的两个电极上,施加 50 Hz 交流电压,按 2 kV/s 的速度上升,直至变压器油发生击穿。变压器油的击穿电压就是当电极之间发生第一个火花时达到的电压。当油中发生恒定

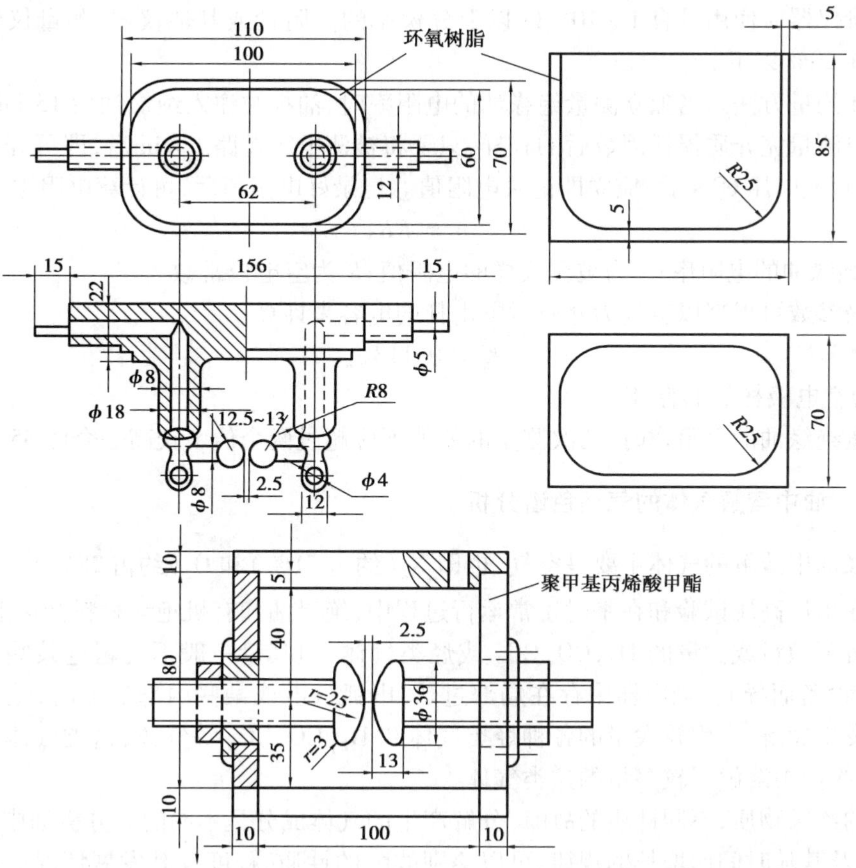

图 4.17　标准油杯示意图(单位:mm)

的电弧时,高压变压器的一次侧应能自动断开电路,一般断开的时间应不大于 0.2 s,如果发生电极间瞬时的火花,则采用人工断开电路。

每个试样应进行 6 次击穿试验,以 6 次击穿电压的算术平均值作为试验的电气强度。试样倒入油杯后,应保证变压器油中无气泡后方能进行试验,装油后最迟 10 min 内必须进行试验。变压器油击穿后应用清洁、干燥的玻璃棒轻轻搅动变压器油,无气泡后再进行试验,或间隔 5 min 进行下次试验。试验时的油温应与室温相同,作为判断油的质量的试验应在 15～20 ℃进行,试验时大气的相对湿度应不高于 75%。

(3)绝缘油的电阻率

绝缘油的电阻率即体积电阻率,可看成在一个单位立方体积内的体积电阻,用其电场强度与稳态电流密度之商来度量。

测量体积电阻率时的电极与测量介质损耗因数的电极是一样的。测量电阻率时与电场强度、充电时间、含杂质的情况、温度等有着密切的关系,因此如下的规定:

①温度。体积电阻率与绝对温度的倒数呈指数式关系,要求当油中温度达到与空气温度平衡时就可测量电阻率。

②电场强度为 200～300 V/mm。

③充电时间一般规定为 60 s。

④测量仪器应使用具有 $1\times10^{15}\ \Omega$ 以上分辨率的高阻计或其他仪器,测量仪器引起的误差应保证在20%以下。

⑤具体测量方法。当独立测量绝缘油的电阻率时,油杯被注入绝缘油后15 min开始测量电阻率。对测量完介质损耗因数后的式样,只要将被测电极短路1 min后,即可开始测量电阻率,当加上直流电压60 s后,应立即记录电阻值。记录好电阻值后,可计算电阻率

$$\rho = KR \tag{4.19}$$

式中:ρ 为绝缘油的电阻率;R 为被测式样的电阻值;K 为空电极常数。

空电极参数可根据以空气为介质时电击杯的电容来计算

$$K = 0.113C_a \tag{4.20}$$

式中:C_a 为空电极杯的电容,F。

在测量绝缘油的电阻率时,两次测量的差值不应超过两个值中较高一个的35%。

4.4.2 油中溶解气体的气相色谱分析

新绝缘油中溶解的气体主要是空气,也即 N_2(约占71%)和 O_2(约占28%)。浸绝缘油的电气设备在出厂高压试验和在平时正常运行过程中,绝缘油和有机绝缘材料会逐渐老化,绝缘油中可能溶解微量或少量的 H_2,CO,CO_2 或烃类气体,但其量一般不会超过某些经验参考值(随不同的设备而异)。当电器中存在局部过热,电弧放电或某些内部故障时,绝缘油或固体绝缘材料发生裂解,产生较大量的各种烃类气体和 H_2,CO,CO_2 等气体,这类气体称为故障特征气体,绝缘油中溶解了较多量的这类气体。

不同的绝缘物质,不同性质的故障,分解产生的气体成分是不同的。分析油中溶解气体的成分、含量及其随时间而增长的规律,可以鉴别故障的性质、程度及其发展情况。这对测定缓慢发展的潜伏性故障很有效,并且可以不停电进行。我国制订了相应的国家标准《变压器油中溶解气体分析和判断导则》(GB/T 7252—2001)(以下简称《导则》),适用于变压器、电抗器、电流互感器、电压互感器、充油套管、充油电缆等。

(1)特征气体的组分和主次

油和固体绝缘材料在电或热的作用下分解产生的各种气体中,对判断故障有价值的气体有甲烷(CH_4)、乙烷(C_2H_6)、乙烯(C_2H_4)、乙炔(C_2H_2)、氢气(C_2H_2)、一氧化碳(CO)和二氧化碳(CO_2)。正常运行老化过程产生的气体主要有CO和 CO_2。油纸绝缘材料中存在局部放电时,油裂解产生的气体主要有 H_2 和 CH_4;在故障温度高于正常运行温度不多时,产生的气体主要是 CH_4;随着故障温度的升高,C_2H_6 和 C_2H_4 逐渐成为主要特征;当温度高于1 000 ℃时,如在电弧温度的作用下,油裂解产生的气体中含有较多的 C_2H_2;当故障涉及固体绝缘材料时,会产生较多的CO和 CO_2。不同故障类型产生的特征气体组分见表4.1。

刚出厂和新投入的设备,油中不应含有 C_2H_2,其他各组分也应该很低。有时设备内并不存在故障,而由于其他原因,在油中也会出现上述气体,要注意这些可能引起误判断的气体来源。例如,有载调压变压器中切换开关油室的油向变压器主油箱渗漏;油冷却系统附属设备(如潜油泵)故障产生的气体进入电器本体的油中;设备曾经有过故障,而故障排除后绝缘油未经彻底脱气,部分残余气体仍留在油中等。

表 4.1　不同故障类型产生的特征气体组分

故障类型	主要气体成分	次要气体组分
油过热	CH_4，C_2H_4	H_2，C_2H_6
油和纸过热	CH_4，C_2H_4，CO，CO_2	H_2，C_2H_6
油纸绝缘中局部放电	CH_4，C_2H_4，CO	C_2H_2，C_2H_6，CO_2
油中火花放电	H_2，C_2H_2	
油中电弧	H_2，C_2H_2	CH_4，C_2H_4，C_2H_6
油和纸中电弧	H_2，C_2H_2，CO，CO_2	CH_4，C_2H_4，C_2H_6

注：进水受潮或油中气泡可能使油中的 H_2 含量升高。

(2)特征气体的含量

运行中设备内部油中气体含量超过表 4.2 所列数值时，应引起注意。

当故障涉及固体绝缘材料时，会引起 CO 和 CO_2 含量的明显增长，但在考察这两种气体含量时更应注意结合具体电气设备的结构特点(如油保护方式)、运行温度、负荷情况、运行历史等情况综合分析。发生突发性绝缘击穿事故时，油中溶解气体中的 CO，CO_2 的含量也不一定高，应结合气体继电器的气体分析作判断。

(3)特征气体含量随时间的增长率

仅根据特征气体含量的绝对值很难对故障的严重性作出正确判断，还必须考察故障的发展趋势，也就是故障点的产气速率，产气速率与故障消耗能量大小关系，故障点的温度。

产气速率有以下两种表达方式：

①绝对产气速率，即每运行日产生某种气体的平均值为

$$\gamma_a = \frac{C_{i2} - C_{i1}}{\Delta t} \frac{G}{\rho} \tag{4.21}$$

式中：γ_a 为绝对产气速率，mL/d；C_{i2} 为第二次采样取得油中某气体的浓度，μL/L；C_{i1} 为第一次采样取得油中某气体的浓度，μL/L；Δt 为两次采样时间间隔中的实际运行时间(日)，d；G 为本设备总油量，t；ρ 为油的密度，t/m^3。

表 4.2　油中溶解气体含量的注意值

设备	气体组分	含量/($\mu L \cdot L^{-1}$)			
		≥330 kV	≤220 kV	≥220 kV	≤110 kV
变压器和电抗器	总烃	150	150		
	乙炔	1	5		
	氢	150	150		
套管	甲烷	100	100		
	乙炔	1	2		
	氢	500	500		

续表

设备	气体组分	含量/(μL·L⁻¹)			
		≥330 kV	≤220 kV	≥220 kV	≤110 kV
电流互感器	总烃			100	100
	乙炔			1	2
	氢			150	150
电压互感器	总烃			100	100
	乙炔			2	3
	氢			150	150

注:①注意值不是划分故障的唯一标准。当气体浓度达到表中给出的注意值时,应进行分析,查明原因。②影响电流互感器和电容式套管油中氢气含量的因素很多,有的氢气含量虽低于表中数值。但若增加较快,应引起注意;有的仅氢气含量超过表中数值,若无明显增加趋势,也可判断为正常。

变压器和电抗器绝对产气速率的注意值见表4.3。

表4.3　变压器和电抗器绝对产气速率的注意值

气体部分	开放式	隔膜式	气体组成	开放式	隔膜式
总烃	6	12	CO	50	100
乙炔	0.1	0.2	CO_2	100	200
氢	5	10			

注:当产气速率达到注意值时,应缩短检测周期,进行追踪分析。

②相对产气速率,即每运行1个月(或折算到月),某种气体含量增加原有值的百分数的平均值,可计算为

$$\gamma_i = \frac{C_{i2} - C_{i1}}{C_{i1}} \frac{1}{\Delta t} \times 100\% \tag{4.22}$$

式中:γ_i 为相对产气速率,%/月;C_{i2} 为第二次采样取得油中某气体的浓度,μL/L;C_{i1} 为第一次采样取得油中某气体的浓度,μL/L;Δt 为两次采样取时间间隔中的实际运行时间(日),d。

相对产气速率也可以用来判断充油电气设备内部状况。总烃的相对产气速率大于10%时,应引起注意,但对总烃起始量很低的设备不宜采用此判据。

有的设备其油中某些特征气体的含量若在短期内有较大的增量,则即使尚未达到表4.2所列数值,也可判为内部有异常状况;有的设备因某种原因使气体含量基值较高,超过表4.2的注意值,但增长速率低于表4.3产气速率的注意值,仍可认为是正常的。

通过油中溶解气体含量、绝对产气速率和相对产气速率,可对设备中是否存在故障作出初探。若初探结果认定设备中存在故障,则要对故障的性质(类型)进行判断。

《导则》推荐采用三比值法(5种特征气体含量的三对比值)作为判断变压器或电抗器等充油电气设备故障性质的主要方法。取出 H_2,CH_4,C_2H_6,C_2H_4,C_2H_2 这5种气体含量,分别计算 C_2H_2/C_2H_4,CH_4/H_2 和 C_2H_4/C_2H_6 这3对比值,再将这3对比值按表4.4所列规则进行

编码，再按表 4.5 所列规则来判断故障的性质。

表 4.4　三比值法的编码规则

气体比值范围 α	比值范围编码			气体范围比值 α	比值范围编码		
	$\frac{C_2H_2}{C_2H_4}$	$\frac{CH_4}{H_2}$	$\frac{C_2H_4}{C_2H_6}$		$\frac{C_2H_2}{C_2H_4}$	$\frac{CH_4}{H_2}$	$\frac{C_2H_4}{C_2H_6}$
$\alpha<0.1$	0	1	0	$1\leqslant\alpha<3$	1	2	1
$0.1\leqslant\alpha<1$	1	0	0	$\alpha\geqslant3$	2	2	2

表 4.5　用三比值法判断故障类型

编码组合			故障类型判断	故障实例（参考）
$\frac{C_2H_2}{C_2H_4}$	$\frac{CH_4}{H_2}$	$\frac{C_2H_4}{C_2H_6}$		
0	0	1	低温过热（低于 150 ℃）	绝缘导线过热，注意 CO 和 CO_2 含量和 CO_2/CO 值
	2	0	低温过热（150～300 ℃）	分接开关接触不良，引线夹件螺钉松动或接头焊接不良，涡流引起铜过热，铁芯漏磁，局部短路，层间绝缘不良，铁芯多点接地等
	2	1	低温过热（300～700 ℃）	
	0,1,2	2	低温过热（高于 700 ℃）	
	1	0	局部放电	高湿度，高含气量引起油中纸能量密度的局部放电
1	0,1	0,1,2	低能放电	引线对电位未固定的部件间连续火花放电，分接抽头引线和油隙闪络，不同电位之间的油中火花放电或悬浮电位之间的火花放电
	2	0,1,2	低能局部放电	
2	0,1	0,1,2	电弧放电	线圈匝间，层间短路，相间闪络，分接头引线间油隙闪络、引线对箱壳放电、线圈熔断、分接开关飞弧、因环路电流引起电弧，引线对其他接地体放电等
	2	0,1,2	电弧放电兼过热	

实践证明，用油中溶解气体色谱法来检测充油电气设备内部的故障是一种有效的方法，而且可以带电运行。但是由于设备的结构、绝缘材料、保护绝缘油的方式和运行条件等差别，迄今尚未能制订出统一严密的标准。如发现有问题，一般还需缩短测量的时间间隔，跟踪多做几次试验，再与过去气体分析的历史数据、运行记录、制造厂提供的资料及其他电气试验结果相对照，综合分析后才能作出正确的判断。

4.4.3 绝缘油的高效液相色谱分析

高效液相色谱法是以液体作为流动相的一种色谱分析法,它的基本概念及理论基础与气相色谱一致,但又有不同之处。高效液相色谱与气相色谱的主要区别可归结为以下几个方面:

①流动相不同,在被测组分与流动相之间、流动相与固定相之间存在着一定的相互作用力。

②液体的黏度较气体大两个数量级,使被测组分在液体流动相中的扩散系数比在气体流动相中小4~5个数量级。

③流动相的化学成分可进行广泛选择,并可配制成二元或多元体系,满足梯度洗提的需要,提高了高效液相色谱的分辨率(柱效能)。

④高效液相色谱采用5~10 μm细颗粒固定相,使流动相在色谱柱上渗透性大大减小,流动阻力增大,必须借助高压泵输送流动相。

⑤高效液相色谱是在液相中进行的,对被测组分的检测,通常采用灵敏的湿法光度检测器,如紫外光度检测器、示差折光检测器、荧光光度检测器等。

与气相色谱比较,高效液相色谱同样具有高灵敏、高效能和高速度的特点,但它的应用范围更加广泛。

长期以来,采用气相色谱法检测绝缘油中的CO,CO_2和低碳烃类含量作为判断电气设备固体绝缘材料老化程度或进行故障分析的依据。试验证明,绝缘油氧化分解能产生绝缘纸老化、降解的特征产物CO和CO_2,给判断带来了难度。

在充油电气设备中,构成固体绝缘材料的纤维质材料的老化导致纤维素的分解而产生几种化合物,如糠醛和呋喃衍生物,呋喃衍生物大部分被吸附在纸上,小部分溶于油中。这些物质的存在可以作为运行设备固体绝缘材料老化程度的诊断依据,也可以作为对溶解气体分析的补充。1984年12届国际大电网会议上,英国学者首先提出油中糠醛可作为变压器内绝缘纸老化的特征产物,检测绝缘油中的糠醛含量,可以判断绝缘材料劣化程度。根据中华人民共和国电力行业标准《试验规程》,当变压器油中的糠醛含量达到4 mg/L时,认为变压器绝缘材料老化已经比较严重。测量糠醛时取样简单方便,打开变压器油箱下方阀门即可,无须设备停运。

糠醛是一种五环化合物,它的分子式为C_4H_3OCHO,是固体绝缘纸板(纤维素)降解(老化)的特征产物,在常温下呈液态,不易挥发,在油中有很好的稳定性和很好的积累效果。糠醛化合物是纤维素绝缘材料绝缘裂化的特有产物,其来源具有唯一性,其浓度高低代表了变压器老化的最佳指标,在欧洲和美国的相关标准中都对糠醛的检验方法进行了说明。一般认为在进行油中气体分析时,若CO_2与CO的浓度比值小于3或是大于10,说明变压器内部所用的绝缘材料有疑似故障存在,应进行绝缘油中糠醛分析,确认固体绝缘材料的状况。研究说明,油中糠醛浓度达到0.5 mg/L时,变压器的整体绝缘水平处于寿命的中期,达到1~2 mg/L时变压器绝缘材料老化严重,达到3.5 mg/L时变压器绝缘材料寿命终止。糠醛在油中含量极少,一般为10^{-7}数量级,分析较困难。现在常用的液相色谱法一般利用甲醛作为萃取剂,把油中的糠醛萃取出来,注入不同组分的浓度,根据测得萃取率得到校正曲线查出对应值,并折算到每升油中糠醛的含量。典型的糠醛分析流程如图4.18所示。

油中糠醛的浓度随着变压器运行时间的增加而上升,有以下关系式

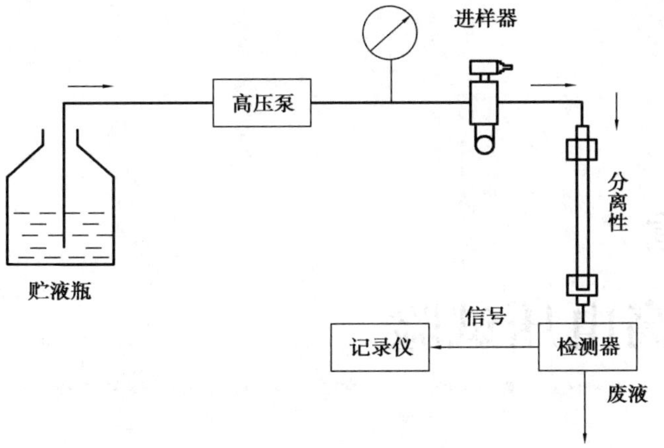

图 4.18　糠醛分析流程

$$\log[\rho(C_4H_3OCHO)] = -1.3 + 0.5t \tag{4.23}$$

式中:$\rho(C_4H_3OCHO)$为糠醛浓度, mg/L; t 为运行年限,a。

超过此关系式的值为非正常值,应引起注意。

现阶段,新投入运行的变压器主要通过油中气体分析中的 CO_2,CO 含量的大小来估算绝缘材料的状况,但这种方法只是作为间接的判断方法,不能够作为判断变压器故障的重要依据。有关资料说明用测量油中糠醛含量来判断绝缘材料的劣化状况比油中气体分析更准确可靠,可以弥补油中气体分析诊断中的不足。

变压器的设计寿命为 20 年以上,为了判断变压器运行过程中绝缘材料的状况,应建立变压器的运行寿命趋势图,此趋势图以糠醛含量的变化为依据。

变压器在投运初期,不会涉及绝缘油的处理问题,可以通过测量油中糠醛含量值作为判断变压器绝缘材料状况的原始依据,隔一年再进行一次糠醛含量的测量作为绝缘状况变化趋势值,再隔一年再测量一次来判断变化趋势是否稳定,之后按照一定的年限(3 ~5 年)进行跟踪测量,通过趋势图的变化规律及相应的测量结果可以判断变压器的有效寿命,降低运行成本。

习题与思考题

4.1　测量绝缘电阻能发现哪些绝缘缺陷?

4.2　为什么测量吸收比能较好地判断绝缘介质是否受潮?

4.3　简述西林电桥的工作原理。

4.4　综合比较本章中介绍的各种预防性试验的优缺点。

第 5 章

电气绝缘高电压试验

电气设备的绝缘在运行中除了长期受到工作电压(工频交流电压或直流电压)的作用外,还会受到大气过电压和内部过电压等可能出现的各种过电压的侵袭。为了检验电气设备的绝缘强度,使其不仅能在正常的工作电压下安全可靠地运行,而且还必须具备耐受各种过电压的能力,电气设备在出厂时、安装调试时或大修后需要进行各种高电压试验。在高电压试验室内应能模拟出这些试验电压(工作交流高压、直流高压、雷电冲击高压、操作冲击高压等),用以考验各种绝缘材料耐受这些高电压作用的能力。

有了产生高电压和大电流的设备,还要有测量这些电压和电流的大小及波形的装置。被测的电压高、电流大,一般的仪表受材料绝缘性能或发热条件的限制,不能直接用来测量,而要和能耐高电压或能通过大电流的转换装置配合使用。这类转换装置在承受高电压或通过大电流时,能输出按一定比例减小的低电压或小电流信号,供低压仪表进行测量。根据目前高压测量技术达到的水平,我国国家标准和 IEC 的推荐标准都规定:对高电压和冲击电流的测量,除某些特殊情况外,其误差应为 ±3%,在高压测量中要达到这个要求并不是轻而易举的,必须对测量系统的每个环节的误差加以控制,所用的低压指示仪表的准确度至少为 0.5 级。

输电电压和相应的试验电压在不断提高,要获得各种符合要求的试验用高电压越来越难,这是高电压试验技术发展中首先需要解决的问题。与非破坏性试验相比,绝缘材料的高电压试验具有直观、可信度高、要求严格等特点,但它具有破坏性试验的性质,一般都放在非破坏性试验项目合格通过之后进行,以避免或减少不必要的损失。

5.1 工频高电压试验

5.1.1 工频高电压的产生

高电压试验变压器是高电压实验室最基本的、不可缺少的主要设备之一,它被当作电源,并且是交流、直流和冲击电压试验设备的组成部分。高电压实验室中的工频高电压通常采用高电压试验变压器或其串级装置来产生,但对电缆、电容器等电容量较大的被试样,可采用串级谐振回路来获得试验用的工频高电压。工频高电压可以用于绝缘静电感应,绝缘子的干闪、湿闪及污闪特性，带电作业等试验研究中。工频高压装置不但是高压试验室中最基本的设备，而且也是产生其他类型高电压设备的基础部件。

(1)高电压试验变压器

高电压试验变压器大多数为油浸式，有金属壳及绝缘壳两类。金属壳变压器又可分为单套管和双套管两种。单套管变压器的高压绕组一端接地，另一端(高压端)经高压套管引出，如果采用绝缘外壳，就不需要套管了。双套管变压器高压绕组的中点通常与外壳相连，这样每个套管所承受的只是额定电压 U_n 的一半，可以减小套管的尺寸和质量。当高压绕组一端接地时，外壳应按 $0.5U_n$ 对地绝缘起来。试验变压器由于常用来在被试样上施加高压，并确定试样加上电压后是否发生绝缘击穿，因此在多数情况下其高压侧额定电流在 0.1 ~ 1 A 范围内变化，电压在 250 kV 及以上高压侧一般为 1 A。对大多数试样，一般可以满足试验要求，如要进行污闪等实验，则要求有更大的电流输出。

试验变压器一般做成单相的。高压绕组大多数做成多层绕组，层间绝缘由电缆纸和绝缘材料制成的圆筒组成。这种绕组在放电瞬间产生的过电压作用下所遭受的损坏危险要比其他形式的绕组小。试验变压器与电力变压器相比工作原理上没有什么不同，它的主要特点是电压比较大，容量较小，因为试验变压器需要供给较高的试验电压，而试样绝缘则相当于较小的电容负荷。此外，试验变压器的工作时间短，在额定电压下满载运行的时间更短，不需要像电力变压器那样装设散热管及其他附加散热装置。试验变压器的结构和尺寸主要取决于绝缘性能的要求。由于电压高，需要采用较厚的绝缘层及较宽的间隙距离，所以试验变压器的漏磁通较大，短路电抗值也较大。试验变压器在工作时不会受到高幅值过电压的作用，其绝缘性能可以采取较小的裕度，绝缘性能的出厂试验电压一般只比额定电压高 10% ~20%。

试验变压器的容量由被测试样在最不利的试验条件下(如淋雨时)需要的电流来确定。试验室的经验表明，对试验电容不大的试样(大约为 1 000 pF)，额定电压为 100 ~ 150 kV 的变压器，高压绕组的电流应按 0.2 ~ 0.3 A 设计；对 500 kV 的变压器，按 0.5 A 设计；对更高电压的变压器，电流按 1 A 及以上来设计。在特殊情况下，如对长电缆的试验，变压器必需的容量为

$$P_s = U^2 \omega C$$

式中：U 为试验电压，kV；C 为试样电容，μF；P_s 为变压器容量，V · A。

(2)试验变压器串级装置

受到体积和质量的限制，单个试验变压器的额定电压不可能太高。当所需工频电压很高，如超过 750 kV 时，往往采用串级线路把几台试验变压器串接起来，这在技术上和经济上比较合理。数台试验变压器串级连接的办法就是将它们的高压绕组串联起来，使它们的高压侧电压叠加后得到很高的输出电压，而每台变压器的绝缘性能要求和结构可大大简化，减轻绝缘难度，降低总价格。如图 5.1 所示的串级方式称为自耦式变压器，这是目前最常用的串级方式。这里高一级的变压器的励磁电流由前面一级的变压器来供给，其中，绕组 1 为低压绕组，2 为高压绕组，3 为供给下一级励磁用的串级励磁绕组。虽然这时 3 台试验变压器的一次电压相同($U_1 = U_3$)，二次电压也相同(均为 U_3)，但它们的容量和高压绕组结构都不同，不能互换位置。设该装置 T_3 的容量为 $P_3 = U_2 I_2 = U_1 I_1$，当串联级数为 3 时，则整套串级装置的制作容量为

$$P = P_1 + P_2 + P_3 = 6U_2 I_2 \tag{5.1}$$

串级装置的输出额定容量为

$$P_n = 3U_2I_2 \tag{5.2}$$

装置的容量利用率为

$$\eta = P_n/P = 1/2 \tag{5.3}$$

同理,推出 n 级串联装置的容量利用率为

$$\eta = \frac{1}{n+1} \tag{5.4}$$

式中:n 为串级装置的级数。

显然,串接台数越多,装置利用系数越低。随着串接数的增加,整套串接试验变压器的总漏抗值急剧增加。串级试验变压器的串接数一般不超过 3,这是串接装置的固有缺点。

试验变压器的电压必须从零调节到指定值,这是其运行方式的特点,要靠连到变压器一次绕组电路中的调压器来进行。调压器应该满足以下基本要求:

①电压应该平滑地调节,在有滑动触头的调压器中,不应该发生火花。

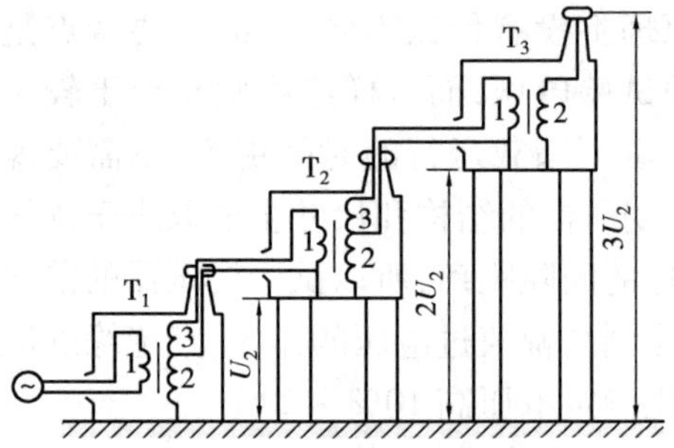

图 5.1　由单高压套管变压器元件组成的串级变压器示意图

②调压器应在试验变压器的输入端提供从零到额定值的电压,电压具有正弦波形且没有畸变。

③调压器的容量应不小于试验变压器的容量。

调节电压最好的设备是电动发电机组,它由安装在一个轴上的三相同步发电机和直流或交流电动机组成,电压的调节用改变发电机的励磁来实现。更简单和便宜的调压设备是感应调压器,它们有的做成带移动式绕组的变压器或自耦变压器形式,有的做成制动的带转子绕组的异步电动机形式(电位调整器)。感应调压器的特点是调压平稳,并且没有滑动触头,采用了各种消除高次谐波的方法。例如,在制动电动机的定制和转子上安置“斜”槽,以保证被调节的电压具有接近正弦的波形。目前,已生成出了多种不同容量的感应调压器,一般广泛采用实验室类型自耦调压器来进行小容量试验设备的调压。

交流高压可以通过由电动机带动的发电机或电池供电的振荡器产生,但是最常用的试验装置是由 110 V 或 240 V、50/60 Hz 的电源供电。固定的电源电压供给一台可调节的调压器,调压器再把调节了的电压供给单级升压变压器的一次侧。

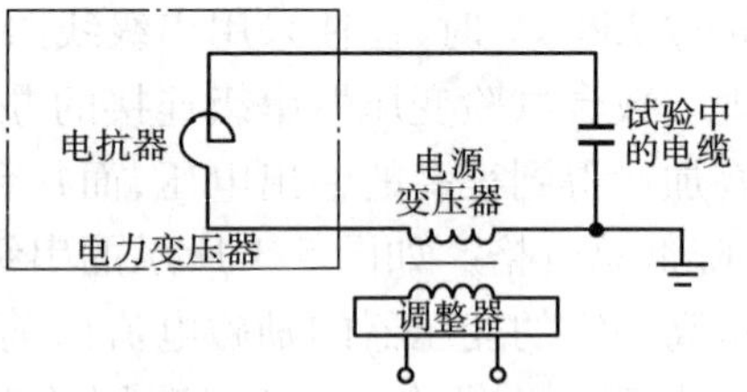

图 5.2　串联谐振电路简化图

一次侧电源电压和变压器励磁电流中的谐波可能激发不同频率的固有振荡,从而导致变压器二次侧电压波形的严重畸变和增高。但是,若能有效地利用谐振效应来产生交流试验高压,则此高压不含有不需要的其他谐波。串联谐振电路的简化图如图 5.2 所示。图中被测试样品为串联有可动线圈电抗器的电容性电缆。电抗器的电感可以改变并与电源频率下电容负荷的阻抗相匹配。这样构成的串联谐振电路在受到与电网相连的调压器的激励时将产生高压。

另外一种可产生工频高压的谐振电路是特斯拉(Tesla)线圈。此线圈是空心升压变压器。

它有两个电容器调谐的绕组，如图 5.3 所示。当火花间隙 G_1 在预定的电压值击穿时，由 L_1 和 C_1 组成的一次调谐电路将闭合。产生高频衰减振荡，其频率范围一般为 104～105 Hz。

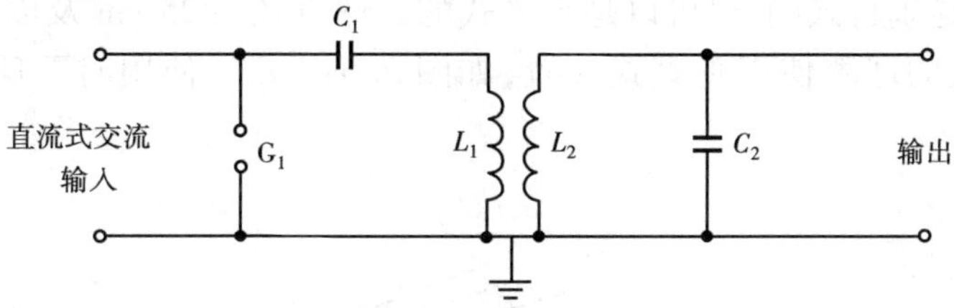

图 5.3　特斯拉线圈电路图

在一次电路中的振荡电流将在二次调谐电路 L_2C_2 中感应振荡。这样，此过程每重复一次，火花间隙就闪络一次。供给电路的电源可以是交流，也可以是直流，如果一次输入几千伏的电压，输出电压能够达到 1 MV。特斯拉线圈输出电压波形复杂，并且火花间隙还会产生无线电干扰，偶尔用于正常工频运行下的设备，一般主要用它来做通信系统的高频高压试验。

5.1.2　工频高电压的测量

工频高压目前常用的测量方法有：用测量球隙或峰值电压表测量交流电压的峰值；用静电电压表测量交流电压的有效值（峰值电压表和静电电压表还常与分压器配合使用以扩大仪表的量程）；为了观察被测量电压的波形，可以从分压器低压侧将输出的被测信号送至示波器显示。在电力系统中通常使用电压互感器配合低压仪表来测量高电压，但在高压实验室中用得不多。特别是在测量很高的电压时，利用电压互感器的方法既不经济，也不方便。高压放电的分散性比较大，一般对测量精度的要求不高。按现行的国家标准和国际标准（IEC）规定，无论是有效值还是峰值，都要求误差不超过 ±3%。如图 5.4 所示为工频高压测量方法的原理接线图。在实际测量时可采用前述测量方法中的一种或几种，从变压器的一次侧（P_1，P_2 端）测得电压值再乘上电压比，从而求得高压侧输出电压值。这是最便捷的方法，但这种方法的误差通常较大，常起辅助指示作用。

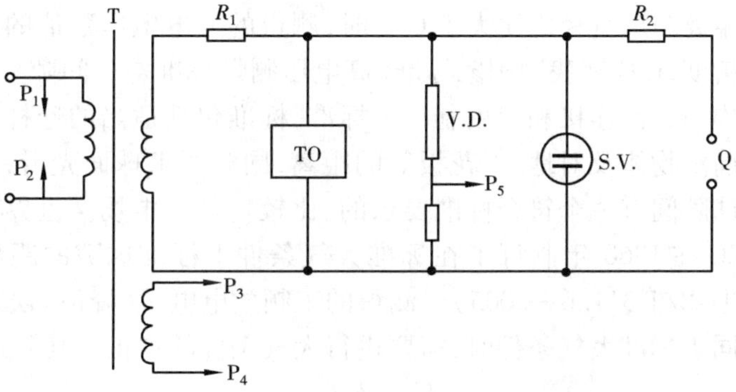

图 5.4　工频高压测量方法的原理接线图

(1) 用球隙测量工频高压

测量球隙由一对相同直径的金属球构成。当球隙距离 d 与直径 D 之比不大时，球隙间的电场为稍不均匀电场。由气体放电的理论可知，当电压加于球隙间形成稍不均匀电场时，其击穿电压取决于球隙间的距离。球隙就是利用这个原理来测量各种类型高电压的。它具有放电时延小、伏秒特性较平、分散性小等特点，在一定的球隙距离下，球隙具有相当稳定的放电电压。测量球隙可以用来测量交流电压的峰值，还可以用来测量直流电压和冲击电压的峰值。球隙测量装置可以是垂直式的，也可以是水平式的。球直径在 25 cm 及以下的球隙一般用水平式装置，直径更大的球隙使用垂直式装置，如图 5. 5 所示。使用时下球极接地，上球极接高压。

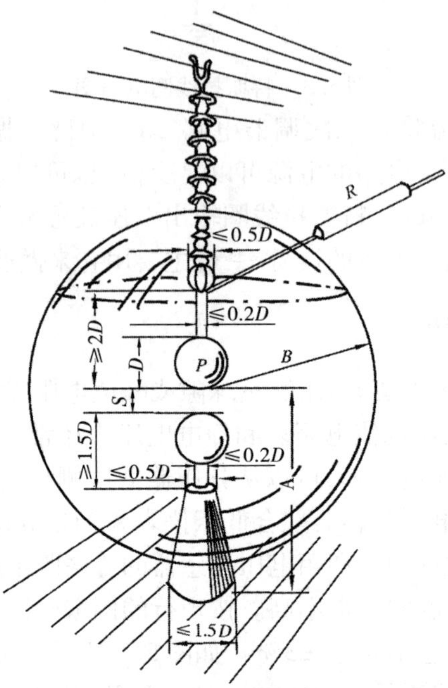

图 5.5　垂直球隙及应保证的尺寸

P—高压球的放电点；R—球隙保护电阻

当金属球间隙距离与球直径之比大于 0. 5 时，测得的放电电压数值的准确性较差。为了保证测量所要求的精度，IEC 和我国国家标准《高电压测量标准空气间隙》(GB/T 311—2005)对测量用球隙的结构、布置、连接和使用制订了标准，标准包括适当的球杆，操作机构，绝缘支持物，高压引线，与周围物体及对地、天花板等的距离，同时要求球面光滑，曲率要均匀。这些要求都是为了保证球隙间有一个符合标准要求的、比较均匀的电场。世界各国已对球隙测量做了大量的工作，IEC 在 1960 年制订了在标准大气条件下标准球隙的距离与工频放电电压(峰值)的关系表(见GB/T 311. 6—2005)。测得的工频放电电压(峰值)误差不大于 3%，当测量时的大气条件不同于标准大气条件时，需要进行大气条件的校正。其公式如下：

$$U = K_r U_H \tag{5.5}$$

式中：U 为试验中大气条件下的放电电压；U_H 为标准大气条件下的放电电压；K_r 为修正系数，可根据空气相对密度 δ 与修正系数 K_r 的关系查得，见表 5. 1。

表 5.1　空气相对密度 δ 与修正系数 K_r 的关系

空气相对密度 δ	0.7	0.75	0.8	0.85	0.9	0.95	1.0	1.05	1.10
修正系数 K_r	0.72	0.77	0.81	0.86	0.91	0.95	1.0	1.05	1.09

用球隙测量工频电压时,应取连续 3 次击穿电压的平均值,相邻两次击穿间隔时间一般不小于 1 min,各次击穿电压与平均值之间的偏差不大于 3%。球隙结构简单,易于维护,几乎是直接测量超高压的唯一设备。测量时必须放电,否则容易引起过电压对被测试样造成不必要的损伤。此外。在不均匀电场中,空气湿度的增加会使间隙的放电电压有所升高,当空气湿度大于 90% 时,球极表面可能凝聚水珠,将使放电电压显著降低,分散性增大。建议当空气相对湿度达到 90% 时,不要用球隙测量电压。球隙测量时较费时间并且被测电压越高,球径越大,所需的空间越大,这些都是利用球隙测量电压时的缺点。

(2)峰值电压表

峰值电压表的制成原理通常有两种:一种是利用整流电容电流测量交流高压;另一种是利用电容器上的整流充电电压测量交流高压,其原理如图 5.6 所示。

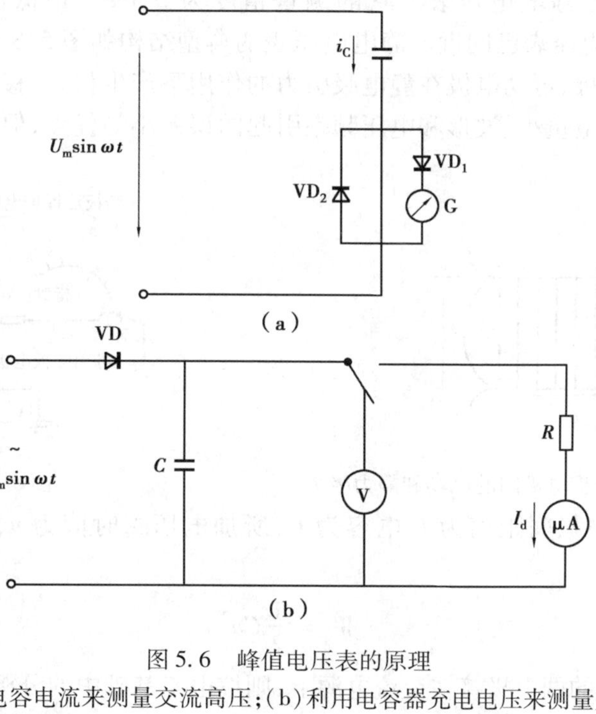

图 5.6　峰值电压表的原理

(a)利用整流电容电流来测量交流高压;(b)利用电容器充电电压来测量交流高压

1)利用整流电容电流测量交流高压

当被测电压 u 随时间变化时,流过电容 C 的电流 $i_c = C\dfrac{du}{dt}$。当 i_c 为正半波时,电流经整流元件 VD_1 及检流计 G 流入地中,如图 5.6(a)所示,若经流 G 的电流平均值为 I_a,则它与被测电压的峰值 U_m 有下述关系:

$$U_m = \frac{I_a}{2Cf} \tag{5.6}$$

式中:C 为电容器的电容量; f 为被测电压的频率。

2)利用电容器上的整流充电电压测量交流高压

如图 5.8(b)所示,被测交流电压经整流管 VD 使电容充电至交流电压的幅值,电容电压由静电电压表或微安表串联电阻来测量。如果静电电压或微安表串联电阻测得的电压为 U_d,则电压峰值

$$U_m = \frac{U_d}{1 - \frac{T}{2RC}} \tag{5.7}$$

式中:T 为交流电压的周期;C 为电容器的电容量;R 为测量电阻值。

一般情况下,当 $RC \gg 20T$ 时,式(5.7)的误差≤2.5%。

峰值电压表通常与分压器配合起来使用。在许多情况下,尤其是对于绝缘击穿来说,常与施加电压的峰值直接相关,准确地测量电压的幅值就变得十分重要了。

(3)静电电压表

当加电压于两个特制的电极板时,两电极上分别充上异性电荷,电极会受到静电机械力的作用(见图 5.7),测量此静电力的大小或是由静电力产生的某一极板的位移或偏转来反映所加电压大小的表称为静电电压表。它的测量精度为 ±3%。最低值为 500 V,最高值至 1 000 kV的特殊静电电压表已问世。静电电压表的典型结构如图 5.8 所示,保护电极的中央设有一个可动圆板电极,可动电极在静电吸引力的作用下产生移动,移动量经放大后,由指针读出。该装置具有耗电量小、波形和电压频率引起的误差小等优点,但静电力很小,摩擦会造成测量误差。

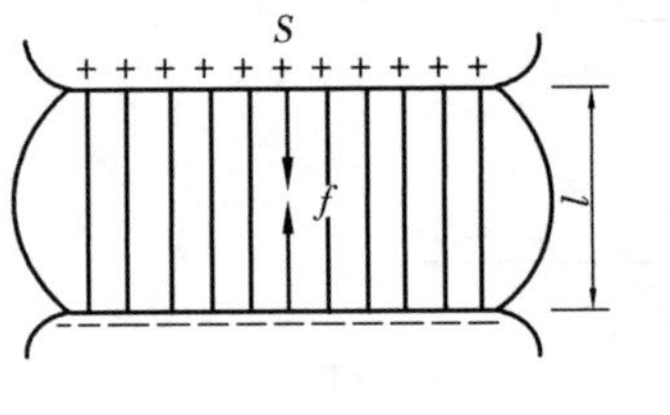

图 5.7 平板电极间的电场和静力吸力

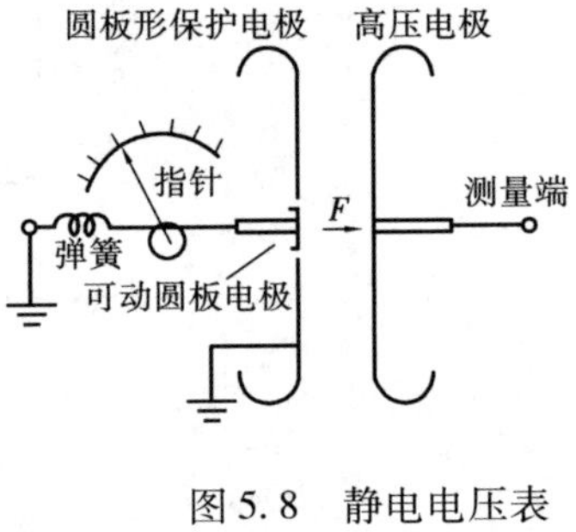

图 5.8 静电电压表

若有一对电极,电极间距离为 l,电容为 C,所加电压瞬时值为 u,则此电容的电场能量 W 为

$$W = \frac{1}{2}Cu^2 \tag{5.8}$$

假定静电电压表的两电极接在交流电源上,则按电工基础中的分析方法,当极板做无穷小的移动 $\mathrm{d}l$ 时,电场能量将发生变化 $\mathrm{d}W$,其值必然与电极移动所做的功 $f\mathrm{d}l$ 相等,即 $f\mathrm{d}l = \mathrm{d}W$。电极所受到的作用力 f 可表示为

$$f = \frac{\mathrm{d}W}{\mathrm{d}l} = \frac{1}{2}u^2\frac{\mathrm{d}C}{\mathrm{d}l} \tag{5.9}$$

若 u 按正弦函数作周期性变化,即

$$u = u_m \sin(\omega t + \phi) \tag{5.10}$$

在一个周期 T 内,电极所受作用力的平均值 F 可表示为

$$F = \frac{1}{T}\int_0^T f\mathrm{d}t = \frac{1}{2}\frac{\mathrm{d}C}{\mathrm{d}l}\frac{1}{T}\int_0^T u^2\mathrm{d}t \tag{5.11}$$

对平行极板的情况，极板间为均匀电场，其电容为

$$C = \frac{S\varepsilon_0\varepsilon_r}{l} \Rightarrow \frac{\mathrm{d}C}{\mathrm{d}l} = -\frac{S\varepsilon_0\varepsilon_r}{l^2} \tag{5.12}$$

根据式(5.11)可得

$$F = -\frac{1}{2}U^2\frac{S\varepsilon_0\varepsilon_r}{l^2} = \frac{-1}{72\pi\times10^3}U^2\frac{\varepsilon_r S}{l^2} \tag{5.13}$$

式(5.13)中 U,l,S,F 的单位分别为 kV，cm，cm^2，J/m。

由式(5.13)可得

$$U = L\sqrt{\frac{F}{4.52}\frac{10^4}{\varepsilon_r S}} \tag{5.14}$$

由式(5.14)可知电场作用力与电压平方成正比，它的偏转方向与被测电压的极性无关。静电电压表既能测量直流电压又能测量交流电压，所测到的为电压的有效值。

静电电压表的内阻很高，在测量时几乎不会改变被测试样上的电压，这是它突出的优点。对电压等级不太高的试验，使用它能很方便地在高压端直接测出电压。目前我国已研制出测量范围为 0 ~ 500 kV 的一系列静电电压表。

(4)分压器

在被测电压高于 200 kV 时，直接用指示仪表测量高压比较困难，通常采用电容分压器配用低压仪表测量高压。其原理如图5.9所示。

C_1 称为高压臂，C_2 称为低压臂。在工频电压作用下，流过电容 C_1 和 C_2 的电流均为 i_c，两电容上的压降分别为 u_1 和 u_2。

$$u_2 = \frac{i_c}{\omega C_2} \tag{5.15}$$

$$u_1 = \frac{i_c}{\omega C_1} + \frac{i_c}{\omega C_2} = \frac{i_c}{\omega}\left(\frac{C_1 + C_2}{C_1 C_2}\right) \tag{5.16}$$

有

$$u_1 = \frac{C_1 + C_2}{C_1}u_2 = Ku_2 \tag{5.17}$$

这里 $K = \dfrac{C_1 + C_2}{C_1}$ 称为分压比。显然只要 $C_1 \ll C_2$，那么 $u_2 \ll u_1$，使大部分电压降在 C_1 上，从而实现用低压仪表测量高压的目的。对分压器，要求它的分压比 K 是常数，不应随被测波形、频率、电压幅值大小、周围大气条件、安装地点等因素的改变而变化，或者变化微小以满足测量准确度的要求。此外，分压器的电抗应足够大以尽可能减小对被测回路的影响。

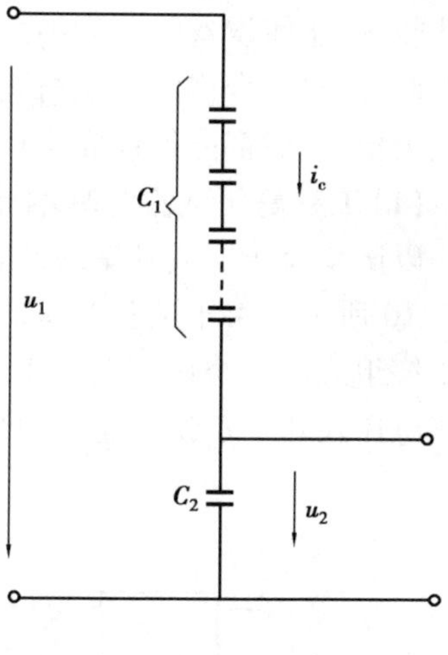

图5.9　交流电容分压器

在电容分压器中，要求 C_1 的电容量很小，但又能承受很高的电压，C_1 往往成为分压器中的主要元件。对电容分压器中 C_2 的要求是电容量较大而承受电压较低，C_2 应采用高稳定度、低损耗、低电感量的云母、空气或聚苯乙烯介质的电容器，其电容量根据分压比和低压仪表的量程确定。实际的电容分压器有两种主要形式：一种称为分布式电容分压器，它的高压臂由多

个电容器元件串联组装而成,要求每个元件尽可能为纯电容,介质损耗和电感尽可能小;另一种称为集中式电容分压器,它的高压臂使用一个气体介质的高压标准电容器,气体介质常采用 N_2, CO_2, SF_6 或其混合气体。目前我国已能生产 1 200 kV 的高压标准电容器。

交流高压的测量有时也用电阻分压器,但电阻分压器对地杂散电容的作用会引起幅值误差,还会引起相位误差。被测电压越高,分压器本体电阻值越大,对地杂散电容越大,引起的误差也越大。电阻分压器只适用于被测电压低于 100 kV 的情况。

5.1.3 绝缘的工频耐压试验

工频交流耐压试验是检验电气设备绝缘强度的最有效和最直接的方法。它可以确定电气设备绝缘耐受电压的水平,判断电气设备能否继续运行,是避免其在运行中发生绝缘事故的重要手段。工频耐压试验时,对电气设备绝缘材料施加比工作电压高得多的试验电压,这些试验电压反映了电气设备的绝缘水平。耐压试验能够有效地发现导致绝缘材料抗电强度降低的各种缺陷。为避免试验时损坏设备,工频耐压试验必须在一系列非破坏性试验之后进行。只有经过非破坏性试验合格后,才允许进行工频耐压试验。对 220 kV 及以下的电气设备,一般用工频耐压试验来考验其耐受工作电压和操作过电压的能力。用全波雷电冲击电压试验来考验其耐受大气过电压的能力。必须指出,在这种系统中确定工频 1 min 试验电压时,同时考虑了内部过电压和大气过电压的作用。由于工频耐压试验比较简单,因此通常把工频耐压试验列为大部分电气设备的出厂试验项目。我国有关国家标准《电气设备预防性试验规程》中,对各类电气设备的试验电压都有具体的规定。按国家标准规定,进行工频交流耐压试验时,在绝缘材料上施加工频试验电压后,要求持续 1 min,这个时间的长短是保证全面观察被测试品的情况,同时也能使设备隐藏的绝缘缺陷来得及暴露出来。该时间不宜太长,以免引起不必要的绝缘损伤,使本来合格的绝缘材料发生热击穿。运行经验表明,凡经受住 1 min 工频耐压试验的电气设备,一般都能保证安全运行。

(1)工频高压试验的基本接线图

以试验变压器或其串级装置作为主设备的工频高压试验(包括耐压试验)的基本接线如图 5.10 所示。由于试验变压器的输出电压必须能在很大的范围内均匀地加以调节,因此它的低压绕组应由一个调压器来供电。调压器应能按规定的升压速度连续、平稳地调节电压,使高压侧电压在 0 ~ U(试验电压)的范围内变化。

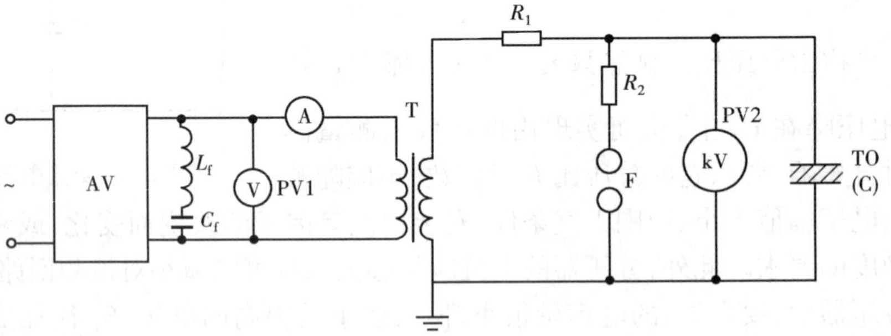

图 5.10 工频高压试验的基本接线图

工频耐压试验的实施方法如下:按规定的升压速度提升作用在被测试品 TO 上的电压,直到等于所需的实验电压 U 为止,这时开始计算时间。为了让有缺陷的被测试品绝缘来得及发展局部放电或完全击穿,达到 U 后还要保持一段时间,一般取 1 min。如果在此期间没有发现绝缘击穿或局部损伤(可通过声响、分解出气体、冒烟、电压表指针剧烈摆动、电流表指示急剧增大等异常现象作出判断)的情况,即可认为该试品的工频耐压试验合格。

试验中常用的调压供电装置有下列几种,它们分别适用于不同的场合:

①自耦调压器。自耦调压器调压的特点为调压范围广、功率损耗小、漏抗小、对波形的畸变小、体积小、价格低廉。当试验变压器的功率不大时(单相不超过 10 kV · A)。这是一种被普遍应用得很好的调压方式。当试验变压器的功率较大时,变压器滑动触头的发热、部分线闸被短路等所引起的问题较严重,此时这种调压方式就不适用了。

②移卷调压器。移卷调压器调压不存在滑动触头及直接短路线匝的问题,其容量可做得很大,且可以平滑无极调压。但移卷调压器的漏抗较大,且随调压过程而变化,这样会使空载励磁电流发生变化,试验时有可能出现电压谐振现象,出现过电压。这种调压方式广泛应用在对波形要求不十分严格、额定电压为 100 kV 及以上的试验变压器上。

③感应调压器。特制的单相感应调压器的性能与移卷调压器相似,但输出波形畸变较大,本身的感抗也较大,且价格较贵,一般较少采用。

④电动—发电机组调压方式。电动—发电机组调压方式能得到很好的正弦电压波形和均匀的电压调节,不受电网电压质量的影响。如果采用直流电动机作为原动机,还可以调节试验电压的频率。这种调压方式所需的投资及运行费用较大,运行和管理的技术水平也要求较高,这种调压方式只适宜应用在对实验要求很严格的大型试验基地。

(2)试验中需注意的问题

在电气设备的工频高压试验中,除了按照有关标准规定认真制订实验方案外,还需注意以下问题:

①防止工频高压试验中可能出现的过电压。在工频高压试验中,大多数被测试品是电容性的。当实验变压器施加工频高压时,会在试品上产生“容升”反应,也就是实际作用到被试品上的电压值会超过高压侧所应输出的电压值。被试品的电容以及试验变压器的漏抗越大,“容升”现象越明显,这是工频高压试验中应尽量避免的。另外,对一次绕组突然加压,而不是由零逐渐升高电压,或者当输出电压较高时突然切断电源,都有可能由于过渡过程而在试验回路中产生过电压。被试品的突然击穿,特别是高气压下气体间隙和油间隙多次的击穿和重燃,可以出现大幅值的过电压。防止产生这种过电压的办法是在变压器出线端与被试品之间串接一个适当阻值的保护电阻。这个电阻的作用是:①限制短路电流;②阻尼放电回路的振荡过程。保护电阻的数值不宜太大或太小,阻值太小短路电流过大,起不到应有的保护作用;阻值太大会在正常工作时由于负载电流而有较大的电压降和功率损耗,从而影响加在被试品上的电压值。保护电阻的阻值可按 0.1 Ω/V 选取,并且应有足够的功率和足够的长度,以保证在被试品击穿时,不会发生沿面闪络。

②试验电压的波形畸变与改善措施。在进行工频高压试验中,有些测量电压的仪表,所测得的是电压的有效值,不少电气产品的试验,也只提出电压有效值的要求,而工频放电(或击穿)一般取决于电压的幅值。当波形畸变时,电压幅值与有效值之比不再是$\sqrt{2}$。此时若根据有效值乘以$\sqrt{2}$来求幅值,会造成较大的试验误差。造成试验变压器输出波形畸变的最主要原因是试验变压器或调压装置的铁芯在使用到磁化曲线的饱和段时,励磁电流呈非正弦波。输入电源电压的波形本身不标准也会造成电压波形的畸变。

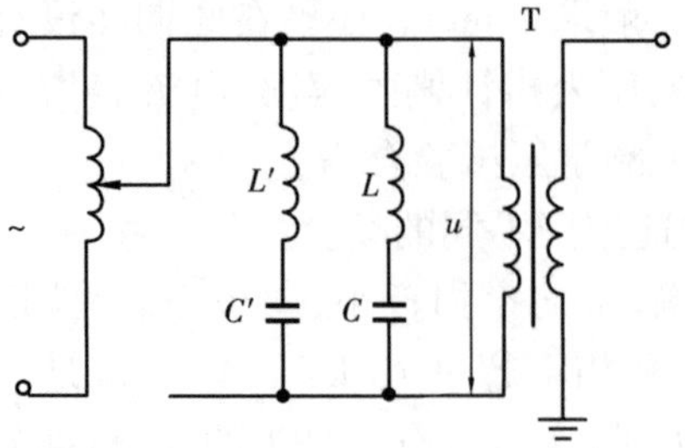

图 5.11　试验变压器一次侧并联 LC 谐振回路以改善波形

如图 5.11 所示为改善工频试验变压器输出波形的一种常用方法，在试验变压器的一次绕组并联一个 LC 串联谐振回路。若主要需减弱 3 次谐波，则 LC 回路可按 $3wl = \frac{1}{3wC}$来选择其参数，w 为基波角频率，即 50 Hz。这样使励磁电流中的 3 次谐波分量有了短路回路，可保证输出电压基本上为正弦波。若还存在 5 次谐波分量，则可再并联另一个 LC 串联谐振回路，并按 $5wl = \frac{1}{5wC}$来选择其参数，滤波电容一般可选取 $C = 6 \sim 10\ \mu F$。

5.2　直流高电压试验

5.2.1　直流高电压的产生

一些高压试验设备如冲击电压发生器和冲击电流发生器，需要直流高电压作电源，而直流高电压在其他科技领域也有广泛的应用，其中包括静电喷漆、静电纺织、静电除尘、X 射线发生器、等离子体加速以及原子核物理研究中都使用直流高压作为电源。为了获得直流高电压，最常用的就是变压器和整流装置的组合，另外还有通过静电方式产生直流高压。直流电压的特性由极性、平均值、纹波系数等表示。高压试验室中通常采用将工频高电压经高压整流器而变换成直流高电压的方法。高压试验的直流电源在提供负载电流时，纹波电压要非常小，即直流电源必须具有一定的负载能力。利用倍压整流原理制成的直流高压串级装置（或称串级直流高压发生器）能产生出更高的直流试验电压。

(1)半波整流回路

应用最广泛的发生直流高压的方法是将交流电压通过整流元件整流而获得。常用的整流设备的半波整流电路及其输出波形如图 5.12 所示。半波整流回路与电子技术中常用的低电压半波整流电路基本相同，只是增加了一个保护电阻 R。这是为了限制被试品（或电容器 C）击穿或闪络时以及当电源向电容器 C 突然充电时通过高压硅堆和变压器的电流，以免损坏高压硅堆和变压器。

整流回路的基本技术参数有 3 个：输出的额定直流电压（算术平均值）U_d、相应的额定直流电流（平均值）I_d 以及电压脉动系数 S（纹波系数）。

1）额定平均输出电压 U_d

$$U_d = \frac{U_{max} + U_{min}}{2} \tag{5.18}$$

2）额定平均输出电流 I_d

$$I_d = \frac{U_d}{R_L} \tag{5.19}$$

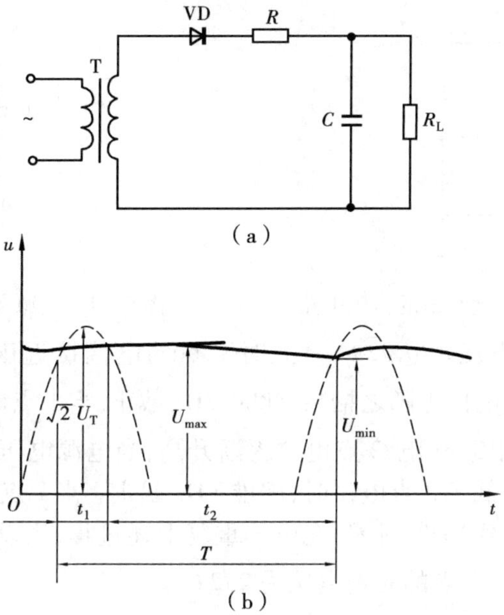

图 5.12　半波整流电路及输出电压波形图

3)电压脉动系数 S

$$S = \frac{\delta U}{U_d} \tag{5.20}$$

式中:$\delta U = \frac{U_{max} - U_{min}}{2}$,表示输出电压的脉动幅值或脉振。

根据 IEC 和我国国家标准规定,直流电压试验设备在额定电压和额定电流下的电压脉动系数(纹波系数)不大于 3%。对半波整流回路,它可以近似地求得

$$\delta U = \frac{U_d}{2fR_L C} \tag{5.21}$$

由式(5.21)可知,负载电阻 R_L 越小(负载越大),输出电压的脉动幅度越大。增加大滤波电容 C 或提高电源频率 f,均可减少电压脉动。一般要求直流高压试验装置的电压脉动系数 S 不大于 5%,但某些特殊用途直流高压装置的要求要高得多。

(2)倍压整流回路

采用半波整流回路或普通的桥式全波整流电路能获得的最高直流电压等于电源交流电压的幅值 U_m,但在电源不变的情况下,采用倍压整流回路即可获得等于 $2U_m \sim 3U_m$ 的直流电压。如图 5.13 所示,这种电路实际上可看成两个半波电路的叠加,它的参数计算可参照半波电路的计算原则进行。

这种电路对变压器 T 有特殊要求,T 的二次电压仍为 U_T,但其两个输出端对地绝缘电压不同,A 点对地绝缘电压为 $2U_T$,而 A′点对地绝缘电压为 U_T。输出电压为变压器二次电压的两倍。最常用的倍压电路如图 5.14 所示。变压器一端接地,另一端为 U_T,对绝缘无特殊要求,硅堆的方向峰值电压为 $2\sqrt{2}U_T$,电容器 C_1 的工作电压为$\sqrt{2}U_T$,C_2 的工作电压为 $2\sqrt{2}U_T$,输出电压也为 $2\sqrt{2}U_T$。这种电路的工作原理简述如下:假定电源电动势从负半波开始,当电源为负时,硅堆 VD_1 截止,VD_1' 导通,电源经 VD_1',R 对电容 C_1 充电,1 点电位为正,3 点电位为负,

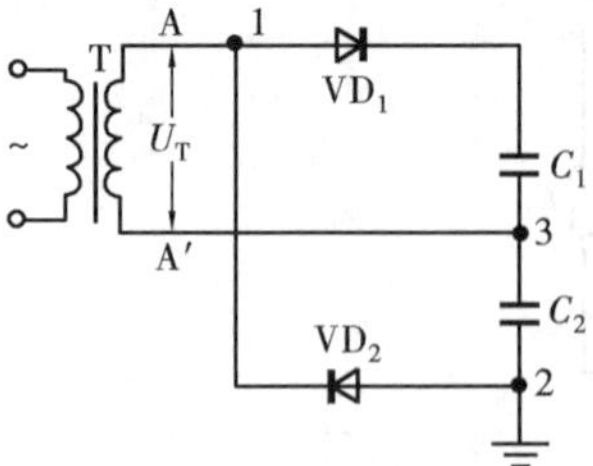

图5.13　电源变压器两端对地绝缘的倍压电路

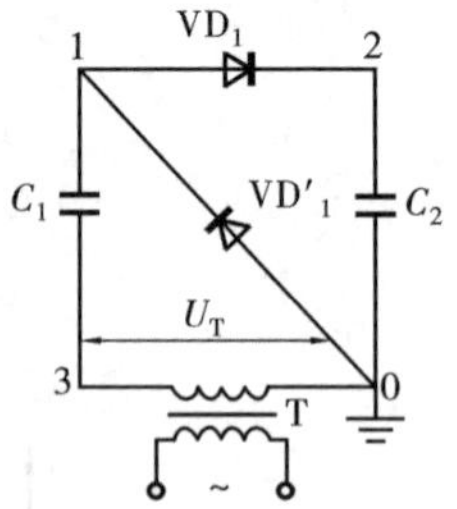

图5.14　电源变压器一端接地的倍压电路

电容器 C_1 上的最高充电电压可达$\sqrt{2}U_T$。此时1点的电位接近于地电位。当电源电压由$-\sqrt{2}U_T$逐渐升高时,1点的电位也随之抬高,此时 VD_1 截止,当1点电位高于2点电位时,VD_1 导通,电源经 R,C_1,VD_1,向 C_2 充电,2点电位逐渐升高,当电源电压从$\sqrt{2}U_T$逐渐下降时,1点电位随之降落,当1点电位低于2点电位时,硅堆 VD_1 截止。当1点电位继续下降到低于地电位时,VD'_1 又导通,电源再经 VD'_1 对 C_1 充电。重复上述过程,当设备空载时,最后使1点电位在$0\sim2\sqrt{2}U_T$范围内变化,2点的对地电压为$2\sqrt{2}U_T$。

(3)串级直流发生器

利用图5.15(a)所示的倍压整流电路作为基本单元,多级串联起来即可组成一台串级直流高压发生器,如图5.15(b)所示。

这种电路的工作原理是:当1点电位为负时,整流元件 VD_2 截止,VD_1 导通;电源经 VD_1 的电容 C_1 充电,3点为正,1点为负;电容 C_1 上最大可能达到的电位差接近于 U_m,此时3点电位接近于地电位。当电源电压由 U 逐渐升高时,3点电位随之被抬高,此时 VD_1 便截止。当3点电位相比2点为正时(开始时 C_2 尚未充电,2点电位为零),VD_2 导通,电源经 C_1,VD_2 向 C_2 充电,2点电位逐渐升高(对地为正),电容 C_2 上最大可能达到的电位差接近于 $2U_m$。当电源电压由 $+U$ 逐渐下降,3点电位即随之降落。当3点电位低于2点电位时,整流元件 VD_2 截止,VD_3 导通。C_2 经 VD_3 向 C_3 充电。当1点电位继续下降到对地为负时,电容 C_3 上最大可能达到的电位差接近于 $2U_m$,当电源电压再次变正后,电源电压和 C_1 与 C_3 上的电压串连通过 VD_4 向 C_4 充电,使电容 C_4 上最大可能达到的电位差接近于 $2U_m$。以后重复上述过程即可。

采用上述单元电路串接起来可以实现多级倍压整流电路。当这种电路串接级数增加时,电压降落和脉动系数将急剧增大。

5.2.2　直流工频高电压的测量

(1)高压高阻法

高阻可作为放大器或分压器使用。采用平均值型指示仪表对纹波小的直流电压进行测量时,由于杂散电容的影响可以忽略,所以不需要对测量高阻进行屏蔽。当对纹波较高的直流电压的最大值进行测量时,杂散电容的影响会造成测量误差,可将高阻进行屏蔽或采用阻容分压器。分压器的电阻元件可采用电阻温度系数小的金属线绕电阻、固态电阻或薄膜电阻。为了防止电阻温度升高,可采用空气冷却或绝缘油冷却。目前,我国已有1 200 kV,6 000 MΩ电阻分压器。

(2)旋转电位计

旋转电位计是指电极在电场中旋转,电极间电容发生变化,形成充放电电荷,通过测量充放电荷的大小,从而求得直流电压的最大值和平均值的一种装置。旋转电位计的测量精度高,不确定度在 ±1% 以内。其结构图如 5.16 所示。

半圆筒形电极由同步电动机带动,以一定速度旋转,并通过可动线圈型检流计来测定电容变化引起的充放电电荷。在电刷 a 与电极接触至电刷离开电极这段时间内,检流计上流过的电荷等于初始与最终电极上的电荷差。检流计的电流为

$$I = \frac{1}{T}(C_2u_2 - C_1u_1) \qquad (5.22)$$

式中:C_1,C_2 为旋转电极 A 和电刷接触、分离时,A 与高压侧电极 H 间的电容量;u_1,u_2 为对应的高压侧电极上的电压值;T 为由开始接触到分离时的时间间隔。

电极 A 与电刷分离时,到达位置 B,对如图 5.16 所以结构,$C_2=0$。如果旋转频率与纹波电压频率 f 一致,则电极旋转一周,与电刷接触两次,流过检流计的电流为

$$I = -2fC_1u_1 \qquad (5.23)$$

由于检流计反映的是电极 A 与电刷接触式的高压电极的电压值,因此改变电刷位置可

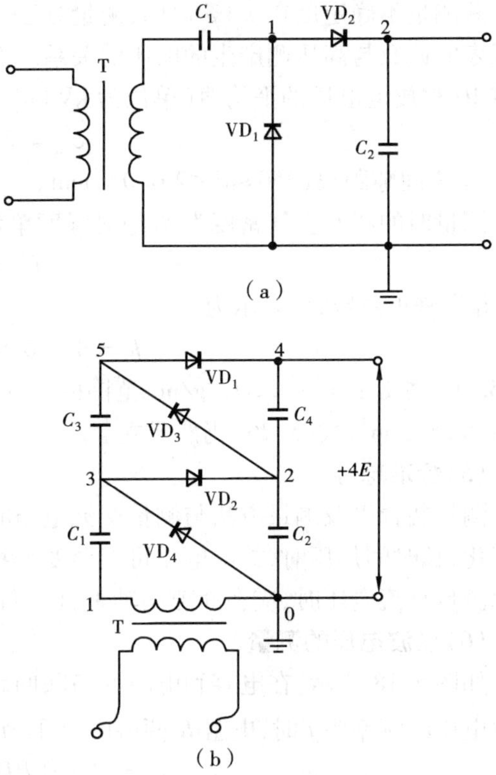

图 5.15　倍压整流电路及串级直流高压发生器接线
(a)基本倍压整流电路;
(b)两极串级直流高压发生器接线

求得任意时刻的直流电压值,也可用于电压的最大值和脉动值的测量。如果电极旋转与纹波周期不同步,则可测量电压的平均值,电压量程可达 1 000 kV。如果与交流电压的频率同步旋转,则旋转电压表可测量交流电压的最大值,可用与直流一样的方法测量电压波形。

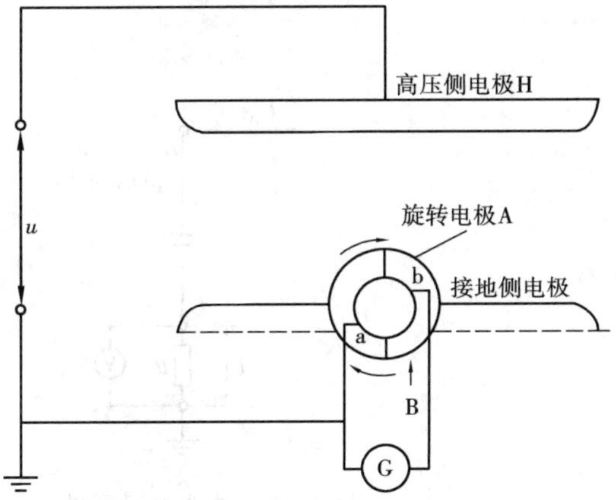

图 5.16　旋转电位计

(3)静电电压表

与交流电压的测量原理一样,静电电压表可测量直流电压的平均值,但是,在工作原理上,它表示的是直流电压瞬时值平方的平均值,在纹波较大的情况下,测量值不是直流电压的平均值。

(4)标准棒-棒间隙

用球间隙测量直流电压时,会出现放电电压的波动。IEC 规定,推荐使用如图 5.17 所示结构的棒-棒间隙。

其测量不确定度在±3%以内,测量方法与球间隙一样,常用于求取直流发生装置低压侧电压表的读数与高压侧产生的电压的关系。在标准大气条件,正、负极性的直流电压下,棒-棒间隙10次放电电压的平均值(单位为kV)可估算为

$$U_s = 2 + 0.534d \tag{5.24}$$

式中:d为间隙距离($250 \leqslant d \leqslant 2\ 000$),mm。

测量时的相对空气密度为δ,绝对湿度单位为g/m³时,实际放电电压为

$$U = \delta k U_s \tag{5.25}$$

k为湿度修正系数,可表示为

$$k = 1 + 0.014(h/\delta - 11) \tag{5.26}$$

式(5.26)在$1\ \text{g/m}^3 \leqslant h \leqslant 13\ \text{g/m}^3$范围内成立,但是,当$d$为500 mm左右的短间隙时,即使湿度高达25 g/m³,式(5.26)仍然成立。

(5)标准球隙

测量装置以及测量方法与测量交流电压时一样。大气中的灰尘或纤维等会引起放电电压的变化,长时间加压时,放电电压可能会变得特别低。在测量直流时,推荐采用棒-棒间隙。用球隙测量直流电压时,应在间隙的轴垂直方向维持稳定的气流,气流最低为3 m/s。

(6)纹波电压的测量

如图5.18所示,在电容和电阻的串联回路上施加含有纹波电压分量U_r的直流电压。当纹波电压的频率为f时,电阻R两端的电压为

$$U = j2\pi fCRU_r/(1 + j2\pi fCR) \tag{5.27}$$

如$2\pi fCR \gg 1$时,则$U \approx U_r$,可得到纹波电压。

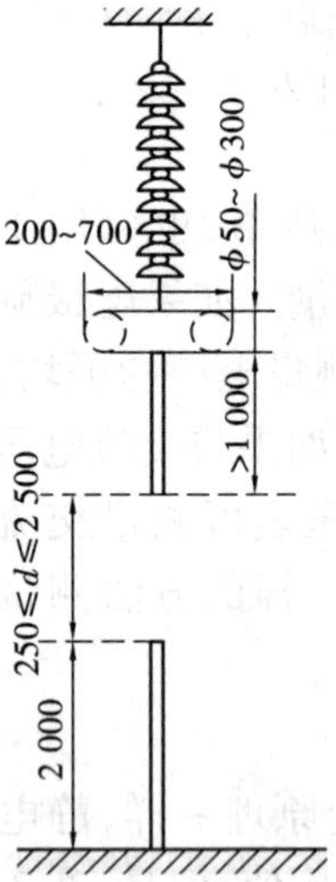

图5.17　直流电压测量用棒-棒间隙

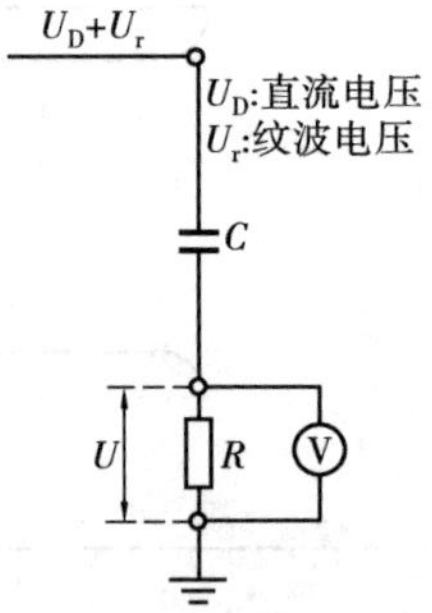

图5.18　纹波电压测量

5.2.3　绝缘的直流耐压试验

电力设备常需要进行直流电压下的绝缘试验,如测量泄漏电流。一些大容量的交流设备,如电力电缆,也常用直流耐压试验代替交流耐压试验。高压直流输电所用的电力设备必须进行直流高压试验。此外,随着高压直流输电技术的发展,出现了越来越多的直流输电工程,需

要进行多种内容的直流高电压试验,也需用直流高压作电源。直流高压试验设备是进行高压试验的一种基本设备。

利用直流高压对电气设备进行耐压试验有重要的实际意义,直流高压试验考验电气设备的电抗强度,它能反映设备受潮、劣化和局部缺陷等多方面的问题。目前在发电机、电动机、电缆、电容器的绝缘预防性试验中广泛地应用这一方法。它与交流耐压试验相比主要有以下一些特点:

①直流耐压试验下没有电容电流,要求电源容量很小,可用串级的方法产生高压直流,试验设备可以做得比较轻巧,适合于现场预防性试验的要求。对容量较大的被试品,如果做交流耐压试验,需要较大容量的试验设备,在一般情况下不容易办到。做直流耐压试验时,只需要供给绝缘泄漏电流(最高只达毫安级),试验设备可以做得体积小而且比较轻便,适合现场预防性试验的要求。

②在试验时可以同时测量泄漏电流,由所得的"电压—电流"曲线能有效地显示绝缘材料内部的集中性缺陷或受潮,提供有关绝缘状态的补充信息。

③直流耐压试验比交流耐压试验更能发现电极端部的绝缘缺陷。其原因是直流下没有电容电流流经线棒绝缘材料,没有电容电流在半导体防晕层上造成的电压降,端部绝缘材料上分到的电压较高,有利于发现该处的绝缘缺陷。

④在直流高压下,局部放电较弱,不会加快有机绝缘材料的分解和老化变质,在某种程度上带有非破坏性试验的性质。

与交流耐压试验相比,直流耐压的缺点是:由于交、直流下绝缘材料内部的电压分布不同,直流耐压试验不如交流耐压试验接近实际情况,因此不能用直流完全代替交流进行耐压试验,两者应配合使用。如图5.19所示为直流高压试验接线示意图。

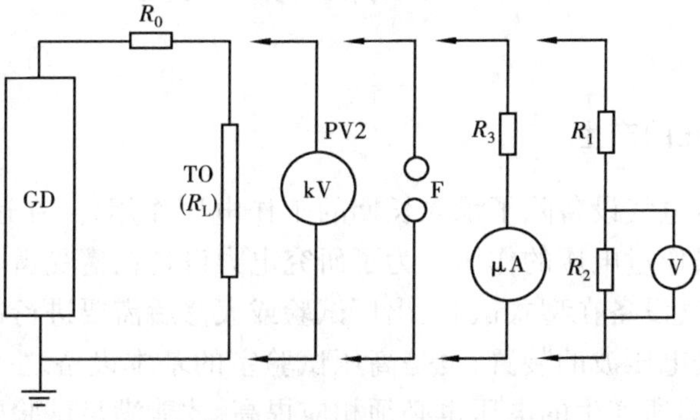

图5.19　直流高压试验接线示意图

虽然在一般情况下,直流高压试验所需的试验电流不大,通常在几毫安到几十毫安,但是某些被试品在击穿前瞬时的临界泄漏电流还是相当大的。例如,极不均匀电场长气隙击穿或沿面放电特别是湿污状态下的沿面闪络,击穿前瞬时泄漏电流将达到安培级。这样大的泄漏电流将使设备内部产生很大电压降而使测量不准确。直流高压试验要根据不同被试品、不同的试验要求选择合适的电源容量。

直流高压试验中另一个需要注意的问题是:为了防止被试品放电,或发生器输出端由其他原因对地短路时限制电容器柱的放电电流,同时限制流经高压硅串的电流,需在被试品与高压输出端之间串接一保护电阻 R',R'的值可计算为

$$R' = (0.001 \sim 0.01)\frac{U_d}{I_d} \tag{5.28}$$

当 I_d 较大时,为减小 R'的发热可取较小的系数。对串级直接发生器,为防止被试品击穿等原因造成两电容器柱之间极大的电位差而导致高压硅串损坏,应在两电容器柱之间并联一对球隙作保护之用。

另外,直流耐压试验电压值的选择是一个重要的问题,由于直流条件下绝缘材料的介质损耗很小,局部放电的发展也远比交流条件下微弱,所以直流条件下绝缘材料的电气强度一般要比交流条件下的高。在选择试验电压值时必须考虑这一点,直流耐压试验所用的电压往往更高一些,并主要根据运行经验来确定,一般为额定电压的两倍以上,且是逐渐升压,一旦发现异常现象,可及时停止试验,进行处理。例如,在进行预防性试验时,对发电机定子绕组,按不同情况分别取 2 ~3 倍额定电压;对油纸绝缘电力电缆,2 ~10 kV 电缆取 5 倍额定电压;15 ~30 kV 电缆取 4 倍额定电压;15 ~30 kV 电缆取 4 倍额定电压;35 kV 电缆以上分别取 2.6,2 倍额定电压。直流耐压试验的时间可以比交流耐压试验长一些,发电机试验时是以每级 0.5 倍额定电压分阶段升高,每阶段停留 1 min,读取泄漏电流值。电缆试验时,在试验电压下持续 5 min,以观察并读取泄漏电流值。

除了上述直流耐压试验外,直流高压装置还被用来对直流输电设备进行各种直流高压试验,如各种典型气隙的直流击穿特性、超高压直流输电线上的直流电晕及其各种派生效应、各种绝缘材料和绝缘结构在直流高电压下的电气性能、各种直流输电设备的直流耐压试验等。

一般直流高电压试验如同雷电冲击耐压一样通常都采用负极性试验电压。

5.3 冲击高电压试验

5.3.1 冲击高电压的产生

电力系统中的高压电气设备除了承受长期的工作电压作用外,在运行过程中还可能承受短时的雷电过电压和操作过电压的作用。为了研究电力设备在遭受雷电过电压和操作过电压时的绝缘性能,许多电气设备在型式试验、出厂试验或大修后需要进行冲击高电压试验。冲击电压发生器是产生冲击电压波的装置,也是高压试验室的基本设备之一。随着输电电压的不断提高,冲击电压发生器所产生的电压也必须相应提高,才能满足试验要求。世界上最大的冲击电压发生器的标称电压已高达 6 000 kV,甚至更高。

(1)冲击电压发生器的基本原理

冲击电压发生器的原理图如图 5.20 所示。

整流电源向主电容 C_0 充电,C_0 充电后等待启动;向隔离球隙 F 送点火脉冲,球隙击穿,C_0 向波前电容 C_f 充电(C_f 包括外加波前电容 C'_r、被试品、测量装置等电容及发生器本体对地寄生电容)。由于 $C_0 > C_r$,波前电阻 $R_f >$ 波尾电阻 R_t,因此 C_f 上电压很快上升到最大值,C_f 上的电压就是冲击电压波,也即被试品上产生的电压为冲击电压波。在上述过程中,波前时间为

$$T_1 \approx 3.24 R_f C_f$$

半峰值时间为

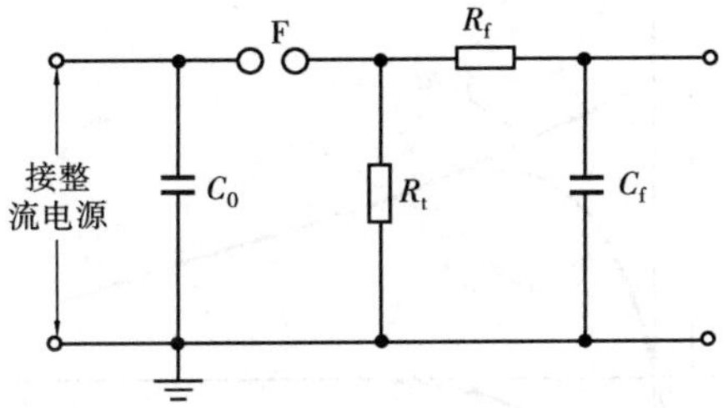

图5.20 冲击电压发生器的原理图

$$T_2 \approx 0.7R_1(C_0 + C_f)$$

调节 C_0, C_r, R_f, R_t 就可调节 T_1, T_2 使之满足所需要求。一般情况下，C_0, C_f 是确定的，调节 R_f，即可调节 C_f 的充电时间，它在被试品上形成了上升的波前，也就是调节波前时间 T_1；调节 R_f 即可调节 C_f 对 R_t 的放电时间，它在被试品上形成了下降的波长，也就是调节半峰值时间 T_2。

为获得高幅值的冲击电压，目前采用多级冲击电压发生器，其原理是先使用若干个电容器并联充电，利用球隙点火放电；然后多级电容串联起来放电，从而获得冲击高压，但放电时的等效电路与图5.20相似。

在被试品上得到的最大电压 U_m 与主电容 C_0 上的最大充电电压 U_0 之比为冲击电压发生器的效率

$$\eta = \frac{U_m}{U_0} \approx \frac{C_0}{C_0 + C_f} \tag{5.29}$$

(2)基本回路

供试验用的标准雷电冲击全波采用的是非周期性双指数波，它可表示为

$$u(t) = A(e^{-\frac{t}{\tau_1}} - e^{-\frac{t}{\tau_2}}) \tag{5.30}$$

式中：τ_1 为尾波时间常数；τ_2 为波前时间常数。

式(5.30)由两个指数函数叠加而成，如图5.21(a)所示。在式(5.30)中，通常 $\tau_1 \gg \tau_2$，在波前范围内，$e^{-\frac{t}{\tau_1}} \approx 1$，式(5.30)可近似写成

$$u(t) = A(1 - e^{-\frac{t}{\tau_2}}) \tag{5.31}$$

其波形如图5.21(b)所示。这个波形与图5.22(a)所示的直流电源 U_0 经电阻 R_1 向电容器 C_2 充电时 C_2 上的电压波形完全相同，可利用图5.22(a)回路获得所需的冲击电压波前。

与此类似，在波尾范围内，$e^{-\frac{t}{\tau_2}} \approx 0$，式(5.31)可近似写成

$$u(t) = Ae^{-\frac{t}{\tau_1}} \tag{5.32}$$

其波形如图5.21(a)中最上面的一条曲线所示，这个波形与图5.22(b)所示的充电到 U_0 的电容器 C_1 对电阻 R_2 放电时的电压波形完全相同，利用图5.22(b)中的简单回路可以获得所需的冲击电压波尾。

为了获得完整的冲击波形，将图5.22(a)和图5.22(b)中的两个回路结合起来组成的回路(见图5.23)就可达到目的。

用充电到 U_0 的电容器 C_1 替换图5.22(a)中的直流电源 U_0 并不影响获取所需的冲击电压全波形，但会使所得冲击电压的幅值 U_{2m} 小于 U_0。C_1 的电容量总是有限的，在它向 C_2 和 R_2

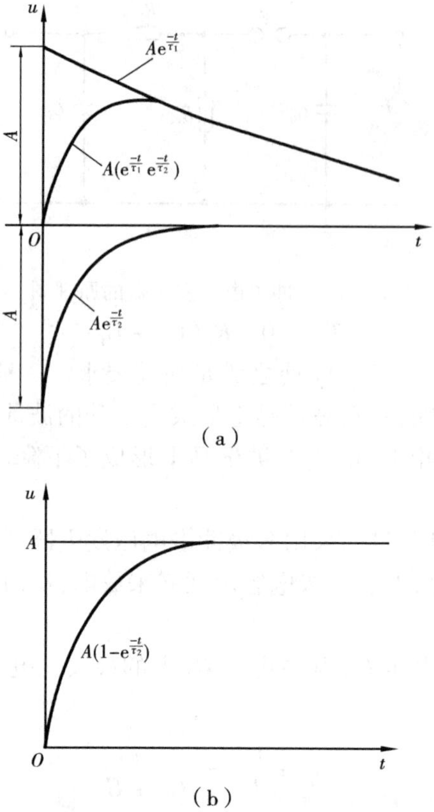

图 5.21　标准雷电冲击波

(a)双指数函数冲击电压波;(b)式(5.31)的波形图

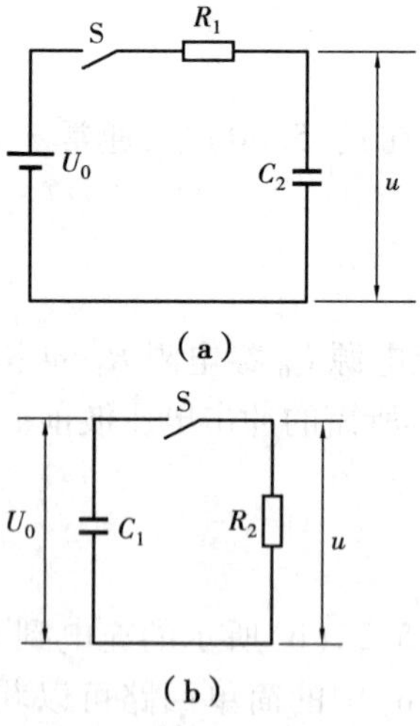

图 5.22　可获得冲击电压回路

(a)可获得冲击电压波前的回路;

(b)可获得冲击电压波尾的回路

放电的同时,它本身的电压从 U_0 往下降。开关 S 合闸前 C_1 上的电荷量为 C_1U_0;S 合闸后,在波头范围内,C_1 经 R_2 放掉的电荷很少,如予以忽略,则 C_1 在分给 C_2 一部分电荷后,C_1 和 C_2 上的电压最大可达 U_{2m},它和各个参数的关系为

$$U_{2m} = \frac{C_1}{C_1 - C_2}U_0 \tag{5.33}$$

由于 R_1 的存在,R_2 上的电压 U_m 还要打一个折扣,其值为 $\frac{R_2}{R_1 + R_2}$,因此最后能得到的冲击电压幅值为

$$U_{2m} \approx \frac{C_1}{C_1 + C_2}\frac{R_2}{R_1 + R_2}U_0 \tag{5.34}$$

称 $\frac{U_{2m}}{U_0} = \eta$ 为放电回路的利用系数或效率。图 5.23 所示的回路为低效率回路,它的 η 值只有 0.7 ~ 0.8。为了满足其他方面的要求,实际冲击电压发生器采用如图 5.24 所示的回路。这时 R_1 被拆成 R_{11} 和 R_{12} 两部分,分置在 R_2 的前后,其中 R_{11} 为阻尼电

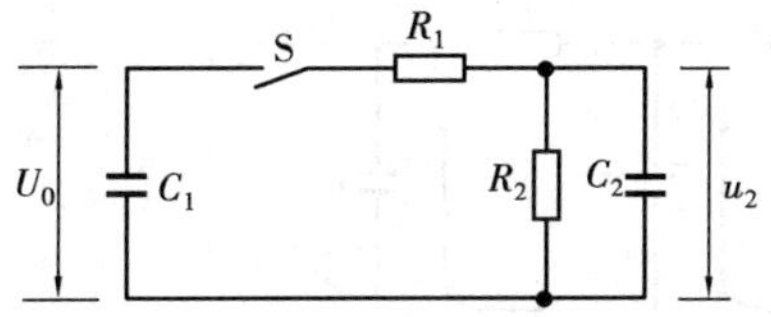

图5.23　可获得完整冲击电压波的合成回路

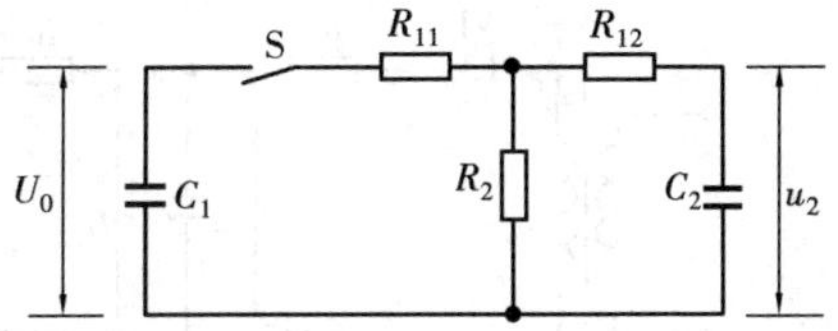

图5.24　冲击电压发声器常用回路

阻，主要用来阻尼回路中的寄生振荡；R_{12}专门用来调节波前时间T_1，称为波前电阻，其阻值可调。这种回路的η值可近似地用下式求得：

$$\eta=\frac{C_1}{C_1+C_2}\frac{R_2}{R_1+R_2} \tag{5.35}$$

(3)多级冲击电压发生器

单级冲击电压发生器电路想要获得几百千伏以上的冲击电压是有困难的，也是不经济的。改进的办法是采用多级回路，使多级电容在并连接线下充电，然后设法将各级电容器在某瞬间串联起来放电，即时获得很高的冲击电压。适当选择放电回路中各元件的参数，即可获得所需的冲击波形。如图5.25所示为多级冲击电压发生器的原理图。

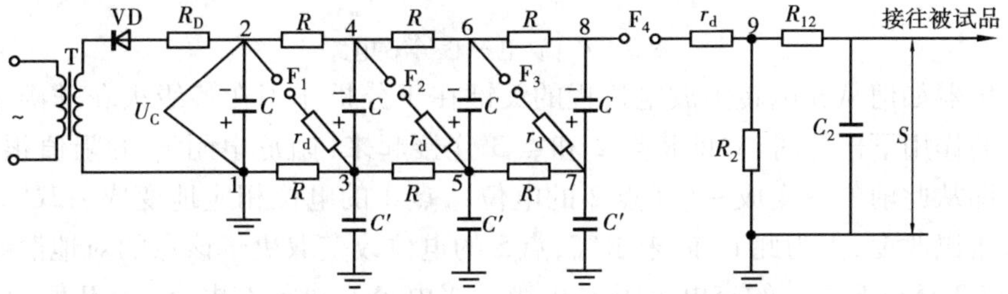

图5.25　多级冲击电压发生器的原理图

它的基本工作原理可概括为“并联充电，串联放电”。

1)充电过程

这种回路由充电状态转变为放电过程是利用一系列火花球隙来实现的，它们在充电过程中都不被击穿，因为所在支路呈开路状态，这样图5.25的接线可简化成如图5.26所示的充电过程等效电路。这时经数目不等的充电电阻R并联的各级电容器C被通过电压为U_c的整流电源充电，但充电电阻的数目各异，各台电容器上的电压上升速度是不同的，最前面的电容充电最快，最后面的电容充电最慢，不过在充电时间足够长时，全部电容器都几乎能充电到电压U_c，点2,4,6,8的对地电位均为$-U_c$，而点1,3,5,7均为地电位。按图5.26中整流器VD的接法，所得到的电压是负极性。要改变极性很容易，只要将VD的接法调换一下就可以了。电阻R虽称为“充电电阻”，但其实它们在充电过程中没有起什么作用，如取它们的阻值为零，各台电容器C的充电速度反而更快。这些充电电阻在放电过程中起着非常重要的作用，而且其阻值要足够大，而对其阻值稳定性的要求并不太高。

2)放电过程

一旦第一对火花球隙F_1被击穿，各级球隙F_2,F_3,F_4均将迅速一次击穿，各台电容器被串联起来，发生器立即由充电状态转为放电过程，第一对球隙F_1称为“点火球隙”。这是由于各级充电电阻R有足够大的阻值，因此在短暂的放电过程中，可以近似地把各个R支路看成开路。这样，图5.25的接线又可近似地简化成如图5.27所示的放电过程等效电路。

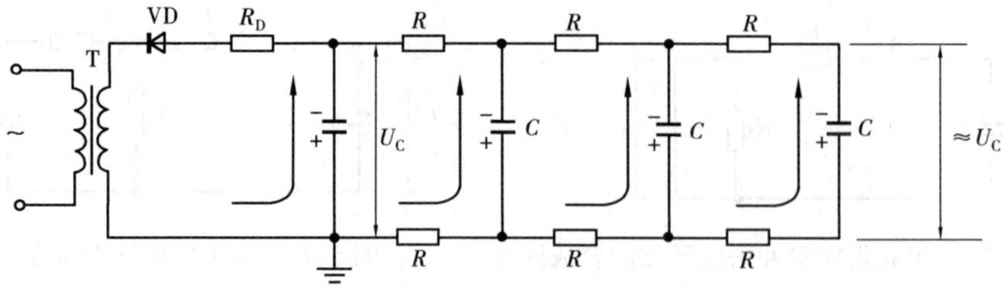

图 5.26　充电过程等效电路

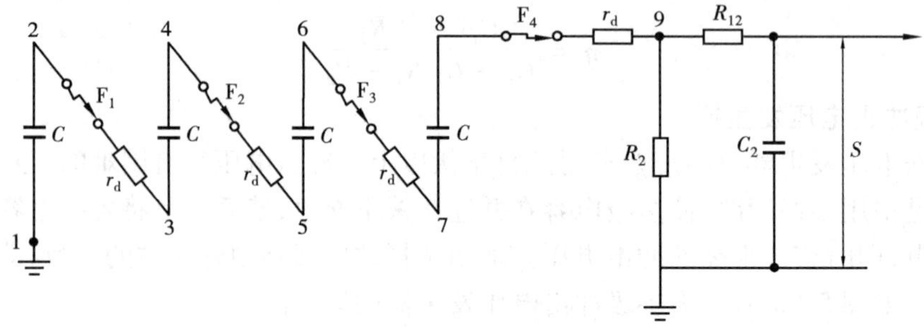

图 5.27　放电过程等效电路

理解发生器如何从充电转为放电过程的关键在于分析作用在各级火花球隙上的电压值。当 F_1 在 U_c 的作用下击穿时，立即将点 2 和点 3 连接起来（阻尼电阻 r_d 的阻值很小），点 3 的对地电位立即从此前的零变成 $-U_c$（点 2 的电位），点 4 的电位相应地变成 $-2U_c$，而点 5 的对地电位一时难以改变，因为此 F_2 尚未击穿，点 5 的电位改变取决于该点的对地散杂电容 C'，通过 F_1，r_d 和点 3 至点 5 之间的充电电阻 R 由第一级电容 C 进行充电，由于 R 值很大，能在点 3 和点 5 之间起隔离作用，使点 5 上的 C' 充电较慢，暂时仍保持着原来的零电位。作用在火花球隙 F_2 上的电位差将为 $2U_c$，F_2 将很快击穿。以此类推，F_3 和 F_4 也将分别在 $3U_c$ 和 $4U_c$ 的电位差下一次加速击穿，全部电容 C 将串联起来对波尾电阻 R_2 和波前电容 C_2 进行放电，使被试品上收到幅值接近于“$-4U_c\eta$”的负极性冲击电压波（其中 η 为发生器的利用系数）。

冲击电压发生器的启动方式有以下两种：

①自启动方式。只要将点火球隙 F_1 的极间距离调节到使其击穿电压等于所需的充电电压 U_c，当 F_1 上的电压上升到等于 U_c 时，F_1 即自行击穿，启动整套装置。这时输出的冲击电压高低主要取决于 F_1 的间距，提高充电电源的电压，只能加快冲抵速度和增大冲击波的输出频率，而不能提高输出电压。

②各级电容器充电到一个略低于 F_1 击穿电压的电压水平上，处于准备动作的状态，然后利用点火装置产生一点火脉冲，达到点火球隙 F_1 中的一个辅助间隙上使之击穿并引起 F_1 主间隙的击穿，以启动整套装置。

无论采用何种启动方式，重要的是保证全部球隙均能跟随 F_1 的点火作同步击穿。

5.3.2　冲击高电压的测量

前面已叙述了各种电压的测量方法，但这类电压都可看成稳态高电压。与这类电压不同，冲击电压是一种持续时间较短的暂态电压，它的测量在技术上存在着许多难点。《高电压冲击测量仪器和软件》（GB/T 16896.1—2005）规定，冲击电压试验时，峰值测量误差在 ±3% 以内，而波头时间、波尾时间的测量不确定度不超过±10%。冲击电压的测定包括峰值测量和波形记录两个方面。目前最常用的测量冲击电压的方法有：①分压器—示波器；②测量球隙；③分压器—峰值电压表。球隙和峰值电压表只能测量电压峰值，示波器则能记录波序，即不仅能测量峰值而且能显示电压随时间的变化过程。

(1)分压器与数字记录仪(示波器)

分压器与数字记录仪可同时测定波形和峰值，在测量中被广泛使用。数字记录仪的输入电压一般小于数百伏，常和分压器一起构成冲击电压测量系统进行测量，如图5.28所示。

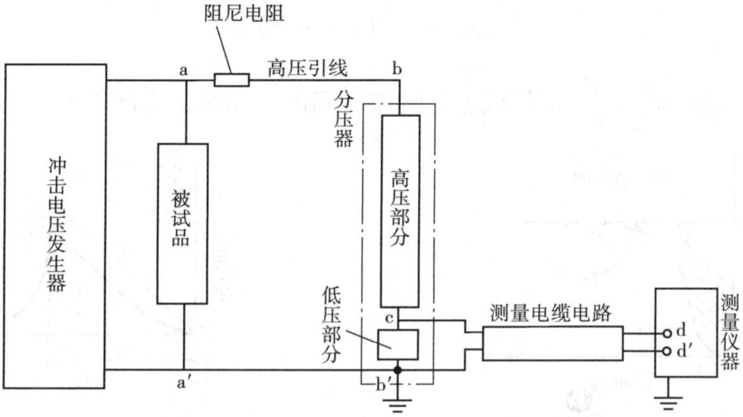

图5.28　冲击电压测量系统

频率带宽为数十兆赫示波器或8~10 bit的数字记录仪，采样率为100 MS/s，可满足一般冲击电压测量的要求。其阻尼电阻为300~500 Ω，用于防治高压引线上电压的震荡。aa′与dd′间的回路称为分压回路。分压器分为电阻分压器、屏蔽电阻分压器、电容分压器和阻容分压器等。对雷电冲击电压的测量，则主要采用电容分压器。阻容分压器是指多个电容串联，每一段分别串接阻尼电阻而构成的一种分压器，它可有效抑制高压端的局部振荡，具有良好的响应特征，除了可测量雷电冲击和操作冲击外，也可用于交流电压的测量，使用范围较广。另外，阻容分压器中并联电阻R_1为1 000 Ω左右的高阻时，可构成一种通用型分压器，用于测量直流至冲击的所有电压的波形。

分压回路的特性用分压比和响应来表示。分压比等于分压回路输入端(见图5.28中aa′)所加电压的峰值除以输出端的电压。分压比的定义是：分压回路的输入端施加某一波形电压$A(t)$，与之相对应，在输出端会出现电压$U(t)$，$U(t)$即为对$A(t)$的响应。通常采用$A(t)$为直角波时的直角波响应。

响应的好坏常用响应时间来定量表示，如图5.29所示，$A(t)$，$U(t)$的幅值都规一化为1，响应的时间则由图中斜线部分的面积T表示为

$$T=\int_0^{\infty}(1-U(t))\mathrm{d}t \tag{5.36}$$

可见，T越小，分压回路的特性就越好。

如果用响应时间为T的分压回路测量如图5.30所示的波头截断波$e_1(t)$，则会出现测量误差。$e_1(t)$可按直线上升到幅值1，然后被截断，又瞬时降为0的三角波来近似表示，即

$$e_1(t)=\frac{t}{t_c}\quad(0\leqslant t\leqslant t_c)$$

$$e_1(t)=0\qquad(t>t_c)$$

当采用响应特征为$(1-e^{-\frac{t}{T}})$的分压回路进行测量时，则响应波形为

$$e_2(t)=\frac{t}{t_c}\left[1-\frac{T}{t}(1-e^{-\frac{t}{T}})\right]\tag{5.37}$$

当$t=t_c$时，出现Δe_m的幅值误差，可表示为

$$\Delta e_m=\frac{T}{t_c}(1-e^{-\frac{t}{T}})\tag{5.38}$$

由于$e^{-\frac{t_c}{T}}\approx 0$，故$\Delta e_m\approx\frac{T}{t_c}$，幅值误差随响应时间的增加而正比例增大。

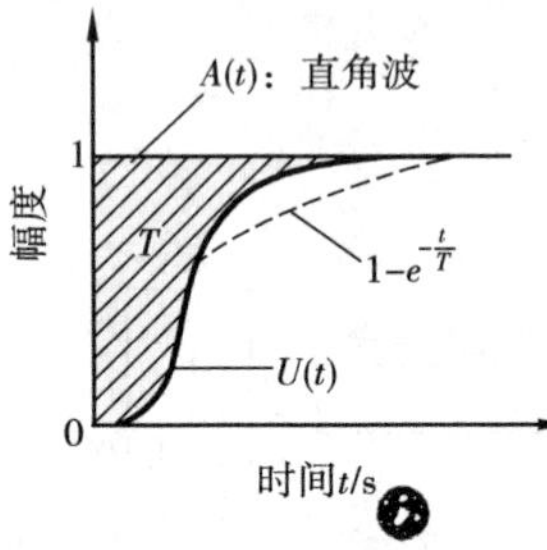

图 5.29　直角波响应

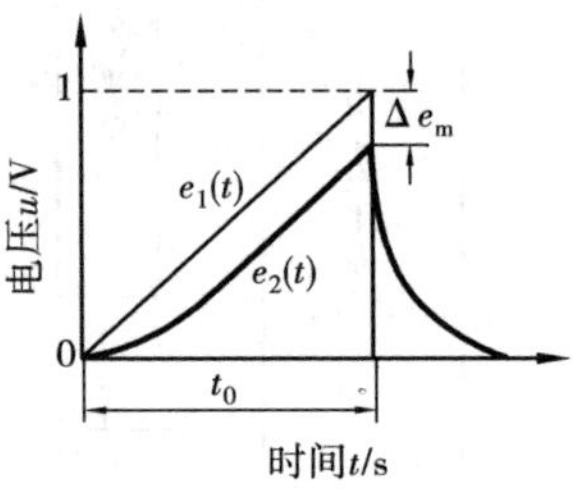

图 5.30　波头截断电压的测量

(2)标准球隙

标准球隙可用于标准冲击电压以及操作冲击电压幅值的测量，测量误差在±3%以内。冲击电压的波尾较短时，测量误差会增加，球隙最多可用于1/5 μs波的测量。球隙装置的构造、周围物体离开的距离以及大气状态修正、照射等都与交流电压测量时完全一样。但是，在冲击电压测量时，串联电阻应不大于500 Ω，残余电感小于30 μH，而且测量时冲击电压发生器的火花间隙的光辐射最好能照射到球隙。冲击电压试验时，一般利用球隙校正冲击电压发生器的充电电压指示仪表的刻度，然后试验所需要的电压可根据仪表的指示产生。确定50%放电电压的方法分多级法和升降法两种。

1)多极法

以预期的50%放电电压的2%～3%作为电压级差，对被试品分级施加冲击电压，每级施加电压10次，至少要加4级电压。要求在最低一级电压时放电次数近于零，而在最高一级电压时，近于全部放电。求出每级电压下的放电次数与施加次数之比P后，将其按电压值标于正态概率纸上，给出拟合直线$P=f(U)$，在此直线上对应于概率$P=0.5$的电压值即为50%放电电压。

2)升降法

估计50%放电电压的预期之后，取U_i的2%～3%作为电压增量ΔU，先施加冲击电压U_i一次，如未引起放电，则下次施加电压应为$U_i+\Delta U$；如U_1已引起放电，则下次施加电压应为$U_i-\Delta U$。以后的加压都按以下规律：凡上次加压如已引起放电，则下次加压比上次电压低ΔU；凡上次加压未引起放电，则下次加压比上次电压高ΔU。这样反复加压20～40次，分别计算出各级电压U_i下的加压次数n_i，按下式求出50%放电电压

$$U_{50\%}=\frac{\sum U_i n_i}{\sum n_i} \tag{5.39}$$

3) 冲击峰值电压表

冲击峰值电压表工作原理如图 5.31 所示，冲击电压经蒸馏后对电容器充电，然后通过高输入阻抗的放大器，可测得充电电压。利用分压回路，可进行更高压的测量，冲击峰值电压表的测量不确定度在 ±1% 以内。

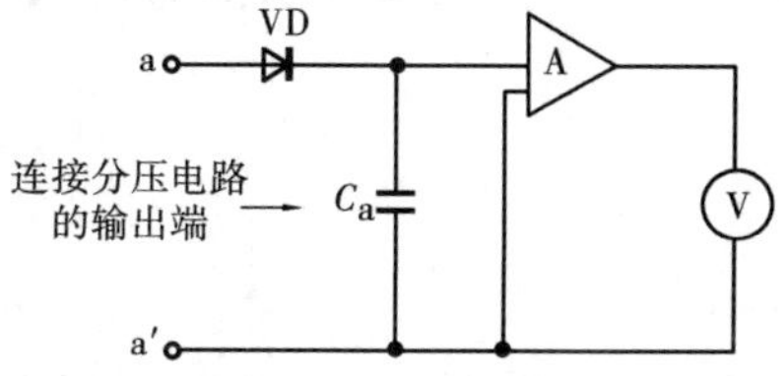

图 5.31 冲击峰值电压表

冲击测量系统性能的好坏，即测量的精确度，通常用方波响应来估计。当在测量系统输入端试加一个方波电压时，在系统的输出端就得到一个输出电压示波图。为便于比较，将输出电压的最终稳定值作为 1，这时输出电压波形即成为单位方波响应。单位方波响应反映了该测量系统对外施方波电压的畸变程度，直观地表达了该系统性能的好坏。

5.3.3 绝缘的冲击耐压试验

电气设备内绝缘的雷电冲击耐压试验采用 3 次冲击法，即对被试品施加 3 次正极性和 3 次负极性雷电冲击试验电压(1.2/50 μs 全波)。对变压器和电抗器类设备的内绝缘，还要再进行雷电冲击截波(1.2/2 ~5 μs)耐压试验，它对绕组绝缘(特别是其纵绝缘)的考验比雷电冲击全波试验更加严格。

在进行内绝缘冲击全波耐压试验时，应在被试品上并联一球隙，并将它的放电电压正定得比试验电压高 15% ~20%(变压器和电抗器类被试品)或 5% ~10%(其他被试品)。在冲击电压发生器调波过程中，有时会无意地出现过高的冲击电压，造成被试品不必要的损伤，这时如有并联球隙就能发挥保护作用。

进行内绝缘冲击高压试验时的一个难题是如何发现绝缘材料内的局部损伤或故障。冲击电压的作用时间很短，有时在绝缘材料内遗留下非贯通性局部损伤，很难用常规的测量方法揭示出来。例如，电力变压器绕组匝间和线饼间绝缘(纵绝缘)发生故障后，往往没有明显的异样。目前，用得最多的检测方法是拍摄变压器中性点处的电流示波图，并将所得示波图与在完好无损的同型变压器中拍摄的典型示波图以及存在人为制造的各种故障时拍摄的示波图进行比较。据此，不仅能判断损伤或故障的出现，还能大致确定它们所在的地点，这就大大简化了随后的变压器检视时寻找故障点的工作。

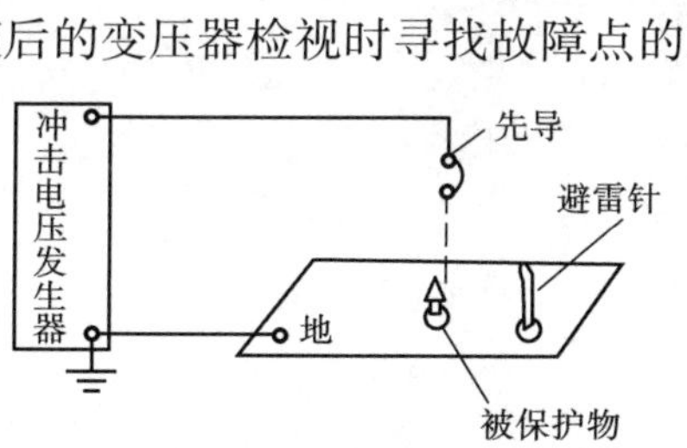

图 5.32 避雷针的保护作用示意图

电力系统外绝缘的冲击高压试验通常可采用 15 次冲击法，即对被试品施加正、负极性冲击波试验电压各 15 次，相邻两次冲击的时间间隔应不小于 1 min。在每组 15 次冲击的试验中，如果击穿或闪络的闪数不超过两次，即可认为该外绝缘试验合格。内、外绝缘的操作冲击高压试验的方法与雷电冲击全波试验完全相同。

避雷针是电力系统中防止击雷的主要保护措施。在冲击耐压试验中，冲击电压采用球隙进行测量时，避雷针的保护作用如图 5.32 所示。

当雷电先导向地面发展到某一高度后,避雷针使地面电场发生变化,在避雷针顶端形成局部强场区以影响雷电先导放电的发展方向,使雷闪对避雷针放电,再经过接地装置将雷电流安全引入大地,从而使避雷针附近的被保护物免受雷击。避雷针的保护范围可用模拟实验和运行经验来确定。由于先导放电的路径受到很多偶然因素的影响,因此要保证被保护物绝对不受雷电的直接放电是不现实的,一般保护范围是指具有1%左右雷击概率的空间范围。

习题与思考题

5.1　简述直流耐压试验与交流的特点。

5.2　高压实验室常用来测量交流高电压的方法有哪几种?

5.3　简述高压试验变压器调压时的基本要求。

5.4　简述工频高压试验需要注意的问题。

5.5　简述冲击电流发生器的基本原理。

5.6　冲击电压发生器的启动方式有哪几种?

5.7　最常见的测量冲击电流的方法有哪几种?

第 6 章 电气绝缘在线检测

电气绝缘在线检测是在电力设备运行的状态下连续或周期性检测绝缘的状况，也是实施电力设备状态维修和建设无人值守变电站的基础。电气绝缘在线检测是一门多学科交叉融合的综合技术。随着传感、信息处理及电子计算机技术的快速发展，电气绝缘在线检测与故障诊断的技术水平不断提高，在线检测产品大量投入市场。本章将从变压器油中溶解气体、局部放电及介质损耗角正切检测三个方面介绍电气绝缘在线检测技术。

6.1 变压器油中溶解气体的在线检测

6.1.1 绝缘故障与油中溶解气体

变压器绝缘故障主要分为三类：过热故障、放电故障和绝缘材料受潮。故障不同时，油中溶解的故障气体成分不同，可以分析油中溶解气体的成分来判断变压器的绝缘故障。

(1)过热故障

变压器过热故障是最常见的故障。变压器运行时有空载损耗、负载损耗和杂散损耗等，这些损耗转化为热量。当产生的热量和散出的热量平衡时，温度达到稳定状态。当发热量大于预期值，而散热量小于预期值时，就发生过热现象。据统计，过热故障的原因中，由分接开关接触不良的占 50%，铁芯多点接地、局部短路或漏磁环流引起的占 33%，导线过热、接头接触不良或紧固件松动引起的占 14.4%，局部油道堵塞造成局部散热不良引起的约占 2.6%。

当热应力只引起热源处绝缘油分解时，所产生的特征气体主要是 CH_4 和 C_2H_4，它们的总和约占总烃的 80%，且 C_2H_4 所占比例随着故障点温度的升高而增加。过热故障一般不产生 C_2H_2，只在严重过热时产生微量的 C_2H_2，其最大含量也不超过总烃的 6%。当故障涉及固体材料时，还会产生大量的 CO 和 CO_2。

(2)放电故障

放电故障是指由电应力作用而造成绝缘材料裂化，按能量密度不同可以分成电弧放电、火花放电和局部放电等。

1)电弧放电

当变压器内部发生电弧放电故障时,油中溶解的故障特征气体主要是C_2H_2,H_2;其次是大量的C_2H_4,CH_4。由于电弧放电故障速度发展很快,气体还来不及溶解于油中就释放到气体继电器内,因此,油中溶解气体组分含量与故障点位置、油流速度和故障持续时间有很大关系。在变压器内部发生电弧放电时,一般C_2H_2占总烃20%~70%,H_2占氢烃30%~90%,绝大多数情况下C_2H_2高于CH_4,在涉及固体绝缘材料时,瓦斯气体和油中气体的CO含量较高。当油中气体组分中C_2H_2含量占主要成分且含量超标时,很可能是变压器绕组短路或分接开关切换产生弧光放电所致;如果其他成分没有超标,而C_2H_2超标且增长速率较快,则可能是变压器内部存在高能量放电故障。

在变压器内的固体绝缘材料中发生高能量电弧放电时,不仅产生的CO,CO_2较多,而且电弧放电的能量密度高,在电场力作用下会产生高速电子流,固体绝缘材料遭受这些电子轰击后,将受到严重破坏,同时,产生的大量气体会进一步降低绝缘性能。若对电弧放电故障不及时处理,严重时有可能造成变压器的重大损坏或爆炸事故。

2)火花放电

当变压器内部发生火花放电时,油中溶解气体的特征气体以C_2H_2,H_2为主。因故障能量小,故一般总烃含量不高。但油中溶解的C_2H_2在总烃中所占比例可高达25%~90%,C_2H_2含量占总烃的20%以下,H_2占氢烃总量的30%以上。当H_2和CH_4的增长不能忽视时,如果又出现C_2H_2增长的情况,这时可能存在由低能放电发展成高能放电的危险。当出现这种情况时,即使是C_2H_2增长未达到注意值,也应给予高度重视。

3)局部放电

当变压器发生局部放电时,油中的气体组分含量随放电能量密度不同而异,一般总烃不高,主要成分是H_2,其次是CH_4。通常H_2占氢烃总量的90%以上,CH_4占总烃的90%以上。当放电能量密度增高时也可出现C_2H_2,但在总烃中所占比例一般小于2%,这是与电弧放电和火花放电区别的主要标志。

(3)绝缘材料受潮

当变压器内部进水受潮时,油中的水分和含湿气的杂质容易形成“水桥”,导致局部放电而产生H_2。水分在电场作用下的电解以及水和铁的化学反应均可产生大量的H_2,在受潮的设备中,H_2在氢烃总量中占的比例更高。有时局部放电和绝缘材料受潮同时存在,并且特征气体基本相同,单靠油中气体分析难以区分,必要时根据外部检查和其他试验结果(如局部放电测试结果和油中微量水分分析)加以综合判断。

6.1.2 油中溶解气体的在线检测

变压器油中溶解气体在线检测根据不同的原则可以分为不同的种类。以检测对象分类可归结为以下3类:

①测量可燃性气体含量(TCG)。包括H_2,CO和各类气体烃类含量的总和。

②测量单种气体浓度。分析与实践都证明变压器发生过热或局部放电时,所产生的气体多含有较多的H_2,可以通过检测H_2的变化判断变压器是否存在故障。这类装置以检测氢气或以氢气为主的混合气体作为第一特征量,适合用于现场故障的初步诊断,要了解故障的详细信息还需进一步作色谱分析。

③测量多种气体组分的浓度。这类装置测量的气体组分信息较全,有助于实现智能化故障诊断。从今后的电气设备状态维修的发展方向看,它是变压器油中溶解气体在线检测发展的方向。

油中溶解气体在线检测装置主要由脱气部分、混合气体分离部分及气体检测部分三大部分组成,检测对象不同时略有区别。

(1)脱气

脱气法主要有油中吹气法、抽真空取气法和分离膜渗透法。

目前典型的吹气法有 3 种:载气洗脱法、空气循环法和比色池法。吹气法的基本原理是采用吹气方式将溶解于油中的气体替换出来,使油面上某种气体的浓度与油中气体的浓度逐渐达到平衡。吹气法用于在线检测有较大难度,其装置结构复杂,价格高。

抽真空取气法主要包括波纹管法和真空泵脱气法。波纹管法是利用小型电动机带动波纹管反复压缩,多次抽真空,将油中溶解气体抽出来,废油仍回到变压器中。真空泵脱气法是利用常规色谱分析中的抽真空脱气原理,用真空泵抽空气来抽取油中溶解气体,废油仍回到变压器油箱。真空泵脱气法灵敏度较高,但受到现场条件的限制,从油中有效脱出的气体种类有限。随着真空泵的磨损,其抽气效率降低,造成测试结果偏低。

分离膜渗透法的特点是结构简单、成本低、操作方便,应用广泛。目前采用的透气膜主要有聚四氟乙烯、聚酰亚胺、聚丙烯、聚六氟乙烯、聚四氟乙烯混合膜、中空纤维膜以及无机膜等,其中高分子透气膜应用较为广泛。

(2)混合气体分离

混合气体分离一般由气相色谱柱完成。它常由玻璃管、不锈钢管或铜管组成,管内静止不动的一相(固体或液体)称为固定相;自上而下运动的一相(一般是气体或液体)称为流动相。装有固定相的管子(玻璃管或不锈钢管)即为色谱柱。

当流动相中样品混合物经过固定相时,会与固定相发生作用。由于各组分在性质和结构上的差异,与固定相相互作用的类型、强弱也有差异,因此在同一推动力的作用下,不同组分以固定的次序从固定相中流出。分离过程如图 6.1 所示。

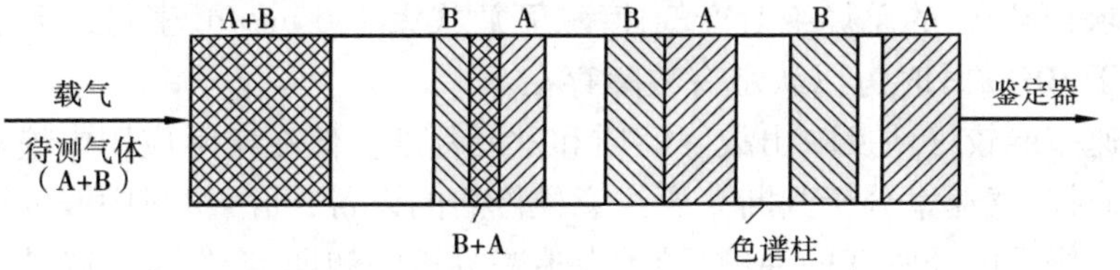

图 6.1　色谱柱分离气体组分过程示意图

可见,固定相对气体组分的分离起着决定性的作用,不同性质的固定相适应不同的分离对象,应根据分离对象来选择固定相的材料。常用的固定相材料有活性炭、硅胶、分子筛、高聚物等。

(3)气体检测

检测油中溶解气体用的检测器的基本要求是:有足够的灵敏度;选择性好,对被测气体以外的共存气体或物质不反应或反应小;响应时间和恢复时间短,恢复时间是指传感器从脱离被测气体到恢复正常状态所需要的时间;重复性好,性能稳定,维护方便,价格便宜,有较强的抗环境影响能力。

应用于油中气体检测的气体检测器主要有热导检测器、半导体型传感器、催化燃烧型传感器、光敏气体传感器、接触燃烧式传感器和其他形式的传感器。热导检测器是一种万能气体检测器，但应用于在线检测时对制造工艺的要求很高，应用不是很广泛。燃烧电池型传感器主要应用于单氢气的检测，其工作原理是：由电解液隔开两个电极，阳极的氢以化学方式被氧化，阴极周围的空气提供氧，经催化氢和氧反应，氧被还原，电极提供电子转移的通道，这样氢气就转换为电流的形式表现出来。

接触燃烧式和半导体气敏传感器使用方便、价格便宜，在检测可燃性气体和有毒气体的领域得到了迅速发展，同时被广泛应用于电气设备中溶解气体在线检测中。接触燃烧式气敏传感器不受可燃气体周围气体的影响，可用于高温、高湿度环境下，同时具有对气体选择性好、线性度好、相应时间短等优点，但是如果长期使用，其催化剂容易劣化和“中毒”，从而使器件性能下降或失效。半导体型传感器灵敏度高、结构简单、使用方便、价格便宜，但其稳定性较差，目前有的已经采用增加催化剂、使用 P-N 复合结构等方式来增加其稳定性，效果比较显著，但仍需要进一步提高。

6.1.3 油中气体分析与故障诊断

(1)是否存在故障的判断

1)阈值判断法

将油中溶解各气体的浓度与正常极限注意值作比较，可以判断变压器有无故障。若氢气和烃类气体不超过规定的含量，且气体成分一直比较稳定，没有发展趋势，则认为变压器运行正常。

2)根据产气速率判断

判断有无故障要将各组分的气体浓度和产气速率结合起来。短期内各组分气体含量迅速增加，但未超过规定的注意值可判断为故障。有的设备因某种原因使气体含量基值较高，超过注意值，但增长速度很低，可认为正常，若两者均超过注意值，则可判断为故障。产气速率可分为绝对产气速率和相对产气速率。根据规程《变压器油中溶解气体分析和判断导则》(DL/T 722—2000)要求，变压器的总烃绝对产气速率，开放式大于 6 mL/d，密封式大于 12 mL/d 和相对产气速率大于 10%/月时可以认定有故障存在。

绝对产气速率能较好地反映出故障性质和发展程度。但在实际应用中绝对产气速率难以求得，多采用相对产气速率分析判断。要注意检修后的设备，油浸材料中残油所残存的故障特征气体释放到检修后已经脱气的油中，导致在追踪分析的初期，会发现故障特征气体明显增长的现象，从而误判为故障未消除。为此，应估算设备内部纤维材料中残油所溶解的残气含量，并从气体分析结果中扣除。

(2)故障性质的判断

不同性质的故障所产生的油中溶解气体的组分是不同的，据此可以判断故障的类型。

1)特征气体法

变压器油中溶解的特征气体可以反映故障点周围的油和纸绝缘的分解本质。气体组分特征随着故障类型、故障能量及涉及的绝缘材料不同而不同，即故障点产生烃类气体的不饱和度与故障源能量密度之间有密切的关系，见表 6.1。特征气体法对故障性质有较强的针对性，比较直观、方便，缺点是没有明确的概念。

表6.1　判断变压器故障性质的特征气体法

序号	故障性质	特征气体的特点
1	一般过热故障	总烃较高，$C_2H_2<5\ \mu L/L$
2	严重过热故障	总烃较高，$C_2H_2>5\ \mu L/L$，但 C_2H_2 未构成主要成分，H_2 含量较高
3	局部放电	总烃不高，$H_2>100\ \mu L/L$，C_2H_4 占总烃的主要成分
4	火花放电	总烃不高，$C_2H_2>10\ \mu L/L$，H_2 含量较高
5	电弧放电	总烃不高，C_2H_2 高并构成总烃的主要成分，H_2 含量较高

从表6.1可知，每一种故障产生的特征气体都有一定量的 C_2H_2，但热故障和电故障产生的气体中的 C_2H_2 含量差异很大，低能量局部放电并不产生 C_2H_2，或只有很少量的 C_2H_2。C_2H_2 是故障点周围绝缘油分解的特征气体，其含量是区分过热故障和放电故障的主要指标。由于大部分过热故障，尤其是出现高温热点时，会产生少量 C_2H_2，因此不能认为凡是有 C_2H_2 出现，都视为放电性故障。CO 和 CO_2 与固体绝缘材料故障有关，无论哪一种放电形式，除了产生氢烃类气体外，与过热故障一样，只要有固体绝缘材料介入，都会产生 CO 和 CO_2。可以把 CO 和 CO_2 作为油纸绝缘体系中固体材料分解的特征气体。

根据对各类大型电力变压器的诊断和检查结果进行比较、分析，归纳出特征气体中主要成分与变压器异常情况的关系，见表6.2。

表6.2　特征气体中主要成分与变压器异常情况的关系

主要成分	异常情况	故障情况
H_2 主导型	局部放电、电弧放电	绕组层间短路，绕组击穿；分接开关接触头间局部放电，电弧放电短路
CH_4，C_2H_2 主导型	过热、接触不良	分接开关接触不良，连接部位松动，绝缘不良
C_2H_2 主导型	电弧放电	绕组短路，分接开关切换器闪络

2）三比值法

过热性故障产生的故障特征气体主要是 CH_4 和 C_2H_4，而放电性故障产生的故障特征气体主要是 C_2H_2 和 H_2，为此可以采用 CH_4/H_2 来区分是放电故障还是过热故障。当温度升高或绝缘纸过热时，CH_4 的含量还要增加，如图6.2所示，故障1主要是放电性故障，故障2则为两种类型的故障均存在，故障3主要是过热性故障。而温度的高低可以用体积之比 C_2H_4/C_2H_6 来区分，原因是随着故障点温度的升高，C_2H_4 的比例将增加，试验结果如图6.3所示。C_2H_2 的产生与高能量放电有关，低能量的局部放电一般无 C_2H_2，可以用 C_2H_2/C_2H_4 判断放电故障的类型。

综上所述，IEC 和我国国家标准推荐 CH_4/H_2，C_2H_4/C_2H_6，C_2H_2/C_2H_4 三个比值来判断故障的性质。表6.3为改良三比值法的编码规则，表6.4为故障类型判断方法。从表6.4可知，

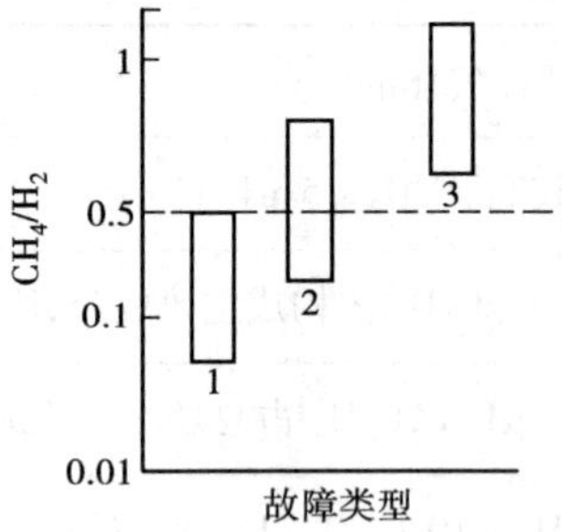

图 6.2 CH_4/H_2 与故障类型关系

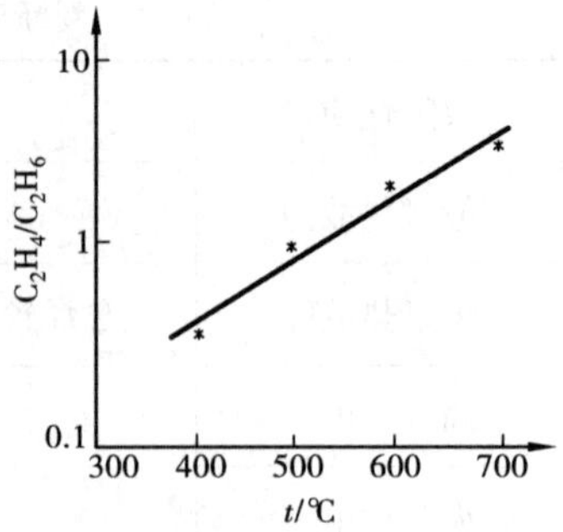

图 6.3 C_2H_4/C_2H_6 与温度的关系

C_2H_2/C_2H_4 编码决定故障的类型："0"代表过热故障，"1"代表高能放电故障，"2"代表低能放电故障。

表 6.3 改良三比值法的编码规则

特征气体的比值	比值范围编码		
	C_2H_2/C_2H_4	CH_4/H_2	C_2H_4/C_2H_6
<0.1	0	1	0
0.1~1	1	0	0
1~3	1	2	1
≥3	2	2	2

表 6.4 故障类型判断方法

编码组合			故障类型判断	故障实例(参考)
C_2H_2/C_2H_4	CH_4/H_2	C_2H_4/C_2H_6		
0	0	1	低温过热（低于 150 ℃）	绝缘导线过热，注意 CO，CO_2 含量及 CO/CO_2 比值
	2	0	低温过热（低于 150~300 ℃）	分接开关接触不良，引线夹件螺丝松动或接头焊接不良。涡流引起铜过热，铁芯漏磁局部短路和层间绝缘不良，铁芯多点接地
	2	1	中温过热（低于 300~700 ℃）	
	0,1,2	2	高温过热（高于 700 ℃）	
	1	0	局部放电	高湿度、高含气量引起油中低能量密度放电

续表

编码组合			故障类型判断	故障实例(参考)
C_2H_2/C_2H_4	CH_4/H_2	C_2H_4/C_2H_6		
1	2	0,1,2	过热兼电弧放电	线圈匝、层间短路,相间闪络,引线对箱壳放电,线圈熔断,分接开关飞弧,固环流引起电弧,引线对其他接地体放电
	0,1	0,1,2	电弧放电	
2	2	0,1,2	过热兼低能放电	引线对电位未固定的部位之间连续火花放电,分接抽头引线间油隙闪络,不同电位之间油中火花放电,悬浮电位之间火花放电
	0,1	0,1,2	低能放电	

应用三比值法时,对油中各种气体含量正常的变压器,其比值没有意义;只有油中各气体成分含量足够高(通常超过注意值),且经过综合分析确定变压器内部存在故障后,才进一步用三比值法分析其故障性质。如果无论变压器是否存在故障,一律使用三比值法,就有可能将正常的变压器误诊断为故障变压器,造成不必要的经济损失。

3)其他故障诊断法

除了特征气体法和三比值法,还有立体图示法、大卫三角法、四比值法等其他传统的故障诊断法。近年来神经网络、模糊技术、粗糙集等数学工具开始广泛应用于故障诊断,并建立了一些以人工智能为基础的故障诊断专家系统。在实际应用中,变压器故障的表现形式以及故障起因均比较复杂,在进行故障诊断时,常常综合利用多种方法得到尽可能准确的诊断结果。

6.2　局部放电的在线检测

6.2.1　局部放电的在线检测系统

与离线检测法类似,局部放电的在线检测也分为电测法和非电测法两大类。电测法中的脉冲电流法是离线条件下测量电气设备局部放电的基本方法,也是目前局部放电在线检测的主要手段,其优点是灵敏度高。如果检测系统频率小于 1 000 kHz(一般为 500 kHz 以下),并且按照国家标准进行放电量的标定后,可以得到变压器的放电量指标。另外,电测法中的射频测量法等也都应用到了在线检测中。电测法的缺点是现场存在严重的电磁干扰,大大降低了检测的灵敏度和信噪比。非电测量法中的油中气体分析也可用于在线检测,但其对局部放电的检测灵敏度较低。以脉冲电流法介绍局部放电在线检测的组成。局部放电检测系统的原理框图如图 6.4 所示。

6.2.2　局部放电分析与故障诊断

(1)局部放电信号分析

局部放电信号分析是指如何从测试信号中提取有关放电的信息,一般采用数字信号处理

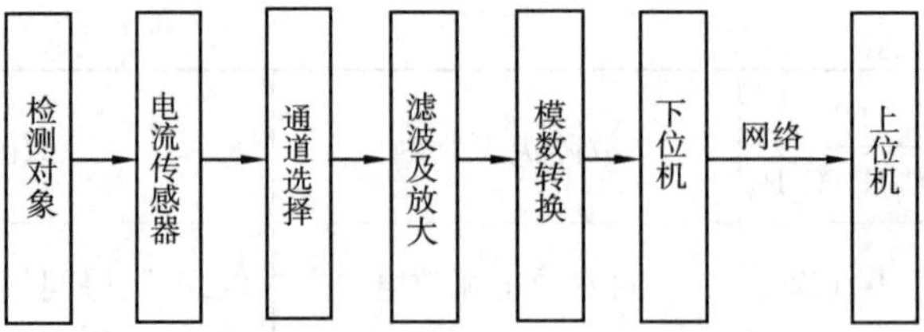

图 6.4　局部放电检测系统原理框图

技术。目前常用的方法主要有时域分析、频域分析、时频联合分析和人工神经网络分析。

时域分析是最基本的数学分析方法,如分析放电信号的幅值,幅值与时间(或相位)、放电次数的关系,并且在显示设备上输出信号的波形,为此需要根据波形的采集要求确定所需的采样率和采集的数据长度,并将信号完整地记录下来。

频域分析又称频谱分析,是分析某些放电特征在频域上的变化,如幅度谱、相位谱、能量谱和功率谱等。目前最常用的方法是快速傅里叶变换(FFT),通过 FFT,可以根据不同的频谱特性来识别干扰或故障的特性。

时频联合分析是在时间-频域而不是仅在时域或仅在频域上对信号进行分析,通过分析,在时频平面上绘出时间平移时非平稳信号频率、幅度的变化,它既能刻画信号的局部性,又能保留信号的全部信息,能比较有效地得到信号在时域和频域中的全貌和局部化结果。时频联合分析的具体实现方法有很多,小波分析即是其中的一种,它在时域和频域同时具有良好的局部性,已用于局部放电信号的提取。

(2)放电类型的模式识别

模式识别是一种重要的诊断手段,于 20 世纪 90 年代应用于电力设备的放电识别,目前已被广泛应用于局部放电在线检测与故障诊断。在广义的模式识别中,被识别对象的信号需经过预处理,以滤除混入的干扰,并突出有用信号;再对有用信号进行特征提取,以供分类用。其工作流程如图 6.5 所示。

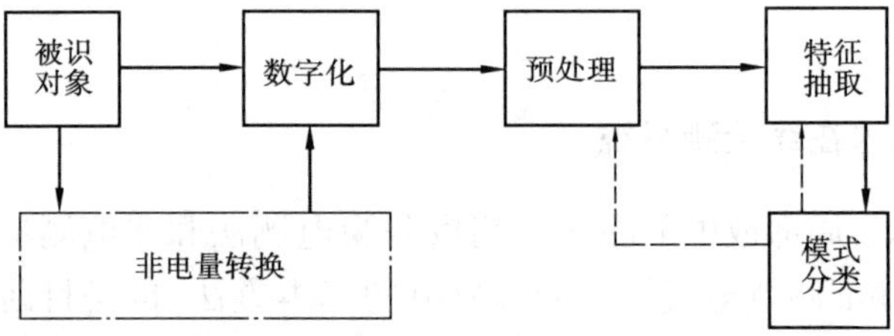

图 6.5　模式识别过程示意图

6.3　介质损耗角正切的在线检测

6.3.1　高压电桥法

高压电桥法的基本电路如图 6.6 所示,它与离线试验时的高压电桥法相同,只是另一桥路由电压互感器提供电源。图中,C_N 是低压标准电容;S_1 是选相开关,用来选择不同相的电压互感器；S_2 是切换开关，可选择接通不同相或同相的不同设备；R_1 是保护电阻，用于 PT_1 短路时限流；R_1，C_1 是移相回路对 PT_1 的角差作校正；PT_1 是与被测设备同相的电压互感器，其电压比为 $(220\ kV/\sqrt{3})/(200\ V/\sqrt{3})$，即为 127 kV /35 V；$PT_2$ 是 58 V/100 V 的隔离用的变压器，它是为了解决有的 PT 二次侧不直接接地，而桥路是需要直接接地而设置的，另外，当 PT_1 的二次电压和 C_x、R_3 桥臂上的电压极性相反时，也可用 PT_2 校正过来；S_3 是在不检测时使设备末屏直接接地；F 是限制过电压的放电间隙、放电管或压敏电阻片；C_4、R_4、R_3 均为低压桥臂。

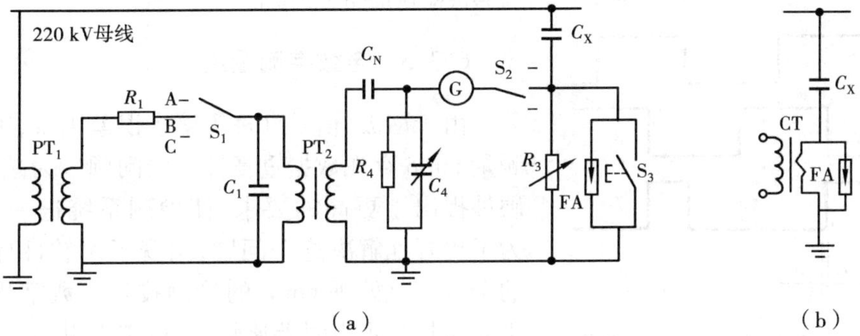

图 6.6　高压电桥法测 tan δ 原理接线图

当电桥平衡时，而 $R_4 = 104/\pi$，C_4 的单位为 pF 时，有

$$\tan\delta = \omega C_4 R_4 = C_4 \tag{6.1}$$

$$C_x = kC_N \frac{R_4}{R_3} = \frac{K}{R_3} \tag{6.2}$$

式中：k 为参与平衡的电压互感器 PT_1，PT_2 构成的电压比；C_N，R_4 为固定；$K = kC_N R_4$。

检测前，先调整桥路平衡，即调节 C_4，R_3，使指零仪 G 指零，C_4 即等于设备的 tan δ。检测时不再调节 R_3，而只调节 C_4，使得 G 指示值最小，此时 C_4 仍等于实时的 tan δ，而 G 的指示值则相当于实时的 C_x 和调试时电容值的差值 ΔC_x。高压电桥法的优点是较准确、可靠，与电源波形频率无关，数据重复性好。缺点是接入了 R_3，改变了设备原有的运行状态，其他元件的接入也增加了 PT_1 发生故障的概率。要选择可靠性高的元件和采取一些保护措施。

6.3.2　相位差法

高压电桥法是一种间接测量法，而相位差法则是直接测量介质损耗角的正切值 tan δ，其原理如图 6.7 所示。电流信号由设备末屏接地线或设备本身接地线上的低频电流传感器经转换为电压信号后输入检测系统。电压信号则由同相的电压互感器提供，并再经电阻器分压后输出。

图中的 C_1 和 C_2 分别是电容式电压互感器 CVT 的高压臂和低压臂的电容。两路信号通过低通滤波器后，信号得到适当放大并滤去高次谐波。而后，信号送入预处理单元，信号幅值调整到必要的数值后，进入过零整形电路。电流信号经正相整形，而电压信号经反相整形。整形后的波形如图 6.8 所示。$\dot{I}_x$ 和 $\dot{U}$ 两个信号之“与”的脉宽，即为电流和电压的相角差 φ，则 $\tan\delta \approx \delta = 0.5\pi - \varphi$。通过相位鉴别单元，用计数脉冲进行计数，计数值和 tan δ 成正比关系。

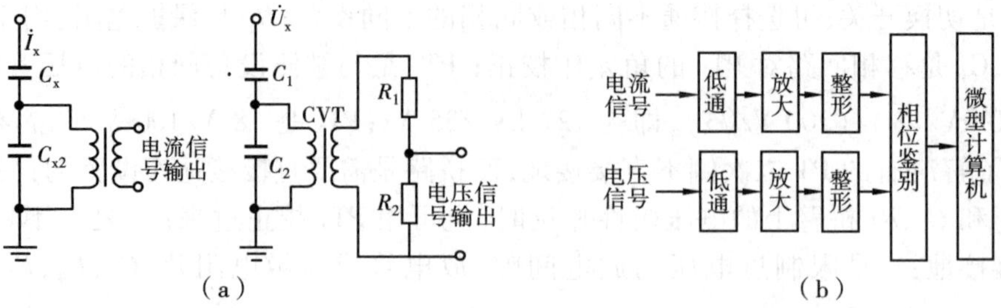

图 6.7　相位差法检测 tan δ 原理框图

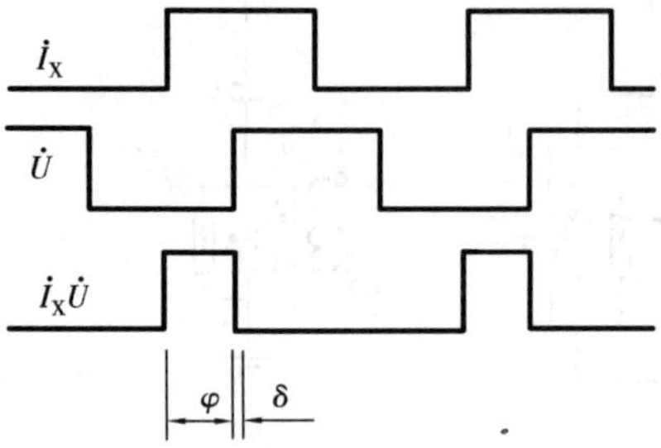

图 6.8　相位差法检测 tan δ 原理波形图

6.3.3　全数字测量法

由于谐波、信号处理等诸多误差因素，因此用硬件测量 tan δ 存在数据重复性差的问题。为减少误差，对硬件提出了更高的要求，使检测系统进一步复杂化。为了更好地解决这个问题，出现了用软件计算相位差的全数字化处理 tan δ 的检测技术。数字化测量方法主要包括过零点时差比较法、过零点电压比较法、自由电压矢量法、正弦波参数法、谐波分析法和异频电源法。在上述诸多方法中，过零点时差比较法对谐波干扰十分敏感，过零的电压比较法的抗干扰能力得到了加强，但所要求的条件十分苛刻。自由电压矢量法和正弦波参数法在方法设计时把被试品上的电压、电流理想化为标准的正弦波，而谐波分析法和异频电源法在设计时就充分考虑了在实际电压、电流中含有干扰成分，有广泛的应用前景。

习题与思考题

6.1　在线检测与离线试验各有什么优缺点？

6.2　变压器绝缘故障有哪些类型，对应的故障气体特点是什么？

6.3　按检测对象分类，绝缘油中溶解故障气体检测装置可分为哪几类？

6.4　容性电气设备 tan δ 的检测方法有哪些？

6.5　简述油中气体在线检测、局部放电在线检测和 tan δ 检测的特点与差异。

第3篇 过电压防护与绝缘配合

过电压防护与绝缘配合是电力系统的又一重要研究内容,具体包括雷电过电压和操作过电压的产生机理及限制措施,根据不同过电压的特征确定绝缘配合的原则和方法等。

第 7 章 输电线路和绕组中的波过程

系统中的元件尺寸一般远小于交流电(50 Hz)的波长,在工频电压下的元件可按集中参数元件处理。在雷电波、内部操作或故障引起的过电压作用下,过电压的等效频率很高,其波长小于或与系统元件长度相当,此时不能将系统元件按照集中参数处理,必须按分布参数元件考虑。本章运用波的概念来分布参数回路的过渡过程,推演导线在冲击电压作用下电流和电压的变化规律,确定过电压的最大值。

7.1 均匀无损单导线上的波过程

实际电力系统属于多导线线路,而且沿线路的电场、磁场和损耗情况也不尽相同,所谓的均匀无损单导线线路实际上是不存在的。但为了揭示线路波过程的物理本质和基本规律,假设线路中无电阻和电导损耗,且线路参数处处相同,即将线路简化为均匀无损单导线线路来研究波过程。

7.1.1 波传播的物理概念

对一无限长的均匀无损单导线,如图 7.1(a)所示,$t=0$ 时刻接通直流电源,形成无限长直角波,单位长度线路的电容和电感分别为 C_0 和 L_0。线路可看作无数的长度单元 Δx 构成,如图 7.1(b)所示,每个单元由电容和电感组成。合闸后,电源向线路电容充电,在导线周围空间建立起电场,形成电压。靠近电源的电容立即充电,并向相邻的电容放电,由于线路电感的作用,较远处的电容要间隔一段时间才能充上一定数量的电荷,并向更远处的电容放电。随着电容依次充电,沿线路逐渐建立起电场,将电场能储存于线路对地电容中,也就是说,电压波以一定的速度沿线路 x 方向传播。随着线路的充放电将有电流流过导线的电感,即在导线周围空间建立起磁场,和电压波相对应,还有电流波以同样的速度沿 x 方向流动。综上所述,电压波和电流波沿线路的传播过程实质上就是电磁波沿线路传播的过程,电压波和电流波是在线路中传播的伴随而行的统一体。

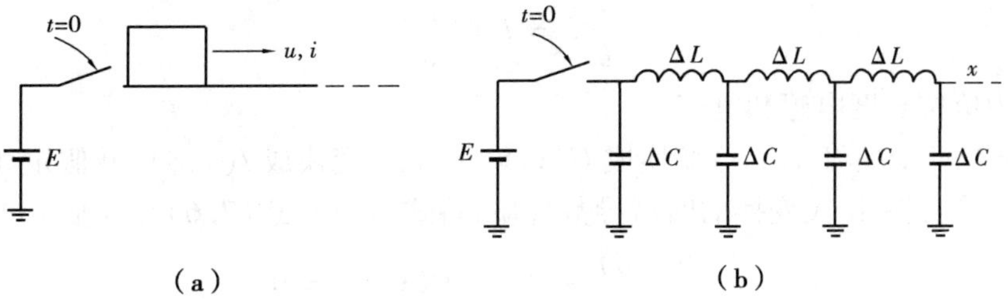

图7.1　均匀无损单导线
(a)单根导线首段合闸;(b)等效电路

7.1.2　波动方程及解

为了求出无损单导线线路行波的表达式,令 x 为线路首端到线路上任意一点的距离。线路每一单元长度 dx 具有电感 $L_0 dx$ 和电容 $C_0 dx$,如图7.2所示,线路上的电压和电流 i 都是距离和时间的函数。

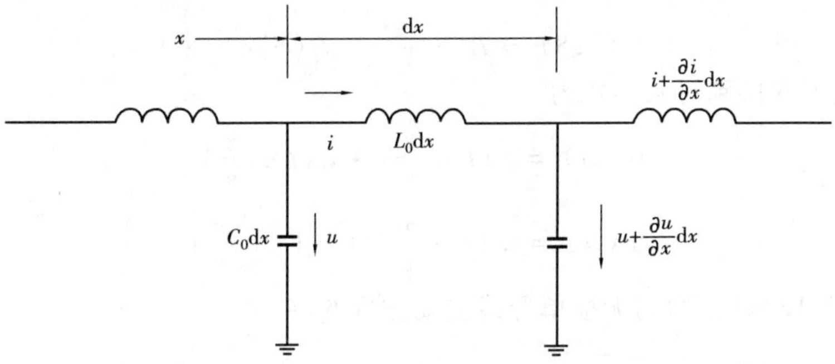

图7.2　均匀无损导线的单元等效电路

根据节点电流方程 $\sum i = 0$ 可知

$$i = C_0 dx \frac{\partial\left(u + \frac{\partial u}{\partial x}dx\right)}{\partial t} + \left(i + \frac{\partial i}{\partial x}dx\right) \tag{7.1}$$

根据回路电压方程 $\sum u = 0$ 可知

$$u = L_0 dx \frac{\partial i}{\partial t} + \left(u + \frac{\partial u}{\partial x}dx\right) \tag{7.2}$$

整理得

$$\frac{\partial i}{\partial x} + C_0 \frac{\partial u}{\partial t} = 0 \tag{7.3}$$

$$\frac{\partial u}{\partial x} + L_0 \frac{\partial i}{\partial t} = 0 \tag{7.4}$$

由式(7.3)对 x 求导数,由式(7.4)对 t 再求导数,然后消去 t,并用类似的方法消去 u 得

$$\frac{\partial^2 u}{\partial x^2} = L_0 C_0 \frac{\partial^2 u}{\partial t^2} \tag{7.5}$$

$$\frac{\partial^2 i}{\partial x^2} = L_0 C_0 \frac{\partial^2 i}{\partial t^2} \tag{7.6}$$

式中:L_0,C_0 为单位长度电感和电容。

通过拉普拉斯变换将 $u(x,t)$ 变换成 $U(x,S)$,$i(x,t)$ 变换成 $I(x,S)$,并假定线路电压和电流初始条件为零,利用拉氏变换的时域导数性质,将式(7.5)、式(7.6)变换成

$$\frac{\partial^2 U(x,S)}{\partial x^2} - R^2(S)U(x,S) = 0 \tag{7.7}$$

$$\frac{\partial^2 I(x,S)}{\partial x^2} - R^2(S)I(x,S) = 0 \tag{7.8}$$

其中,$R(S) = \pm \frac{S}{v}$。

根据二阶齐次线性微分方程的性质,令 $v = \sqrt{\frac{1}{L_0 C_0}}$,则式(7.7)和式(7.8)的解为

$$U(x,S) = U_{\mathrm{f}}(S)\mathrm{e}^{\frac{-S}{v}x} + U_{\mathrm{b}}(S)\mathrm{e}^{\frac{S}{v}x} \tag{7.9}$$

$$I(x,S) = I_{\mathrm{f}}(S)\mathrm{e}^{\frac{-S}{v}x} + I_{\mathrm{b}}(S)\mathrm{e}^{\frac{S}{v}x} \tag{7.10}$$

将以上频域形式解变换到时域形式为

$$i(x,t) = i_{\mathrm{f}}\left(t - \frac{x}{v}\right) + i_{\mathrm{b}}\left(t + \frac{x}{v}\right) \tag{7.11}$$

$$u(x,t) = u_{\mathrm{f}}\left(t - \frac{x}{v}\right) + u_{\mathrm{b}}\left(t + \frac{x}{v}\right) \tag{7.12}$$

式(7.11)和式(7.12)就是均匀无损单导线波动方程的解。

7.1.3 波速和波阻抗

在波动方程中定义 v 为波传播的速度

$$v = \sqrt{\frac{1}{L_0 C_0}}$$

对架空线路

$$v = \sqrt{\frac{1}{\mu_0 \varepsilon_0}}$$

即沿架空线传播的电磁波波速等于空气中的光速,即 $v = 3 \times 10^8$ m/s。而对电缆,波速$v \approx 1.5 \times 10^8$ m/s,其传播速度低于架空线,减小电缆介质的介电常数可提高电磁波在电缆中的传播速度。

定义波阻抗

$$Z = \frac{u_{\mathrm{f}}}{i_{\mathrm{f}}} = -\frac{u_{\mathrm{b}}}{i_{\mathrm{b}}} = \sqrt{\frac{L_0}{C_0}}$$

其中,u_{f},i_{f} 分别为电压前行波和电流前行波,u_{b},i_{b} 分别为电压反行波和电流反行波。

一般对单导线架空线,Z 为 500 Ω 左右,考虑电晕影响时取 400 Ω 左右。因分裂导线和电缆的 L_0 较小而 C_0 较大,故分裂导线架空线路和电缆的波阻抗都较小,电缆波阻抗为十几欧姆至几十欧姆不等。

波阻抗 Z 表示了线路中同方向传播的电流波与电压波的数值关系,但不同极性的行波向不同的方向传播,需要规定一个正方向。电压波的符号只取决于导线对地电容上相应电荷的符号,和运动方向无关。而电流波的符号不但与相应的电荷符号有关,而且与电荷运动方向有关,根据习惯规定:沿 x 正方向运动的正电荷相应的电流波为正方向。在规定行波电流正方向的前提下,前行电压波与电流波总是同号,而反行电压波与电流波总是异号,即

$$\frac{u_f}{i_f} = Z \qquad \frac{u_b}{i_b} = -Z$$

分布参数线路的波阻抗与集中参数电路的电阻虽然有相同的量纲,但物理意义有着本质的不同。

①波阻抗表示向同一方向传播的电压波和电流波之间比值的大小;电磁波通过波阻抗为 Z 的无损线路时,其能量以电磁能的形式储存于周围介质中,而不像通过电阻那样被消耗掉。

②为了区别不同方向的行波,Z 的前面应有正负号。

③如果导线上有前行波,又有反行波,两波相遇时,总电压和总电流的比值不再等于波阻抗,即

$$\frac{u}{i} = \frac{u_f + u_b}{i_f + i_b} = Z\frac{u_f + u_b}{u_f - u_b} \neq Z$$

④波阻抗的数值 Z 只与导线单位长度的电感 L_0 和电容 C_0 有关,而与线路长度无关。

7.1.4　前行波和反行波

设任意波形的电压波 $u_f\left(t-\frac{x}{v}\right)$ 沿着线路 x 传播,如图 7.3 所示,假设当 $t=t_1$ 时刻线路上任意位置 x_1 点的电压值为 u_a,当 $t=t_2$ 时($t_2>t_1$),电压值为 u_a 的点到达 x_2,则应满足

$$t_1 - \frac{x_1}{v} = t_2 - \frac{x_2}{v}$$

即

$$x_2 - x_1 = v(t_2 - t_1)$$

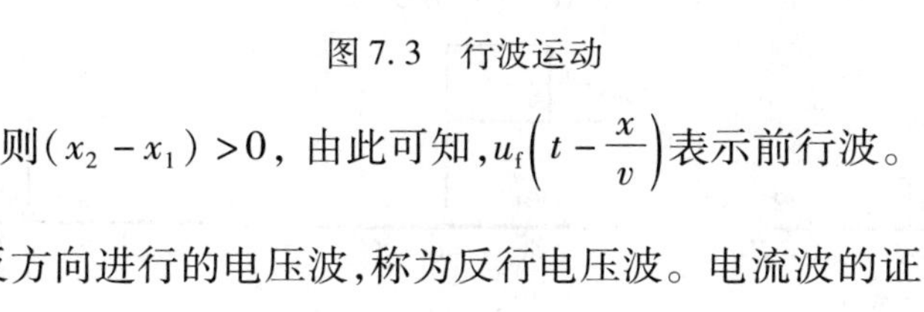

图 7.3　行波运动

v 恒大于 0,且 $t_2>t_1$,则 $(x_2-x_1)>0$, 由此可知,$u_f\left(t-\frac{x}{v}\right)$ 表示前行波。同样的方法可以证明 $u_b\left(t+\frac{x}{v}\right)$ 表示沿 x 反方向进行的电压波,称为反行电压波。电流波的证明过程类似。这样电压和电流可写成

$$i = i_f + i_b \qquad u = u_f + u_b$$

可见,线路中传播的任意波形的电压和电流传播的前行波和反方向传播的反行波,两个方

向传播的波在线路中相遇时电压波与电流波的值符合算术叠加定理，且前行电压波与前行电流波的符号相同，反行电压波与反行电流波的符号相反。

7.2 行波的折射和反射

当波沿传输线传播，遇到线路参数发生突变，即波阻抗发生突变的节点时，会在波阻抗发生突变的节点上产生折射和反射。

如图7.4所示，当无穷长直角波 $u_{if}=E$ 沿线路1达到 A 点后，在线路1上除 u_f，i_f 外又会产生新的行波 u_b，i_b，线路上总的电压和电流为

$$\begin{cases} u_1 = u_{1f} + u_{1b} \\ i_1 = i_{1f} + i_{1b} \end{cases} \tag{7.13}$$

设线路2为无限长，或在线路2上未产生反射波前，线路2上只有前行波没有反行波，则线路2上的电压和电流为

$$\begin{cases} u_2 = u_{2f} \\ i_2 = i_{2f} \end{cases} \tag{7.14}$$

然而节点 A 只能有一个电压电流，其左右两边的电压电流相等，即 $u_1=u_2$，$i_1=i_2$，有

$$\begin{cases} u_{2f} = u_{1f} + u_{1b} \\ i_{2f} = i_{1f} + i_{1b} \end{cases} \tag{7.15}$$

将 $\dfrac{u_{if}}{i_{1f}}=Z_1$，$\dfrac{u_{2f}}{i_{2f}}=Z_2$，$\dfrac{u_{ib}}{i_{1b}}=-Z_1$，$u_{if}=E$ 代入式(7.15)得

$$\begin{cases} u_{2f} = \dfrac{2Z_2}{Z_1+Z_2}E = \alpha E \\ u_{1b} = \dfrac{Z_2-Z_1}{Z_1+Z_2}E = \beta E \end{cases} \tag{7.16}$$

式中：α 为折射系数；β 为反射系数。

$$\begin{cases} \alpha = \dfrac{2Z_2}{Z_1+Z_2} \\ \beta = \dfrac{Z_2-Z_1}{Z_1+Z_2} \\ \alpha = 1+\beta \end{cases} \tag{7.17}$$

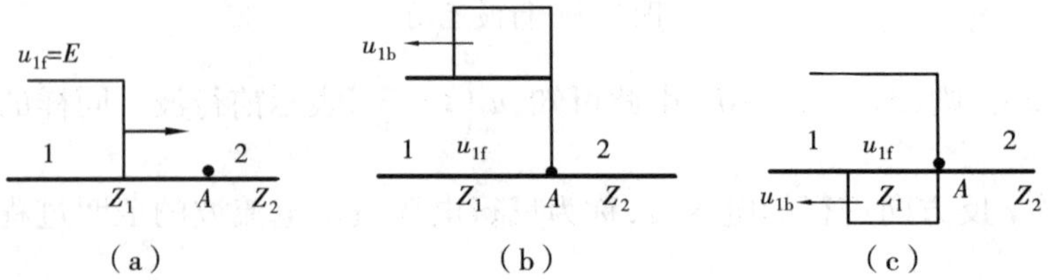

图7.4 波通过节点的折反射

(a)波通过节点前；(b)波通过节点后 $Z_2>Z_1$；(c)波通过节点后 $Z_2<Z_1$

以上公式是由两段波阻抗不同的传输线所推导，也适应于线路末端接有不同负载的情况。

7.2.1　线路末端的折射、反射

(1)末端开路时的折反射

当末端开路时，$Z_2=\infty$，根据折射和反射系数计算公式(7.17)，$\alpha=2,\beta=1$，即末端电压 $U_2=u_{2f}=2E$，反射电压 $U_{1b}=E$，而末端电流 $i_2=0$，反射电流 $i_{1b}=-\dfrac{u_{1b}}{Z_1}=-\dfrac{E}{Z_1}=-i_{1f}$。将上述计算结果通过图7.5表示，末端的反射在反射波所到之处电压提高1倍，而电流降为0。

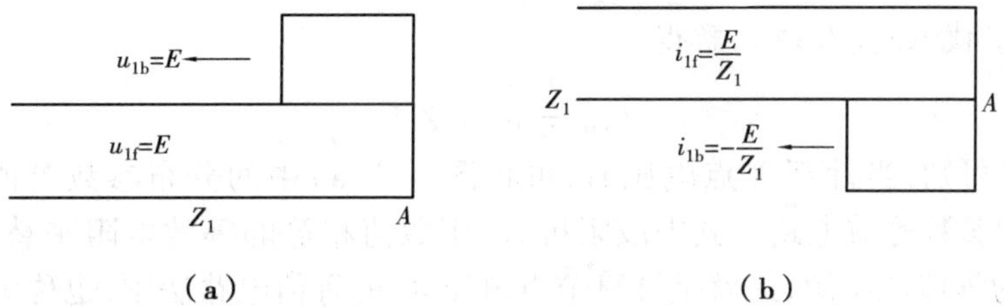

图7.5　末端开路时的折反射
(a)电压波；(b)电流波

(2)末端短路时的折反射

当末端短路时，$Z_2=0$，根据折射和反射系数计算公式(7.17)，$\alpha=0,\beta=1$，即线路末端电压 $U_2=u_{2f}=0$，反射电压 $u_{1b}=-E$，反射电流 $i_{1b}=-\dfrac{u_{1b}}{Z_1}=-\dfrac{-E}{Z_0}=i_{1f}$。在反射波到达范围内，导线上各点电流为 $i_1=i_{1f}+i_{1b}=2i_{1f}$。将上述计算结果通过图7.6表示，末端的反射在反射波所到之处电流提高1倍，而电压降为0。

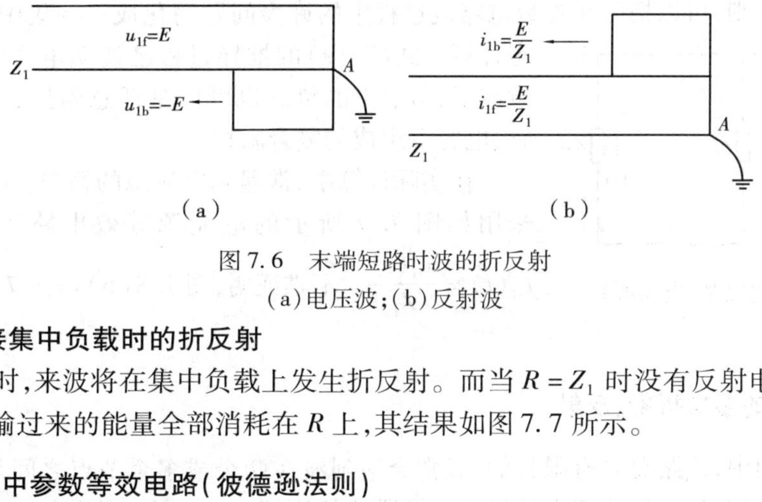

图7.6　末端短路时波的折反射
(a)电压波；(b)反射波

(3)末端接集中负载时的折反射

当 $R\neq Z_1$ 时，来波将在集中负载上发生折反射。而当 $R=Z_1$ 时没有反射电压波和反射电流波，由 Z_1 传输过来的能量全部消耗在 R 上，其结果如图7.7所示。

7.2.2　集中参数等效电路(彼德逊法则)

在图7.8(a)中，任意波形的前行波 u_1 达到 A 点后，首先观察 A 点的电压波形变化情况。Z_2 可为长线路，也可是任意的集中阻抗，根据式(7.11)和式(7.12)，有

$$\begin{cases}u_2=u_{1f}+u_{1b}\\ i_2=i_{1f}+i_{1b}\end{cases}\tag{7.18}$$

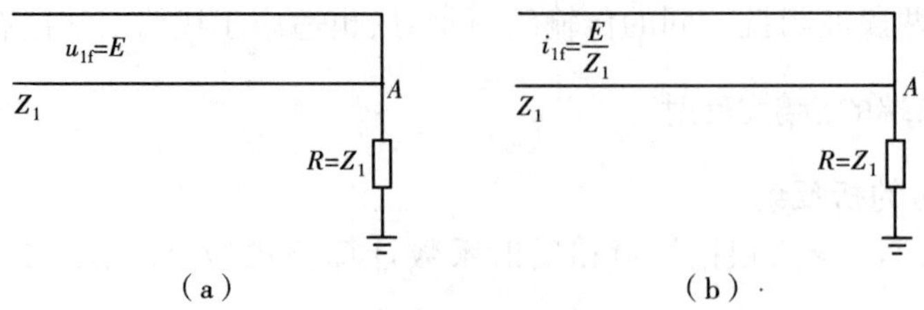

图 7.7　末端接集中负载 $R=Z_1$ 时的折反射

(a)电压波;(b)反射波

$i_{1f}=\frac{u_{1f}}{Z_1}, i_{1b}=-\frac{u_{1b}}{Z_1}$代入式(7.18),解得

$$2u_{1f} = u_2 + Z_1 i_2 \tag{7.19}$$

从式(7.19)可知,当计算 A 点电压时,可将图 7.8(a)中的分布参数等值电路转换成图 7.8(b)中的集中参数等效电路。其中波阻抗 Z_1 用数值相等的等效电阻来替代,把入射电压波 u_{1f}的两倍作为等值电压源,这就是计算节点电压 u_2 的等值电路法则,也称为彼德逊法则。

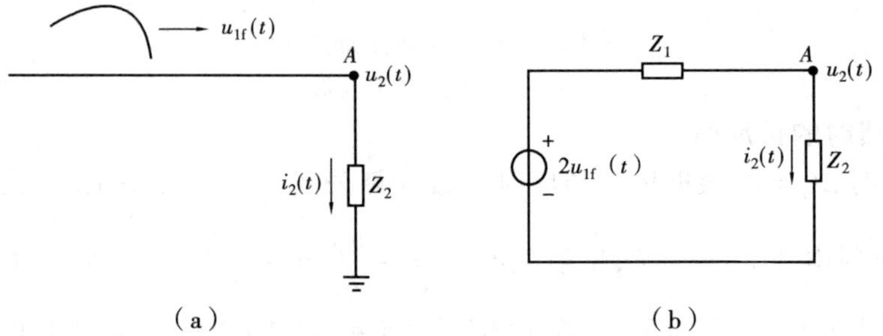

图 7.8　计算折射波的等效电路(电压源)

利用这一法则,可以把分布参数电路波过程中的许多问题简化成一些集中参数电路的暂态计算。式(7.19)的推导过程已说明电压波 u_{1f}可以是任意波形,节点上的负载也可以是任意阻抗,包括由电阻、电感、电容等组成的复合阻抗。

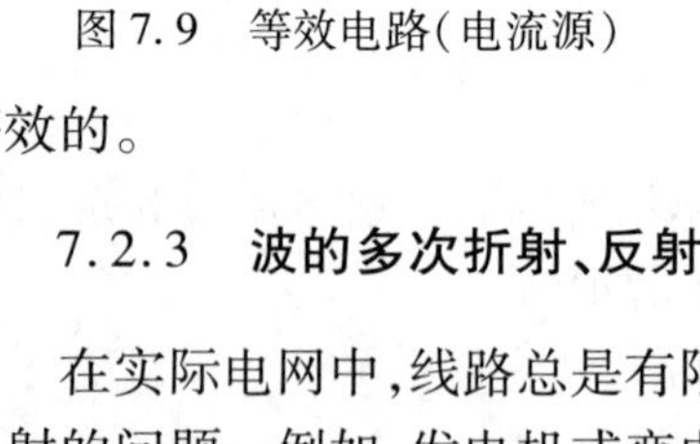

图 7.9　等效电路(电流源)

在实际计算中,常遇到电流源的情况,如雷电流。此时采用如图 7.9 所示的电流源等效电路较为方便,其中 $i_{1f}(t)=\frac{u_{1f}(t)}{Z_1}$。不难证明,图 7.8(b)与图 7.9 中的电路是等效的。

7.2.3　波的多次折射、反射

在实际电网中,线路总是有限长的,经常会遇到波在两个或多个节点之间来回多次折射、反射的问题。例如,发电机或变电站经过电缆段连接到架空线路上,当雷电波入侵时,波将在电缆段间发生多次折射、反射。以两条无限长线路之间接入一段有限长线路的情况为例,讨论用网格法研究波的多次折射、反射问题。网格法的特点就是用各节点的折射、反射系数算出节点的各次折射、反射波,按时间的先后次序表示在网格图上,然后用叠加的方法求出各节点在不同时刻的电压值。

根据相邻两条线路的波阻抗,求出节点的折射、反射系数如下:

$$\alpha_1 = \frac{2Z_0}{Z_0 + Z_1}; \quad \alpha_2 = \frac{2Z_2}{Z_0 + Z_2}; \beta_1 = \frac{Z_1 - Z_0}{Z_0 + Z_1}; \quad \beta_2 = \frac{Z_2 - Z_0}{Z_0 + Z_2}$$

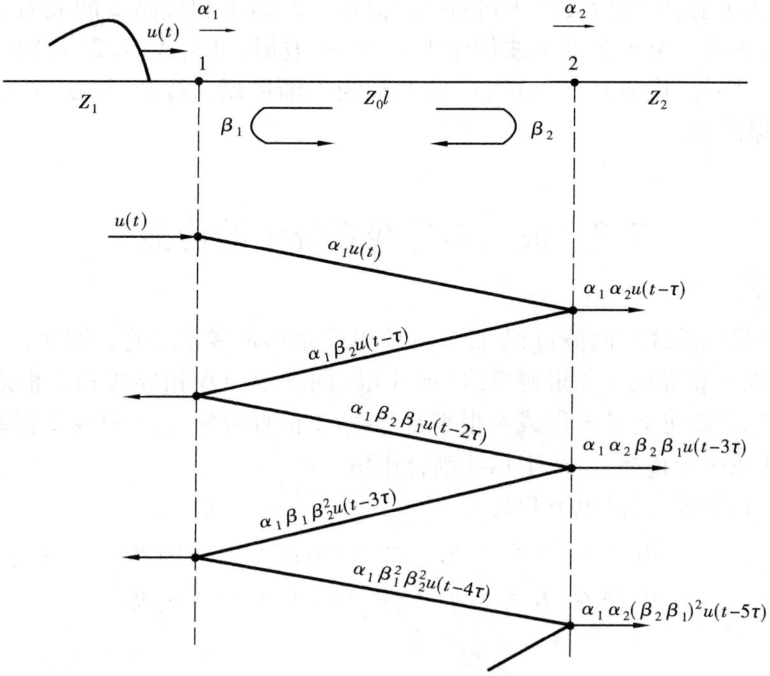

图 7.10　计算多次折射、反射的网格图

如图 7.10 所示网格图,当 $t=0$ 时波 $u(t)$ 到达 1 点后,进入 Z_0 的折射波为 $\alpha_1 u(t)$。此折射波于 $t=\tau$ 时到达 2 点后,产生进入 Z_2 的折射波 $\alpha_1\alpha_2 u(t-\tau)$ 和返回 Z_0 的发射波 $\alpha_1\beta_2 u(t-\tau)$,其中 $\tau = l/v$。这一反射波于 $t=2\tau$ 时回到 1 点后又被重新反射回去,成为 $\alpha_1\beta_2\beta_1 u(t-2\tau)$。它于 $t=3\tau$ 时到达 2 点又产生新的折射波 $\alpha_1\alpha_2\beta_2\beta_1 u(t-3\tau)$ 和新的反射波 $\alpha_1\beta_1\beta_2^2 u(t-3\tau)$,如此继续下去,经过 n 次折射后,进入 Z_2 线路的电压波,即节点 2 上的电压 $u_2(t)$ 是所有这些折射波的叠加,但是注意它们达到时间的先后。其数学表达式为

$$u_2(t) = \alpha_1\alpha_2 u(t-\tau) + \alpha_1\alpha_2\beta_2\beta_1 u(t-3\tau) + \alpha_1\alpha_2(\beta_2\beta_1)^2 u(t-5\tau) + \cdots + \alpha_1\alpha_2(\beta_2\beta_1)^{n-1} u(t-(2n-1)\tau) \tag{7.20}$$

显然 $u_2(t)$ 的数值和波形与外加电压 $u(t)$ 的波形有关。若 $u(t)$ 是幅值为 E 的无穷长直角波,则经过 n 次折射后,线路 Z_2 的电压波为

$$U_2 = E\alpha_1\alpha_2[1 + \beta_1\beta_2 + (\beta_1\beta_2)^2 + \cdots + (\beta_1\beta_2)^{n-1}]$$

$$= E\alpha_1\alpha_2 \frac{1-(\beta_1\beta_2)^{n-1}}{1-\beta_1\beta_2}$$

当 $t\to\infty$ 时,$(\beta_1\beta_2)^n \to 0$,则有

$$U_2 = E\alpha_1\alpha_2 \frac{1}{1-\beta_1\beta_2} \tag{7.21}$$

将 $\alpha_1,\alpha_2,\beta_1,\beta_2$ 代入式(7.21)可得

$$U_2 = \frac{2Z_2}{Z_1 + Z_2}E = \alpha_{12}E \tag{7.22}$$

式(7.22)中 α_{12} 为波从线路1直接向线路2传播的折射系数。这说明在无穷长直角波的作用下,经过多次折射、反射后最终达到的稳态值点由线路1和线路2的波阻抗决定,和中间线段的存在与否无关。至于在直角波作用下 $u_2(t)$ 的波形,可由式(7.20)计算得到。从该式可知,若 β_1 与 β_2 同号,则 $\beta_1\beta_2>0$,$u_2(t)$ 的波形为逐渐递增;若 β_1 与 β_2 异号,则 $\beta_1\beta_2<0$,$u_2(t)$ 的波形呈振荡形。

7.3 波在多导线系统中的传播

前面讨论的是单导线中的波过程,而实际输电线路都是多导线的。例如,交流高压线路可能是5根(单回路3相导线和2根避雷线)或8根(同杆双回6相导线和2根避雷线)平行导线;双极直流高压线路可能是3根或4根平行导线(2根直流导线、1根或2根避雷线)。这时波在平行多导线系统中传播,将产生相互耦合作用。

设有 n 根平行导线,其静电方程为

$$\begin{aligned}
u_1 &= \alpha_{11}q_1 + \alpha_{12}q_2 + \cdots + \alpha_{1k}q_k + \cdots + \alpha_{1n}q_n \\
u_2 &= \alpha_{21}q_1 + \alpha_{22}q_2 + \cdots + \alpha_{2k}q_k + \cdots + \alpha_{2n}q_n \\
&\vdots \\
u_n &= \alpha_{n1}q_1 + \alpha_{n2}q_2 + \cdots + \alpha_{nk}q_k + \cdots + \alpha_{nn}q_n
\end{aligned}$$

写成矩阵形式为

$$u = Aq \tag{7.23}$$

式中:u 为各导线上的电位(对地电压)列向量,$u=(u_1,u_2,\cdots,u_n)^{\mathrm{T}}$;$q$ 为各导线单位长度上的电荷列向量,$q=(q_1,q_2,\cdots,q_n)^{\mathrm{T}}$;$A$ 为电位系数矩阵;α_{kk},α_{kn} 为第 k 根导线的自电位系数、第 k 根导线与第 n 根导线的互电位系数,其值可计算为

$$\alpha_{kk} = \frac{1}{2\pi\varepsilon_0}\ln\frac{H_{kk}}{r_k} \qquad \alpha_{kn} = \frac{1}{2\pi\varepsilon_0}\ln\frac{H_{kn}}{D_{kn}}$$

其中,H_{kk},H_{kn},r_k、D_k 的值如图7.11所示。

将静电方程式(7.23)右边乘以 v/v,其中 v 为传播速度,$v=\dfrac{1}{\sqrt{\mu_0\varepsilon_0}}$;考虑 $q_kv=i_k$,i_k 为第 k 根导线中的电流,即 $qv=i$,$i=(i_1,i_2,\cdots,i_n)^{\mathrm{T}}$ 为各导线上的电流列向量,则式(7.23)可改为

$$u = Zi \tag{7.24}$$

这就是平行多导线系统的电压方程。式中 $z=A/v$ 为平行多导线系统的波阻抗矩阵,则导线 k 的自波阻抗为

$$Z_{kk} = \frac{\alpha_{kk}}{v} = \frac{1}{2\pi}\sqrt{\frac{\mu_0}{\varepsilon_0}}\ln\frac{H_{kk}}{r_k}$$

导线 k 的互波阻抗为

$$Z_{km} = \frac{\alpha_{km}}{v} = \frac{1}{2\pi}\sqrt{\frac{\mu_0}{\varepsilon_0}}\ln\frac{H_{km}}{D_{km}}$$

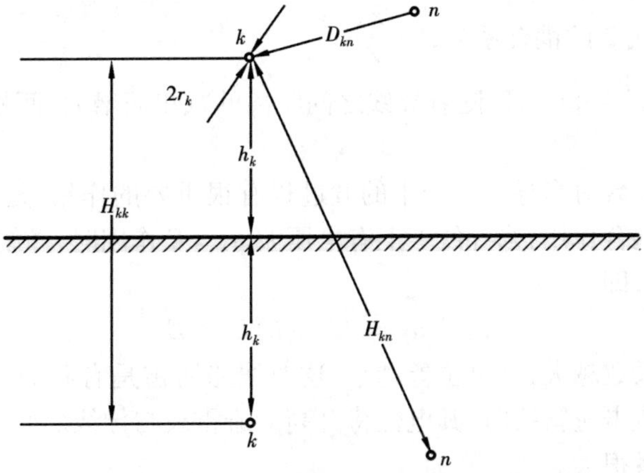

图 7.11　多导线系统电位系数计算

若线路中同时存在前行波和反行波，则有

$$u_{2f} = u_{1f} + u_{1b}$$

$$\begin{cases} u = u_f + u_b \\ i = i_f + i_b \\ u_f = Zi_f \\ u_b = -Zi_b \end{cases} \tag{7.25}$$

根据不同的具体边界条件，应用式(7.25)就可以求解多导线系统的波过程。在实际波过程的计算中，经常要考虑波在一根导线上传播时，在其他平行导线上感应产生的耦合波。如图 7.12 所示，当开关闭合接通直流电源后，导线 1 上出现 $u_1=E$ 的前行波。在对地绝缘的导线 2 上虽然没有电流，但它处在导线 1 的电磁波的电磁场内，也会感应产生电压波。

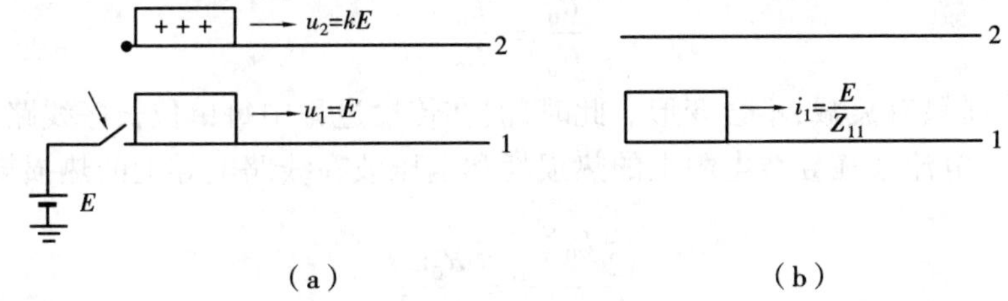

图 7.12　多导线系统的耦合作用

(a)电压耦合；(b)电流耦合

根据式(7.24)可列出两根平行导线的电压方程为

$$\begin{cases} u_1 = Z_{11}i_1 + Z_{12}i_2 \\ u_2 = Z_{21}i_1 + Z_{22}i_2 \end{cases} \tag{7.26}$$

考虑 $i_2=0, Z_{12}=Z_{21}$，式(7.26)变为

$$\begin{cases} u_1 = Z_{11}i_1 \\ u_2 = Z_{12}i_1 \end{cases} \tag{7.27}$$

消去 i_1 可得

$$u_2 = \frac{Z_{12}}{Z_{11}}u_1 = ku_1 = kE$$

式中：k 为导线 1 对导线 2 的耦合系数，$k=\dfrac{Z_{12}}{Z_{11}}$。

因为 $Z_{12}<Z_{11}$，所以 $k<1$。Z_{12}随着导线之间距离的减小而增大，两根导线距离越近，其耦合系数越大。

导线之间的耦合系数对多导线系统中的波过程有很重要的作用，是输电线路防雷计算的一个重要参数。由于耦合作用，当导线 1 上有电压波 $u_1=E$ 作用时，导线 1，2 之间的电位差不再等于 E，而是比 E 小，即

$$u_1-u_2=(1-k)E<E$$

导线之间的耦合系数越大，其电位差越小，这对线路防雷是有利的。例如，常利用避雷线来保护输电线路。当雷击避雷线时，其电位将升高。避雷线与导线之间的绝缘是否闪络，与彼此之间的耦合系数关系很大。

7.4 波在传播中的衰减与畸变

前面各节是假定线路无损耗的条件下研究波过程的，没有考虑波的衰减和畸变，而波在实际线路中传播时，总会不同程度地发生衰减和变形。以下就波的衰减和变形的影响因素分别进行说明。

7.4.1 线路电阻和绝缘电导的影响

考虑导线电阻 R_0 和线路对地电导 G_0 时，均匀无损单导线的单元等效电路如图 7.13 所示。当线路参数满足

$$\frac{R_0}{G_0}=\frac{L_0}{C_0} \tag{7.28}$$

波在线路中的传播只有衰减，不会变形。此时，波在传播过程中每单位长序线路上的磁能相电能之比，恰好等于电流波在导线电阻上的热损耗和电压波在线路电导上的热损耗之比，即

$$\frac{\frac{1}{2}L_0i^2}{\frac{1}{2}C_0u^2}=\frac{R_0u^2t}{G_0u^2t}$$

电阻 R_0 和电导 G_0 的存在不致引起波传播过程中电能与磁能的相互交换，电磁波只是逐渐衰减而不至于变形。

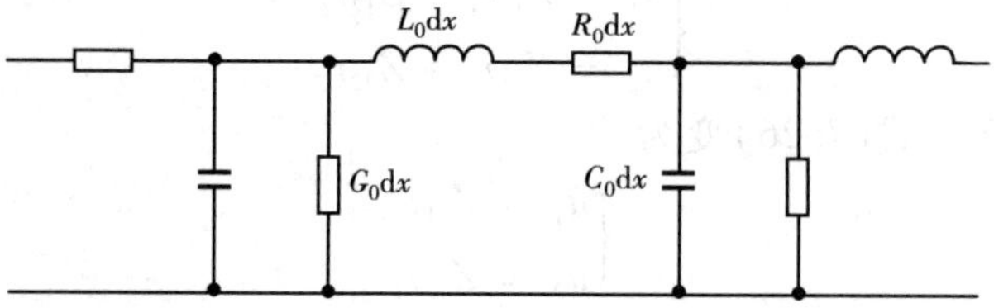

图 7.13　均匀无损单导线的单元等效电路

式(7.28)称为波传播的无变形条件，或叫无畸变条件。满是此条件时电压波和电流波可

以写成以下形式：

$$\begin{cases} u(x,t) = e^{\beta t}(u_f + u_b) \\ i(x,t) = \dfrac{1}{Z}e^{\beta t}(u_f - u_b) \end{cases} \tag{7.29}$$

式中：β 为衰减系数。

实际输电线路并不满足上述无变形条件，波在传播过程中不仅会衰减，同时还会变形。此外，由于集肤效应，导线电阻随着频率的增加而增加。任意波形的电磁波可以分解成不同频率的分量，各种频率下的电阻不同，波的衰减程度不同，也会引起波传播过程中的变形。

7.4.2 冲击电晕的影响

在电网中，导线和大地的电阻会引起行波的衰减和变形，线路参数随频率而变的特性会引起行波的畸变，此外，在过电压作用下导线上出现电晕将是引起行波衰减和变形的主要因素。

雷电冲击波的幅值很高，在导线上将产生强烈的冲击电晕。研究表明，形成冲击电晕所需的时间非常短，大约正冲击时只需 0.05 μs，负冲击时只需 0.01 μs，而且与电压陡度的关系非常小。由此可以认为，在不是非常陡峭的波头范围内，冲击电晕的发展主要与电压的瞬时值有关。但是不同的极性对冲击电晕的发展有显著的影响。当产生正极性冲击电晕时，电子在电场作用下迅速移向导线，正空间电荷加强距离导线较远处的电场强度，有利于电晕的进一步发展，电晕外观是从导线向外引出数量较多较长的细丝。当产生负极性电晕时，正空间电荷的移动不大，它的存在减弱了距离导线较远处的电场强度，使电晕不易发展，电晕外观上是较为完整的光圈。负极性电晕发展较弱，而雷电大部分是负极性的，在过电压计算中常以负极性电晕作为计算的依据。

出现电晕后，电晕圈的存在使导线的径向尺寸等值地增大了，将导致导线间耦合系数的增大。输电线路中导线和避雷线间的耦合系数 k 通常以电晕效应校正系数修正为

$$k = k_0 k_1 \tag{7.30}$$

式中：k_0 为几何耦合系数，取决于导线和避雷线的几何尺寸和相对位置；k_1 为电晕效应校正系数。

我国《电力设备过电压保护设计技术规程》(DL/T 620—1997)（以下简称《规程》建议按表 7.1 选取。

表 7.1 耦合系数的电晕修正系数 k_1

线路额定电压/kV	20～35	60～110	154～300
两条避雷线	1.1	1.2	1.25
一条避雷线	1.15	1.25	1.3

由于电晕要消耗能量，消耗能量的大小与电压的瞬时值有关，因此将使行波发生衰减的同时伴随有波形的畸变。实践表明，由冲击电晕引起的行波衰减和变形的典型波形如图 7.14 所示。

图 7.14 中，曲线 1 表示原始波形，曲线 2 表示行波传播距离 l 后的波形。从该图可知，当

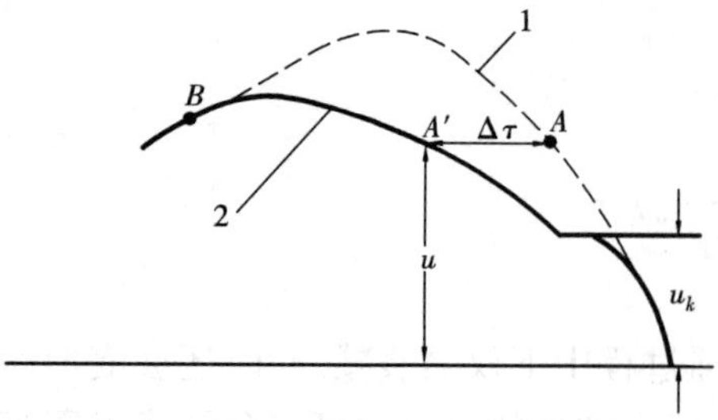

图 7.14 电晕引起的行波衰减和变形

电压高于电晕起始电压 u_k 后，波形开始剧烈衰减和变形，可以认为这种变形是电压高于 u_k 的各个点由于电晕作用，使线路对地电容增加而以不同的波速向前运动。图中低于 u_k 的部分由于不发生电晕而仍以光速前进，图中 A 点由于产生了电晕，它以小于光速的速度 v_k 前进，在行经 l 距离后就落后了 $\Delta\tau$ 时间而变成图中 A' 点。由于电晕的强烈程度与电压 u 有关，因此波传播速度 v_k 就必然是电压 u 的函数，通常称 v_k 为相速度，这种计算由电晕引起的行波变形的方法称为相速度法。显然，$\Delta\tau$ 是行波传播距离和电压的函数，《规程》建议采用经验公计算为

$$\Delta\tau = l\left(0.5 + \frac{0.008u}{h}\right) \tag{7.31}$$

式中：l 为行波传播距离，km；u 为行波电压，kV；h 为导线对地平均高度，m。

根据实际测量结果表明，电晕在波尾上将停止发展，并且电晕圈逐步消失，衰减后的波形与原始波形的波尾交点即可近似视为衰减后波形的波幅，如图 7.14 中 B 点所示，其波尾与原始波形的波尾大体上相同。利用冲击电晕会使行波衰减和变形的特性，设置进线保护段作为变电站防雷保护的一个主要保护措施。出现电晕后导线对地电容增大，导线波阻抗和波速将下降。雷击避雷线档距中央时电位较高，电晕较强烈，《规程》建议在一般计算时，避雷线的波阻抗可取为 350 Ω，波速可取为 0.75 倍光速。

7.5 绕组中的波过程

在了解输电线路波过程的基础上，本节主要讨论在电力系统中的重要设备变压器和旋转电机中的波过程。由于电机和变压器绕组大多采用线圈构成，因此波在绕组中传播将是本节讨论的重点。

7.5.1 变压器绕组中的波过程

在雷电或操作冲击电压作用下，变压器绕组的主绝缘(绕组对地、绕组之间)和纵绝缘(绕组的匝间、层间或线饼间)上可能受到很高的过电压而损坏。这种在冲击电压作用下产生的过电压，主要由绕组内部的电磁振荡过程和绕组之间的静电感应、电磁感应过程所引起，这两个过程统称为变压器绕组中的波过程。这两个过程一般情况下是同时发生的，但具体条件不同，总是某一过程起主导作用。

(1)单相变压器绕组中的波过程

为简化计算，便于定性分析，略去绕组损耗和互感，并假定绕组的电感、纵向电容、对地电容都是均匀的分布参数，可得变压器绕组的简化等效电路，如图 7.15 所示。

当幅值为 U_0 的无穷长直角波作用于图 7.15 的等效电路时，因为电感中的电流不能突变，所以在 $t=0$ 的初始瞬间 $L_0\mathrm{d}x$ 支路中不会有电流流过，相当于电感支路开路。此时，变压器的等效电路可以进一步简化为仅由电容链组成，如图 7.16 所示。绕组的长度不大，位移电流沿

纵向电容 $K_0/\mathrm{d}x$ 扩散很快，电位在一瞬间就遍及整个绕组。但对地电容的充电作用，使 $K_0/\mathrm{d}x$ 流过的电流不等，越靠近首端，流过的电流越大，沿绕组的起始电位分布很不均匀。

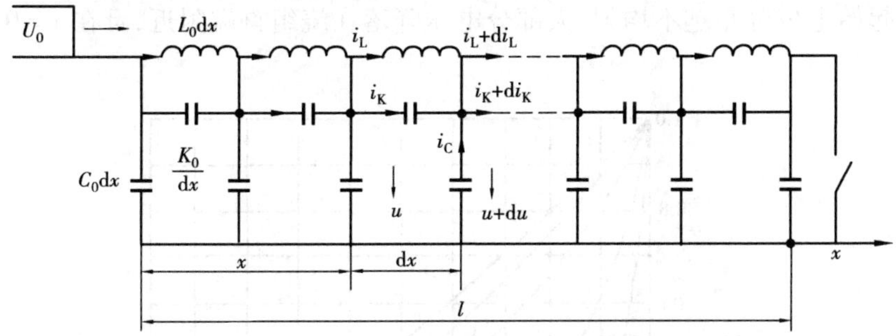

图7.15　变压器绕组的等效电路

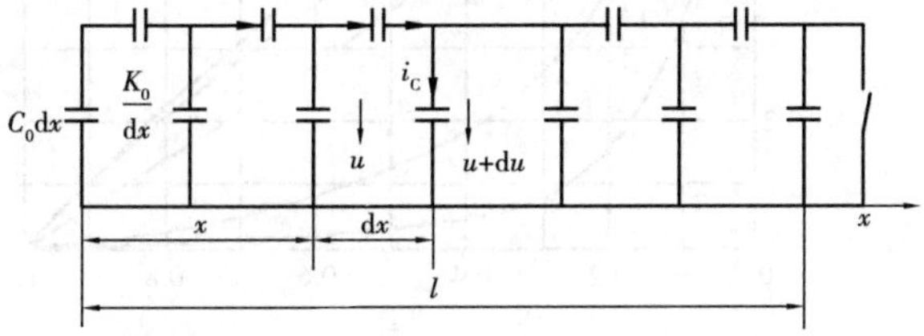

图7.16　$t=0$ 瞬间变压器等效电路

由图7.16可列出微分方程

$$\frac{\mathrm{d}u^2}{\mathrm{d}x^2} - \alpha^2 u = 0 \tag{7.32}$$

$$\alpha = \sqrt{\frac{C_0}{K_0}}$$

式中：α 为变压器绕组的空间系数，$\alpha = \sqrt{\frac{C_0}{K_0}}$。

式(7.32)的解为

$$u = A\mathrm{e}^{\alpha x} + B\mathrm{e}^{-\alpha x}$$

绕组末端接地时

$$u = U_0 \frac{\mathrm{sh}\ \alpha(l-x)}{\mathrm{sh}\ \alpha l} \tag{7.33}$$

绕组末端不接地时

$$u = U_0 \frac{\mathrm{ch}\ \alpha(l-x)}{\mathrm{ch}\ \alpha l} \tag{7.34}$$

其中 $\alpha l = \sqrt{\frac{C_0}{K_0}}l = \sqrt{\frac{C}{K}}$，$C$，$K$ 分别为绕组的对地总电容、纵向电容。

对未采取特殊措施的普通连续式绕组，αl 值约为5～15，平均为10。当 $\alpha l>5$ 时，$\mathrm{sh}\ \alpha l \approx \mathrm{ch}\ \alpha l = \mathrm{e}^{\alpha l}/2$，且当 $(x/l)<0.8$ 时，$\mathrm{sh}(l-x)$ 和 $\mathrm{ch}(l-x)$ 也很接近，可以近似认为 $\mathrm{sh}\ \alpha(l-x) \approx \mathrm{ch}\ \alpha(l-x) \approx \mathrm{e}^{\alpha(l-x)}/2$。式(7.33)、式(7.34)可以近似地用同一个公式表示为

$$u \approx U_0 \mathrm{e}^{-\alpha x} \tag{7.35}$$

无论绕组末端是否接地，在大部分绕组$(x/l)<0.8$ 时，起始电位分布实际上接近相同，只

是在接近绕组末端,电位分布有些差异。

如图 7.17 所示为变压器绕组末端接地时的起始电位分布曲线。由图可知,α 值越大,曲线下降越快,起始电位分布越不均匀,大部分电压降落在绕组首端附近,且在 $x=0$ 处电位梯度 $\mathrm{d}u/\mathrm{d}x$ 最大。

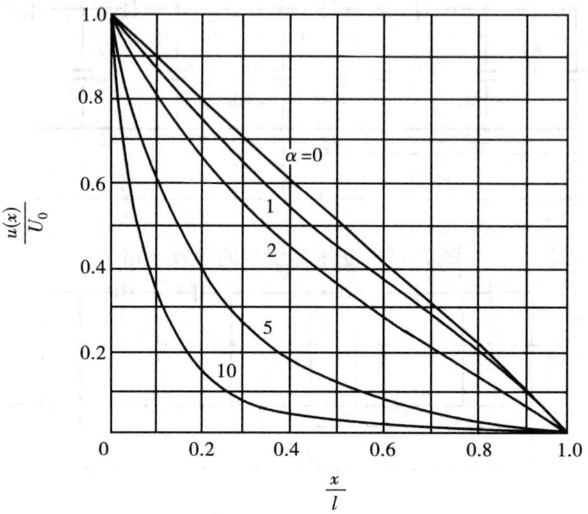

图 7.17　绕组末端接地时的起始电位分布

根据式(7.35)可以算出最大电位梯度为

$$\left(\frac{\mathrm{d}u}{\mathrm{d}x}\right)_{\max} = \left(\frac{\mathrm{d}u}{\mathrm{d}x}\right)_{x=0} = -\alpha U_0 = -\alpha l\frac{U_0}{l}$$

式中:U_0/l 为绕组的平均电位梯度,负号表示绕组各点的电位随绕组的增加而减小。

式(7.35)表明,在 $t=0$ 瞬间,绕组首端 ($x=0$) 的电位梯度为平均电位梯度的 αl 倍。αl 越大,电位梯度越大;电位梯度分布越不均匀绕组的冲击性能越差。在变压器内部结构上要采取保护措施。例如,对连续式绕组采用电容环、静电线匝,或者改进绕组结构,采用纠结式绕组、内屏蔽绕组等。通过补偿对地电容的影响或增大纵向电容,以改善起始电位分布,避免匝间绝缘击穿和振荡过程中出现很高的过电压。

如上分析,变器压绕组在 $t=0$ 时的特性由其纵向电容和对地电容组成的电容链决定。此电容链可用一个集中电容 C_T 来等值, C_T 称为变压器的入口电容。试验表明,在较陡的冲击波作用下,变压器绕组中的振荡过程一般在 10 μs 以内尚未发展起来,在此期间绕组的电位分布仍与起始电位分布相近。这是由于绕组电感中的电流还很小,可以忽略不计。在雷电冲击波作用下分析变电站的防雷保护时,无论变压器绕组末端是否接地,变压器一般都用入口电容来等值。入口电容是等值于整个电容链的,考虑 $K_0 \gg C_0$ 的关系,它在 U_0 直角波作用下所吸收的电荷几乎等于绕组首端线饼纵向电容所吸收的电荷,即

$$C_T U_0 \approx Q_{x=0} = K\left|\left(\frac{\mathrm{d}u}{\mathrm{d}x}\right)_{x=0}\right| \tag{7.36}$$

将式(7.35)代入式(7.36)得

$$C_T = \frac{K_0}{U_0}\alpha U_0 = K_0\alpha = \sqrt{C_0 K_0} = \sqrt{CK} \tag{7.37}$$

由式(7. 37)可知,变压器的入口电容即是绕组单位长度的或全部的对地电容与纵向电容的几何平均值。

通常变压器的入口电容随其电压等级和容量而增大,相同电压等级的纠结绕组变压器比连续式绕组变压器入口电容大,此外还要注意,同一变压器其不同电压级绕组即入口电容是不同的。

变压器绕组在幅值等于 U_0 的无穷直角波作用下的稳态电位分布,发生在 $t=\infty$ 绕组的电磁振荡结束以后。此时对末端接地的绕组, $t=\infty$ 时,按绕组的电阻形成均匀的稳态电位分布

$$u = U_0\left(1 - \frac{x}{l}\right)$$

对末端不接地的绕组, $t=\infty$ 时, 绕组的各点电位均为 $u=U_0$。

由于变压器的稳态电位分布与起始电位分布不同,因此从起始分布到稳态分布,其间必有一个过渡过程。而且绕组电感和电容之间的能量转换,使过渡过程具有振荡性质。振荡的激烈程度和稳态电位分布与起始电位分布两者之差值密切相关。这个差值就是振荡过程中的自由振荡分量,差值越大,自由振荡分量越大,振荡越强烈,由此产生的对地电位和电位梯度也越高。

图 7. 18 画出了 $t=0,t_1,t_2,t_3,t_4$ 和 $t=\infty$ 等不同时刻的绕组电位分布曲线,表明绕组各点的电位由起始分布,经过振荡达到稳态分布的过程。其中,图 7. 18(a)为绕组末端接地电位分布,图 7. 18(b)为绕组末端不接地电位分布。由图可知,绕组各点的电位并非同时达到最大值。将振荡过程中各点出现的最大电位连成曲线,如图中虚线所示,就是绕组的最大电位包络线。可以看出,绕组末端接地时,最高电位出现在绕组首端附近,其值可达 $1.4U_0$;末端不接地时,最高电位出现在绕组末端,其值可达 $1.9U_0$,比末端接地时高。波在变压器中传输存在损耗,实际最高电位低于上述数值。此外,在振荡过程中绕组各点的电位梯度也会变化,绕组末端及某附近也可能出现很大的电位梯度。

变压器绕组的振荡过程与作用在绕组上的冲击电压波形有关。波头陡度越大,振荡越剧烈;陡度越小,由于电感分流的影响,起始分布与稳态分布越接近,振荡就会越缓和,因此绕组各点的对地电位和电位梯度的最大值也将降低。此外波尾也有影响,在短波作用下,振荡过程尚未充分激发起来时,外加电压已经大大衰减,使绕组各点的对地电位和电位梯度也较低。

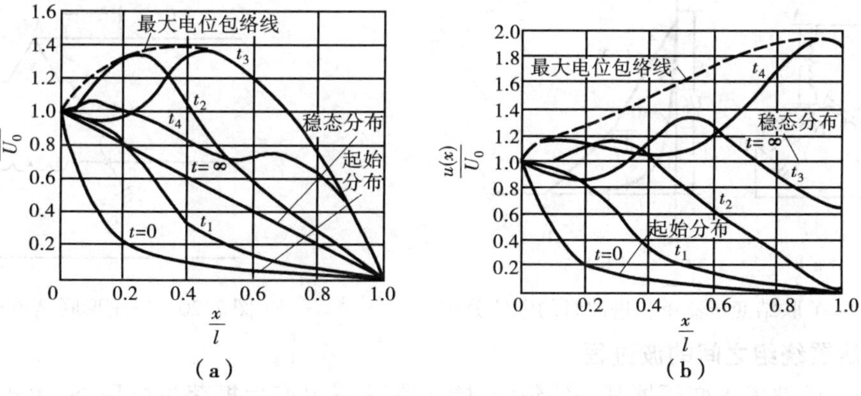

图 7. 18　绕组不同时刻电位分布

(a)绕组末端接地时绕组电位分布;(b)绕组末端不接地时绕组电位分布

(2)三相变压器绕组中的波过程

三相变压器绕组波过程的规律与单相变压器绕组基本相同，只是随三相绕组的接线方式和单相、两相或三相进波的不同有所差异，以下分3种情况说明：

①中性点接地星形联结。三相变压器的高压绕组为星形联结且中性点接地时，相间的相互影响不大，可以看成3个相互独立的末端接地的绕组。无论是单相、两相或三相进波，其波过程没有什么差别，都可按照单相绕组末端接地的波过程处理。

②中性点不接地星形联结(Y)。三相变压器高压绕组星形联结中性点不接地时，单相、两相、三相的波过程各不相同。当雷电波从A相单相侵入变压器时，如图7.19(a)所示，变压器绕组对冲击波的阻抗远大于线路的波阻抗，在冲击波作用下，其他两相绕组与线路连接处的电位接近于零，可认为B,C两相绕组端点接地。绕组的起始电位分布和稳态电位分布如图7.19(b)中的曲线1和2所示。起始电位分布受B,C两相绕组并联的影响不大，其中性点N的电位接近于零，而稳态电位则按绕组电阻大小分布，受B,C两相绕组并联的影响，成为一条折线。设进波为幅值等于U_0的无穷长直角波，且三相绕组的参数完全相同，则中性点的稳态电位为$\frac{1}{3}U_0$，其起始电位与稳态电位之差约为$\frac{1}{3}U_0$。在振荡过程中，中性点N的最大对地电位将不超过$\frac{2}{3}U_0$。

当雷电波沿两相侵入时，可用叠加法来估计绕组各点的对地电位。例如，A,B两相分别单独进波时，中性点最高电位为$\frac{2}{3}U_0$，则A,B两相同时进波时，中性点的最高电位不超过$1\frac{1}{3}U_0$，但其值已超过了首端电位。当三相同时进波时，情况与单相绕组末端不接地时的波过程基本相同，中性点的最高电位可达首端电位的两倍，但其起始电位比单相进波时略高。

③三角形联结(△)。三相变压器高压绕组为三角形联结，当雷电波从A相单相侵入时，如图7.20所示，由于绕组对冲击波的阻抗远大于线路波阻抗，B,C两相端点相当于接地，因此AB,AC两相绕组中的波过程与末端接地时单相绕组波过程相同。当两相或三相进波时可用叠加法进行分析。

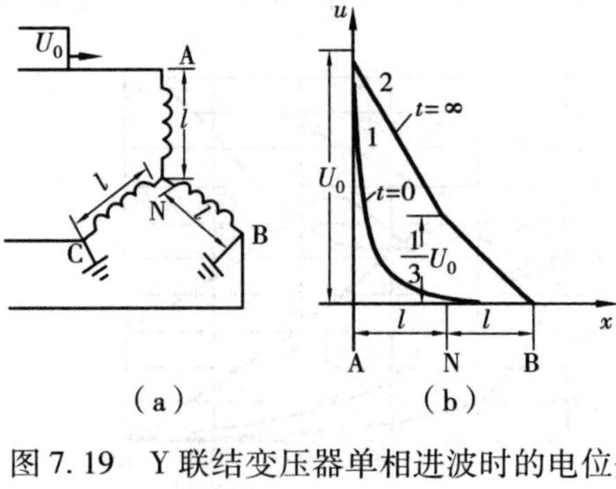

图7.19 Y联结变压器单相进波时的电位分布

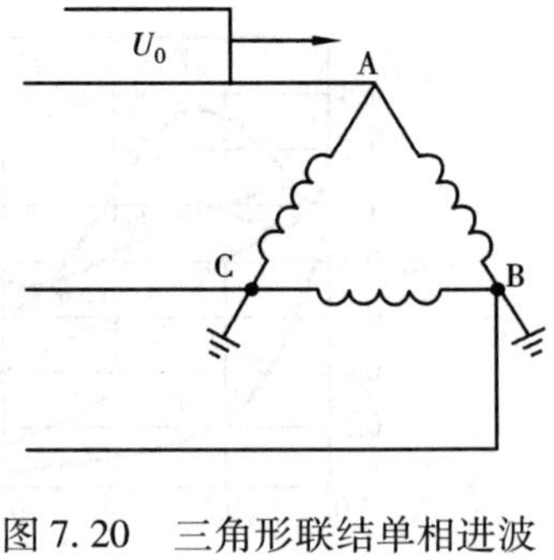

图7.20 三角形联结单相进波

(3)变压器绕组之间的波过程

当冲击电压波侵入变压器某一绕组时，除了在该绕组产生振荡过电压外，由于高、低压各绕组间存在着静电感应和电磁感应，可在变压器的其他绕组上出现很高的感应过电压，这就是变压器绕组之间的波过程。在某些条件下，变压器绕组之间的感应过电压可能超过低压绕组和连接在低压绕组上的电气设备的绝缘水平,造成绝缘击穿事故。例如,三绕组变压器,如果只有高、中压绕组运行,低压绕组未曾使用(开路),其没有连接至母线或其他设备上,当从高压或中压绕组进波时,因低压绕组的对地电容很小,故在其上会感应很高的过电压,使绕组或套管的绝缘损坏,需采取相应保护措施。同理,在某些条件下,当冲击波侵入低压绕组时,高压绕组上也会产生很高的感应过电压,可能超过其绝缘水平,造成绝缘击穿事故。例如,Yyn12 配电变压器雷击损坏的主要原因就是低压绕组对高压绕组的感应过电压造成的。变压器绕组之间的感应过电压包括静电感应电压和电磁感应电压两个分量,近似估算时可以分别计算两个分量后再相加。

7.5.2　旋转电机绕组中的波过程

旋转电机包括发电机、同步调相机和大型电动机等,其与电网的连接方式有通过变压器与电网相连和直接与电网相连两种。在前一类连接方式下,雷击电网时冲击电压波将通过变压器绕组间的传递后再传到旋转电机,实践证明该类冲击电压对旋转电机的危害不大。在直接与电网架空线连接方式下,雷电产生的冲击电压直接从线路传到电机,对电机的危害性很大,需采取相应的保护措施。为了能够正确地理解旋转电机的防雷保护措施,需掌握旋转电机绕组在冲击电压作用下波过程的基本规律。旋转电机绕组可分为单匝和多匝两类,一般大功率高速电机是单匝绕组,小功率低转速或电压较高的电机采用多匝绕组。

单匝绕组不存在匝间电容,此类绕组的等效接线与输电线路相同。多匝绕组存在匝间电容,实际运行中电机大都采用了限制侵入波陡度的措施,使得侵入电机的冲击电压的波头较平缓,匝间电容的作用相应减弱,如果忽略其作用,则多匝绕组等效接线也近似认为与输电线路相同。这样,电机绕组就可以用波阻抗和波速的概念来表征波过程的规律,由于槽内部分与端接部分的参数不同,波阻抗与波速也不相同,因此电机绕组的波阻抗和波速是指平均值。

电机绕组的波阻抗与电机的额定电压、容量和转速等有关。通常,电机绕组的波阻抗随额定电压的提高而增加,随容量的增加而减小。

如图 7.21 所示为某汽轮发电机绕组的波阻抗随容量和额定电压的变化规律,在实际应用时如要估计波阻抗,该图中值可作为参考;对低速电机,波阻抗可以近似地估计为图中值的两倍。如图 7.22 所示为某汽轮发电机绕组的平均波速与容量的关系,其平均波速随容量增大而

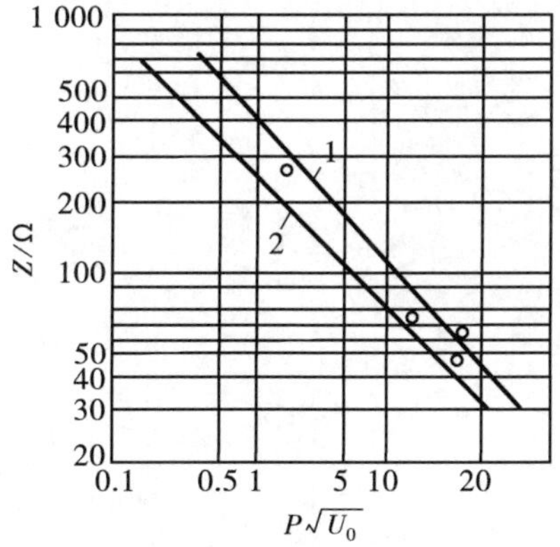

图 7.21　波阻抗随容量和额定电压的变化
1—单相进波时的波阻抗;
2—三相进波时一相的等值波阻抗

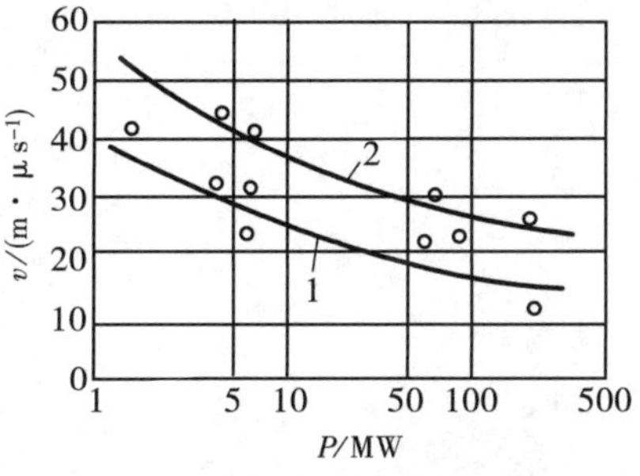

图 7.22　波速与容量的关系
1—单相入侵;2—三相入侵

减小,在估计波速时如缺乏实际数据该曲线可作为参考。波在电机绕组中传播与波在输电线路中的传播不同,它存在着一定的铁损、铜损和介质损耗,其中以铁损对波的衰减作用最为明显,随着波的传播,波将较快地衰减和变形。

波到达中性点并再返回时,其幅值已衰减很小了,其陡度也已极大地变缓,在估计绕组中最大纵向电位差时,可认为主要是侵入绕组的前行电压波造成的,并且将出现在绕组首端。

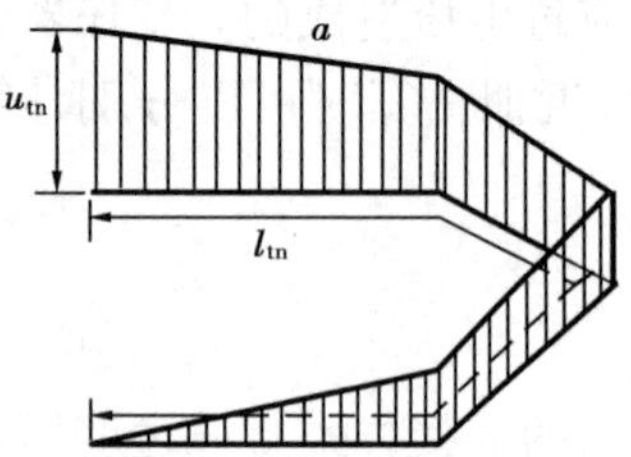

图 7.23　匝间电压变化趋势

若侵入波的陡度为 α,绕组一匝长度为 l_{tn},平均波速为 v,则作用在匝间绝缘上电压 u_{tn} 分布如图 7.23 所示,由此,可得出

$$u_{tn} = \alpha \frac{l_{tn}}{v} \tag{7.38}$$

从式(7.38)可知,匝间电压与入侵波陡度 α 成正比,当 α 很大时,匝间电压将超过匝间绝缘的冲击耐压值而发生击穿事故。试验表明,为了保护匝间绝缘,必须将入侵电压波陡度限制在 5 kV/μs 以下。

习题与思考题

7.1　试分析波阻抗的物理意义及其与电阻的不同点。

7.2　试分析波在传播中的衰减与畸变的主要原因。

7.3　当冲击电压作用于变压器绕组时,在变压器绕组内将出现振荡过程,试分析根本原因。

7.4　试论述彼德逊法则的使用范围。

7.5　试述冲击电晕对防雷保护的有利方面和不利方面。

7.6　分析在冲击电压作用下,发电机绕组内部波过程和变压器内部波过程的不同点。

第8章 输电线路的防雷保护

输电线路纵横延伸，地处旷野，易受雷击，雷击线路造成的跳闸事故在电网总事故中占有很大百分比。同时，雷击线路时自线路入侵变电站的雷电波也是威胁变电站的主要因素，对线路的防雷保护应予充分重视。

输电线路上出现的大气过电压有两种：一种是雷直击于线路引起的，称为直击雷过电压；另一种是雷击线路附近地面，由电磁感应所引起的，称为感应雷过电压。

输电线路防雷性能的优劣主要由耐雷水平及雷击跳闸率来衡量。雷击线路时线路绝缘不发生闪络的最大雷电流幅值称为“耐雷水平”，以 kA 为单位，低于耐雷水平的雷电流，击于线路不会引起闪络；反之，则必然发生闪络。每 100 km 线路每年由雷击引起的跳闸次数称为“雷击跳闸率”，这是衡量线路防雷性能的综合指标。

线路防雷工作基本上经历了以感应雷保护为主(20 世纪 30 年代中期)和以直击雷防护为主的两个时期。随着输电电压的提高，直击雷已转为主要矛盾，20 世纪 60 年代初开始将“蒙特卡洛”方法(一种计及概率统计规律的方法)并结合电子计算机应用于线路防雷设计，使线路防雷的研究结果更符合客观实际。

但是，至目前为止，线路防雷计算所依据的很多概念、假定和参数都不是十分正确和完善的，其计算结果只能作为衡量线路防雷性能的相对指标，以便从中看出各种因素的影响程度与作用大小。

8.1 输电线路的感应雷过电压

8.1.1 雷击线路附近大地时，线路上的感应雷过电压

当雷击线路附近大地时，由于电磁感应，在线路的导线上会产生感应过电压。感应过电压的形成如图 8.1 所示。在雷云放电的起始阶段，存在着向大地发展的先导放电过程，线路正处于雷云与先导通道的电场中，由于静电感应，沿导线方向的电场强度分量 E_x 将导线两端与雷云异号的正电荷吸引到靠近先导通道的一段导线上成为束缚电荷，导线上的负电荷则由 E_x 的排斥作用而使其向两端运动，经线路的泄露电导和系统的中性点而流入大地，因为先导通道发

展速度不大,所以导线上电荷的运动很缓慢,由此引起导线中的电流很小。同时,由于导线对地泄漏电导的存在,导线电位将与远离雷云处的导线电位相同。当雷云对线路附近的地面导电时,先导通道中的负电荷被迅速中和,先导通道所产生的电场迅速降低,使导线上的束缚正电荷得到释放,沿导线向两侧运动形成感应雷过电压。这种由于先导通道中电荷所产生的静电场突然消失而引起的感应电压称为感应过电压的静电分量。同时,雷电通道中的雷电流在通道周围空间建立了强大的磁场,此磁场的变化也将使导线感应出很高的电压,这种由于先导通道中雷电流所产生的磁场变化而引起的感应电压称为感应过电压的电磁分量。

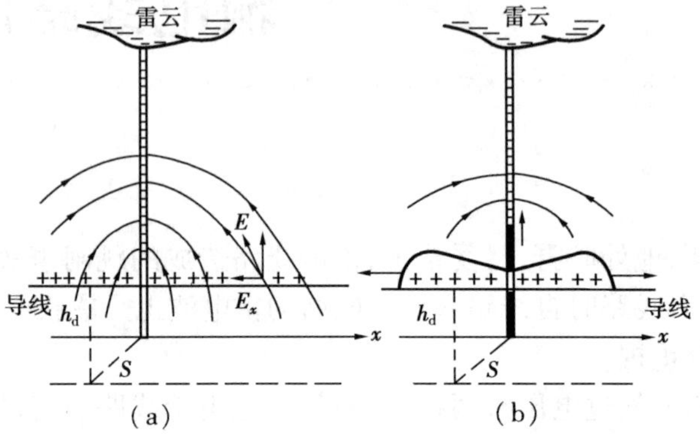

图 8.1　感应雷过电压形成示意图

(a)主放电前;(b)主放电后

h_d—导线高度;S—雷击点与导线间的距离

根据理论分析与实测结果,《规程》建议,当雷击点离开线路的距离 $S>65$ m 时,导线上的感应雷过电压最大值 U_g 可计算为

$$U_g \approx 25I_L \times h_d/S \text{ (kV)} \tag{8.1}$$

式中:I_L 为雷电流幅值,kA;h_d 为导线悬挂的平均高度,m;S 为雷击点离线路的距离,m。

从上述可知,感应雷过电压 U_g 的极性与雷电流极性相反。从式(8.1)可知,感应过电压与雷电流幅值 I_L 成正比,与导线悬挂平均高度 h_d 成正比,h_d 越高则导线对地电容越小,感应电荷产生的电荷就越高;感应过电压与雷击点到线路的距离 S 成反比,S 越大,感应过电压越小。

累计地面时雷击点的自然接地电阻较大,雷电流幅值一般不超过 100 kA。实测证明,感应过电压一般不超过 500 kV,对 35 kV 及以下水泥杆线路会引起一定的闪络事故,对 110 kV 及以上的线路,其绝缘水平较高,一般不会引起闪络事故。

感应过电压同时存在于三相导线,相间不存在电位差,只能引起对地闪络,如果两相或三相同时对地闪络即形成相间闪络事故。如果导线上方挂有避雷线,由于其屏蔽效应,导线上的感应电荷就会减少,导线上的感应过电压就会降低,避雷线的屏蔽作用可用下式求得,设导线和避雷线的对地平均高度分别为 h_d 和 h_b,若避雷线不接地,则根据式(8.1)可求得避雷线和导线上的感应过电压分别为 $U_{g.b}$ 和 $U_{g.d}$:

$$U_{g.b} = 25I_L \times h_b/S,\ U_{g.d} = 25I_L \times h_d/S$$

$$U_{g.b} = U_{g.d} \times h_b/h_d$$

但是避雷线实际上是通过每基杆塔接地的,可以设想在避雷器上有一个 $-U_{g.b}$ 电压,以此来保持避雷线为零电位，由于避雷线与导线间的耦合作用，此 $-U_{g.b}$ 将在导线上产生耦合电压 $k(-U_{g.b})$，k 为避雷线与导线的耦合系数。

但是，实际上导线上的电压将为 $U'_{g.d}$：

$$U'_{g.d} = U_{g.d} - kU_{g.b} = U_{g.d}(1 - kh_b/h_d) \approx U_{g.d}(1 - k) \tag{8.2}$$

式(8.2)表明，接地避雷线的存在，可使导线上的感应过电压由 $U_{g.d}$ 下降到 $U_{g.d}(1-k)$。耦合合系数 k 越大，则导线上的感应过电压越低。

8.1.2　雷击线路杆塔时，导线上的感应过电压

式(8.1)只适用于 $S>65$ m 的情况，更近的落雷事实上将因线路的引雷作用而击于线路。

雷击线路杆塔时，雷电通道产生的电磁场迅速变化，将在导线上感应出与雷电流极性相反的过电压，其计算问题至今尚有争论，不同方法计算的结果差别不大，但缺乏实践数据，目前《规程》建议对一般高度（约 40 m 以下）无避雷线的线路，此感应过电压最大值可用下式计算：

$$U_{g.d} = ah_d \tag{8.3}$$

式中：a 为感应过电压系数，kV/m，其数值等于以 kA/μs 计的雷电流平均陡度，即 $a = I_L/2.6$。

有避雷线时，由于其屏蔽效应，式(8.3)应为

$$U'_{g.d} = ah_d(1 - k) \tag{8.4}$$

式中：k 为耦合系数。

8.2　输电线路的直击雷过电压和耐雷水平

以中性点直接接地系统中的避雷线的线路为例进行分析，其他线路的分析原则相同。

雷直击于有避雷线线路的情况分 3 种，即雷击杆塔塔顶、雷击避雷线档距中央和雷绕过避雷线击于导线——“绕击”，上述 3 种情况如图 8.2 所示。

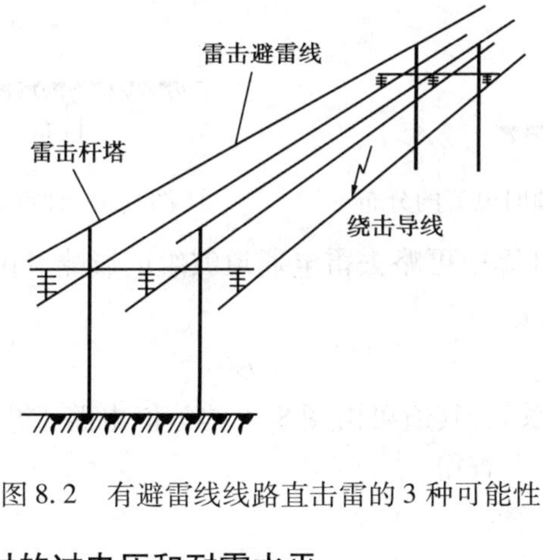

图 8.2　有避雷线线路直击雷的 3 种可能性

8.2.1　雷击杆塔塔顶时的过电压和耐雷水平

运行经验表明，在线路落雷总数中雷击杆塔的次数与避雷线的根数和经过地区的地形有关。雷击杆塔的次数与雷击线路总次数的比值称为击杆率 g，《规程》建议击杆率 g 见表8.1。

表 8.1 击杆率 g

避雷线根数	0	1	2
平原地区	1/2	1/4	1/6
山区	1	1/3	1/4

雷击杆塔塔顶时，雷电通道中的负电荷与杆塔及架空地线上的正感应电荷迅速中和形成雷电流，如图 8.3 所示，雷击瞬间自雷击点（塔顶）有一负雷电流波沿杆塔向下运动，另有两个相同的负电流波分别自塔顶沿着两侧避雷线向相邻杆塔运动，与此同时，自塔顶有一正雷电流波沿雷电通道向上运动，此正雷电流波的数值与 3 个浮点流波数值之总和相等。线路绝缘上的过电压即由这几个电流波所引起。由雷电通道中正电流波的运动在导线上所产生的感应电压已如上节所述，这里主要分析流经杆塔和地线中的雷电流所引起的过电压。

(1) 塔顶电位

对一般高度（40 m 以下）的杆塔，在工程近似计算中，常将杆塔和避雷线以集中参数电感 L_{gt} 和 L_b 来代替，这样，雷击杆塔时的等值电路如图 8.4 所示。不同类型杆塔的等值电感 L_{gt} 可由表 8.2 查得，L_b 为避雷线的等值电感。单根避雷线的等值电流约为 0.67l μH，双根避雷线的等值电流约为 0.42l μH。图 8.4 中 R_{ch} 为杆塔冲击接地电阻。

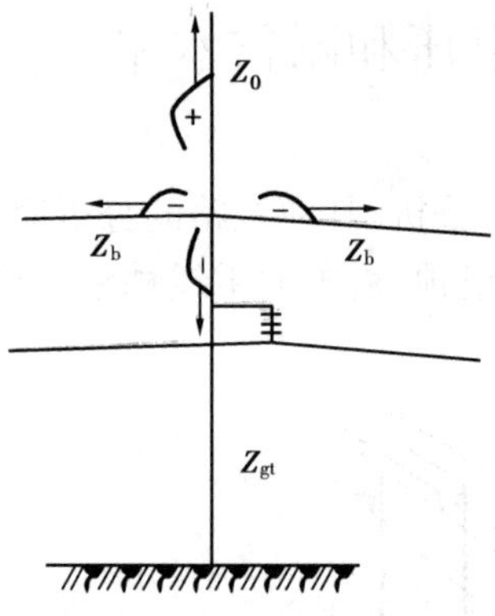

图 8.3 雷击杆塔塔顶时电流的分布

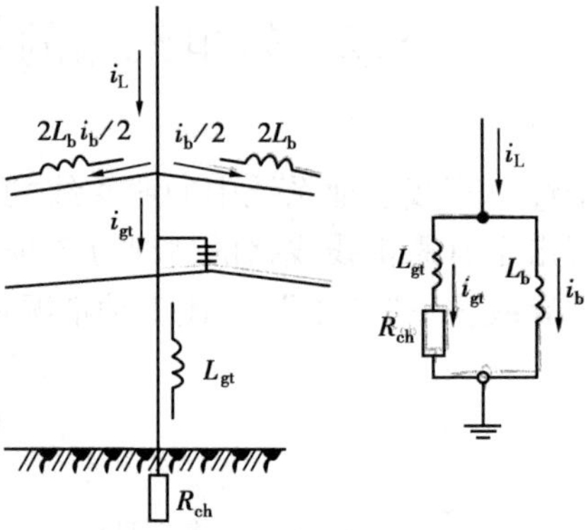

图 8.4 计算塔顶电位的等值电路

雷击点的阻抗较低，在计算中可略去雷电通道波组的影响。由于避雷线的分流作用，流进杆塔的电流 i_{gt} 将小于雷电流 i_L。

$$i_{gt} = \beta i_L \tag{8.5}$$

式(8.5)中 β 称为分流系数，其值可由图 8.4 的等值电路求出，对不同电压等级一般长度的档距的杆塔，β 值可由表 8.3 查得。

塔顶电位 u_{td} 可由下式计算：

$$U_{td} = R_{ch} i_{gt} + L_{gt} \frac{di_{gt}}{dt} = \beta R_{ch} i_L + \beta L_{gt} \frac{di_L}{dt}$$

以 $\frac{di_L}{dt} = \frac{I_L}{2.6}$ 代入，则杆塔电位的幅值为

$$U_{td} = \beta I_L\left(R_{ch} + \frac{L_{gt}}{2.6}\right) \tag{8.6}$$

表 8.2　杆塔的电感和波阻抗的平均值

杆塔型式	杆塔电感/($\mu H \cdot m^{-1}$)	杆塔电阻/Ω
无拉线水泥单杆	0.84	250
有拉线水泥单杆	0.42	125
无拉线水泥双杆	0.42	125
铁塔	0.50	150
门形铁塔	0.40	125

表 8.3　一般长度档距的线路杆塔分流系数 β

线路额定电压/kV	避雷线根数	β 值
110	1/2	0.90 / 0.86
220	1/2	0.92 / 0.88
330 ~ 500	2	0.88

(2)导线电位和线路绝缘上的电压

当塔顶电位为 U_{td}时，与塔顶相连的避雷线上也将有相同的电位 U_{td}，由于避雷线与导线间的耦合作用，导线上将产生耦合电压 kU_{td}，此电压与雷电流同极性。此外，由于雷电通道电磁场的作用，根据式(8.4)在导线上尚有感应过电压 $ah_d(1-k)$，此电压与雷电流异极性，导线电位的幅值 U_d 为

$$U_d = kU_{td} - ah_d(1-k) \tag{8.7}$$

线路绝缘子串上两端电压为塔顶电压和导线电位之差，线路绝缘上的电压幅值 U_j 为

$$U_j = U_{td} - U_d = U_{td} - k\,U_{td} + ah_d(1-k) = (U_{td} + ah_d)(1-k)$$

以式(8.6)及 $a = I_L/2.6$ 代入，得

$$U_j = I_L\left(\beta R_{ch} + \frac{L_{gt}}{2.6} + \frac{h_d}{2.6}\right)(1-k) \tag{8.8}$$

雷击时导地线上电压较高，将出现冲击电晕，k 值应采用电晕修正后的数值。

作用在线路绝缘上的电压还有导线上的工作电压，对 220 kV 及以下的线路，其值所占比重不大，一般可以略去，但对超高压线路，则不可不计，且雷击时导线上工作电压的瞬间值及其极性应作为一个随机变量来考虑。

(3)耐雷水平的计算

从式(8.8)可知，线路绝缘上电压的幅值 U_j 随雷电增大而增大，当 U_j 大于绝缘子串冲击闪络电压时，绝缘子串将发生闪络，此时杆塔电位较导线电位高，此类闪络称为“反击”。雷击

杆塔的耐雷水平 I_1 可由 U_j 等于线路绝缘子串的50%冲击闪络电压 $U_{50\%}$ 时求得：

$$I_1 = \frac{U_{50\%}}{(1-k)\left[\beta\left(R_{ch}+\frac{L_{gt}}{2.6}\right)+\frac{h_d}{2.6}\right]} \tag{8.9}$$

《规程》规定，不同电压等级输电线路雷击杆塔时的耐雷水平 I_1 不应该低于表 8.4 所列数值。

表 8.4　各级电压应有的耐雷水平

额定电压/kV	35	60	110	154	220	358
耐雷水平/kA	20～30	30～60	40～75	90	80～120	106～140

从式(8.9)可知，雷击杆塔时的耐雷水平与分流系数 β、杆塔等值电感 L_{gt}、杆塔冲击节点电阻 R_{ch}、导地线间的耦合系数 k 和绝缘子串的50%冲击闪络电压 $U_{50\%}$ 有关。实际上以降低杆塔接地电阻 R_{ch} 和提高耦合系数 k 作为提高耐雷水平的主要手段，对一般的高度杆塔，冲击接地电阻 R_{ch} 上的电压降是塔顶电位的主要成分，降低接地电阻可以有效地减小塔顶电位和提高耐雷水平。增加耦合系数 k 可以减少绝缘子串上的电压和减小感应过电压，也可以提高耐雷水平。常用的措施是将单避雷线改为双避雷线，或者导线下方增设架空地线，称为耦合地线，其作用主要是增强导地线间的耦合作用，同时也增加了地线的分流作用。

距离避雷线最远的导线，其耦合系数最小，一般较易发生反击。

8.2.2　雷击避雷线档距中央时的过电压

雷击避雷线档距中央如图 8.5 所示，雷击点电阻抗为 $Z_b/2$，根据式(8.2)，流入雷击点的雷电流波 i_Z 为

$$i_Z = \frac{i_L}{1+\frac{1+Z_b/2}{Z_0}}$$

雷击点电压 U_A 为

$$U_A = i_z Z_b/2 = i_L \frac{Z_0 Z_b}{2Z_0+Z_b} \tag{8.10}$$

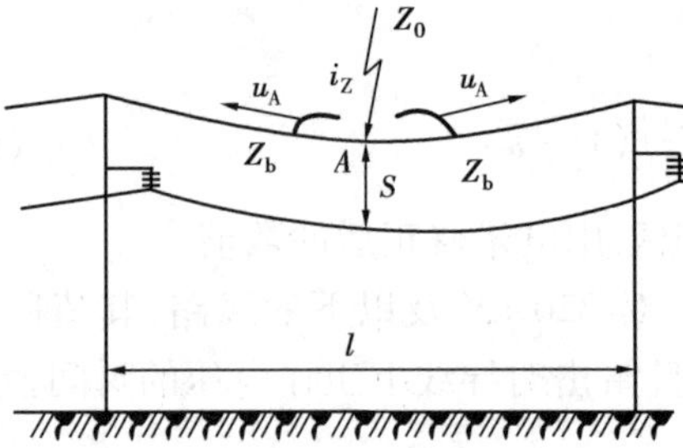

图 8.5　雷击避雷线档距中央

Z_0—雷电通道波阻抗；S—档距中央导地线间距离

此电压波 U_A 自雷击点沿两侧避雷线向相邻杆塔运动，经 $\frac{l}{2v_b}$ 时间到达杆塔，由于杆塔的接地作用，在杆塔处将有一负反射波返回雷击点，又经 $\frac{l}{2v_b}$ 时间，此负反射波到达雷击点，若此时雷电流尚未到达幅值，即 $2\times\frac{l}{2v_b}$ 小于雷电流波头，则雷击点的电位自负反射波到达之时开始下降，雷击点 A 的最高点将出现在 $t=2\times$

$\frac{l}{2v_b}=\frac{l}{v_b}$时刻。

若雷电流取为斜角波头，即 $i_L=at$，则根据式(8.10)以 $t=\frac{l}{v_b}$代入，可得雷击点的最高电位 U_A 为

$$U_A = a \times \frac{l}{v_b} \times \frac{Z_0 Z_b}{2Z_0 + Z_b}$$

避雷线在导线间的耦合作用，在导线上将产生耦合电压 kU_A，电击处避雷线与导线间的空气间隙 s 上所承受的最大电压 U_s 为

$$U_s = U_A(1-k) = a \times \frac{l}{v_b} \times \frac{Z_0 Z_b}{2Z_0 + Z_b}(1-k) \tag{8.11}$$

从式(8.11)可知，雷击避雷线档距中央时，雷击处避雷线与导线间的空气间隙 s 上的电压与耦合系数 k、雷电流陡度 a 以及档距长度 l 有关，当此电压超过空气间隙 s 的放电电压时，间隙将被击穿造成短路事故。

根据式(8.11)和空气间隙的抗电强度，可以计算出不发生击穿的最小空气距离 s。《规程》认为对一般档距的线路如果档距中央导地线间的空气距离 s 满足下述经验公式，则一般不会出现击穿事故。

$$s = 0.012l + 1(\text{m}) \tag{8.12}$$

式中：l 的档距长度。

对大跨越档距，若$\frac{l}{v_b}$大于雷电流坡头，则相邻杆塔传来的负反射波到达雷击点 A 时，雷电流已过峰值，雷击点的最高电位由雷电流峰值决定。导地线间的距离 s 将由雷击点的最高电位和间隙平均击穿强度决定。

8.2.3　绕击时的过电压和耐雷水平

装设避雷线的线路仍然有雷绕过避雷线而击于导线的可能性，虽然绕击的概率很小，但一旦出现此情况，则往往会引起线路绝缘子串的闪络。

20 世纪 60 年代中后期，开始应用电气几何模型来分析避雷线的屏蔽作用。电气几何模型是以“闪击距离”r_s 的概念为基础的，所谓闪击距离就是闪电先导头部与地面目标间的临界击穿距离，此击穿距离与先到头部电位有关，先导头部电位与先导中的电荷有关，后者又决定了随后出现的雷电流幅值，“闪击距离”r_s 与雷电流幅值 I_L 有直接关系，其关系式为

$$r_s = 9.4I_L^{2/3} \tag{8.13}$$

式中 I_L 以 kA 计，r_s 以 m 计。

如图 8.6 所示是用于分析避雷线屏蔽效果的电气几何模型。分别以避雷线 b 和导线 d 为中心，以“闪击距离”r_{si}为半径作两圆弧，此两圆弧交图中 B_i 点，在以高度为“闪击距离”r_{si}处作为一水平线与以 d 为中心的圆弧交于 C 点，由圆弧 A_iB_i，B_iC_i 和直线 C_iD_i 形成的曲线在沿线路方向组成一曲面，此曲面成为定位曲面，雷电流幅值为 I_{Li}的先导到达定位曲面前，其发展部受地面物体的影响，仅当它下行到定位曲面时才受地面物体的影响而定位。若 I_{Li}的先导落在 A_iB_i 的弧上，则将雷击避雷线；若在 B_iC_i 弧上，则将雷击导线(即发生绕击)；若落在 C_iD_i 线上，则将雷击大地。由 A_iB_i 弧和 B_iC_i 弧组成的曲面分别成为避雷线和导线对雷电流 I_{Li}的捕

雷面,而水平面 C_iD_i 为地面捕雷面。雷电先导落在某一物体的捕雷面上,雷就必然击中该物体,这是因为先到该物体的击穿距离比到其他物体的距离小,不同的雷电流幅值有不同的 r_s,可画出一系列的定位曲面。不难证明,A_iB_i 弧与 B_iC_i 弧交点的轨迹为导线与地线连接的垂直平分线(即图中直线 OK),B_iC_i 弧与 C_iD_i 线的交点轨迹为一抛物线(即图中曲线 HC_1K),中垂线与抛物线将整个空间分为 3 个部分:中垂线以上部分是击中地线区;中垂线与抛物线所包围的区域为击中导线区(即绕击区);抛物线以下的部分为击中地面区。随着雷电流幅值的增大,B_iC_i 弧逐渐减小,雷电流幅值增大至 I_{LK} 时,B_iC_i 弧则缩减为 0,相当于 I_{LK} 的闪击距离为临界闪击距离 r_{sk},雷击时若雷电流大于 I_{LK} 值,则不可能发生绕击。

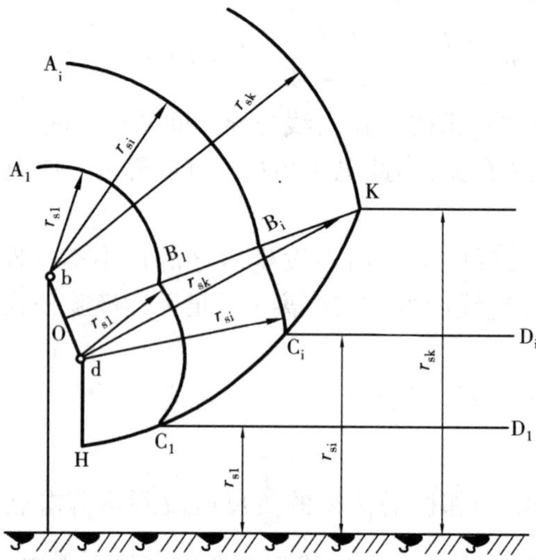

图 8.6　输电线路绕击的电气几何模型

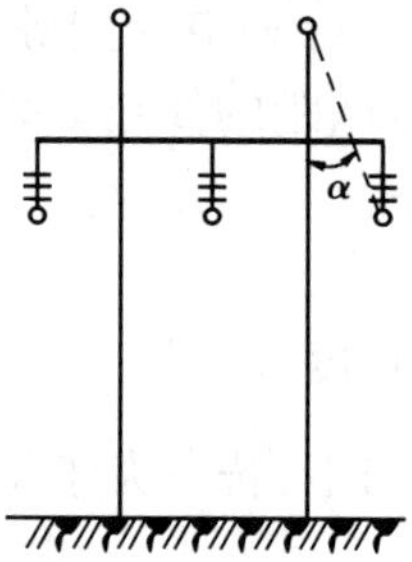

图 8.7　保护角 α

从电气几何模型可以清楚知道影响绕击率的各种因素的物理性质。

对一般工程实际问题,采用从模拟实验和现场运行经验中得出经验公式来求取绕击概率,认为绕击概率与避雷线对外侧导线的保护角 α(见图 8.7)、杆塔高度和线路经过地区的地形地貌和地质条件有关。《规程》建议用下列公式计算绕击率 P_α

$$\begin{cases} \text{对平原地区} \quad \lg P_\alpha = \dfrac{\alpha\sqrt{h}}{86} - 3.9 \\ \text{对山区} \quad \lg P_\alpha = \dfrac{\alpha\sqrt{h}}{86} - 3.35 \end{cases} \tag{8.14}$$

式中:P_α 为绕击率,即一次雷击线路中出现绕击的概率;α 为保护角;h 为杆塔高度。

从式(8.14)可知,山区的绕击率为平原地区的 3 倍,或相当于保护角增大 8°。

现在来计算绕击时的过电压和耐雷水平。如图 8.8 所示,绕击时雷击点抗阻为 $Z_d/2$(Z_d 为导线波阻抗),流经雷击点的雷电流波 i_Z 为

$$i_Z = \frac{i_L}{1 + \dfrac{z_d/2}{z_0}}$$

导线上电压为 u_d,则

$$u_d = i_Z Z_d/2 = i_L \frac{Z_0 Z_d}{2Z_0 + Z_d}$$

其幅值 U_d

$$U_d = I_L \frac{Z_0 Z_d}{2Z_0 Z_d} \tag{8.15}$$

由式(8.15)可知,绕击时导线上电压幅值 U_d 随电流幅值 I_L 的增加而增加,若超过线路绝缘子串的冲击闪络电压,则绝缘子串将发生闪络,绕击时的耐雷水平 I_2 可令 U_d 等于绝缘子的 50% 闪络电压 $U_{50\%}$ 来计算,即

$$I_2 = U_{50\%} \frac{2Z_0 + Z_d}{Z_0 Z_d} \tag{8.16}$$

《规程》认为 $Z_0 \approx Z_d/2$

有
$$I_2 \approx U_{50\%} \frac{4}{Z_d} \approx \frac{U_{50\%}}{100} \tag{8.17}$$

根据《规程》的计算方法,35,110,220,330 kV 线路的绕击耐雷水平分别为 3.5,7,12,16 kA左右,其值较雷击杆塔时的耐雷水平小得多。

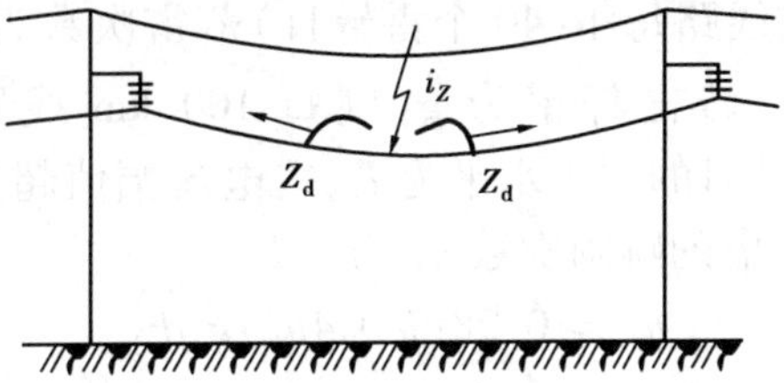

图 8.8　绕击导线

8.3　输电线路的雷击跳闸率

输电线路落雷时,什么情况下才会引起线路跳闸停电呢?首先雷电流必须超过线路耐雷水平,才能引起线路绝缘发生冲击闪络,这时,雷电流沿闪络通道入地,但时间只有几十微秒,线路开关来不及动作,只有当沿闪络通道流过的工频短路电流的电弧持续燃烧时,线路才会跳闸停电。

8.3.1　建弧率

线路着雷且雷电流超过线路的耐雷水平引起线路绝缘发生冲击闪络时,冲击闪络时间很短不会引起线路跳闸,但若雷电消失后由工作电压产生的工频电弧继续稳定存在,则将造成跳闸,从冲击闪络转为工频电弧的概率与弧道中的平均电场强度有关,也与闪络瞬间工频电压的瞬时值和去游离条件有关。根据实验和运行经验,冲击闪络转为稳定工频电弧的概率称为建弧率,以 η 来表示

$$\eta = 4.5E^{0.75} - 14(\%) \tag{8.18}$$

式中:E 为绝缘子串的平均运行电压梯度,kV/m。

对中性点直接接地系统

$$E = \frac{u_e}{\sqrt{3}l_j} \tag{8.19}$$

对中性点非直接接地系统

$$E = \frac{u_e}{2l_j} \tag{8.20}$$

对中性点直接接地系统且为铁横担时，u_e 为线路额定电压（kV 有效值），l_j 为绝缘子串闪络距离（m）。

对中性点不接地系统，单相闪络不会引起跳闸，只有当第二相导线再闪络后才会造成相间闪络而跳闸，在此式（8.20）中应是线电压和相间绝缘长度。

实践证明，当 $E \leqslant 6$ kV 时，则建弧率很小，可以近似地认为建弧率为 0。

8.3.2 有避雷线线路雷击跳闸率 n 的计算

（1）雷击杆塔时的跳闸率

对每 100 km 有避雷线的线路每年（40 个雷暴日）落雷次数为 $N = 0.28(b + 4h_b)$ 次，其中 h_b 为避雷线对地平均高度。若击杆率为 g，则每 100 km 线路每年雷击杆塔的次数为 $0.28(b + 4h_b)g$ 次；若雷击杆塔时的耐雷水平为 I_1，雷电流幅值超过 I_1 的概率为 P_1，建弧率为 η，则 100 km 线路每年雷击杆塔的跳闸次数 n_1 为

$$n_1 = 0.28(b + 4h_b)g\eta P_1 \tag{8.21}$$

（2）绕击跳闸率

设绕击率为 P_α，100 km 的线路每年绕击次数为 $0.28(b + 4h_b)P_\alpha$，绕击时的耐雷水平为 I_2，雷电流幅值超过 I_2 的概率为 P_2，建弧率为 η，则每 100 km 线路每年绕击跳闸率 n_2 为

$$n_2 = 0.28(b + 4h_b)\eta P_\alpha P_2$$

（3）线路雷击跳闸率

若避雷线与导线在档距中央处的空气间隔距离 s 满足式（8.12），则雷击避雷线档距中央一般不会发生击穿事故，其跳闸率可视为 0。

线路雷击跳闸率 n 为

$$n = n_1 + n_2 = 0.28(b + 4h_b)\eta(gP_1 + P_\alpha P_2) \quad (\text{次}/100\ \text{km} \cdot \text{年}) \tag{8.22}$$

8.4 输电线路的防雷措施

在确定输电线路的防雷方式时，应全面考虑线路的重要程度、系统运行方式、线路经过地区雷电活动的强弱、地形外貌的特点、土壤电阻率的高低等条件，结合当地原有线路的运行经验，根据技术经济比较的结果，因地制宜，采取合理的保护措施。

8.4.1 架设避雷线

避雷线是高压和超高压输电线路最基本的防雷措施，其主要目的是防止雷直击导线，此外，避雷线对雷电流还有分流作用，可以减小流入杆塔的雷电流，使杆塔电位下降，对导线有耦合作用，可以降低导线上的感应过电压。

我国《规程》规定,330 kV 应全线架设双避雷线,220 kV 应全线架设避雷线,110 kV 线路一般应全线装设避雷线,但在少雷区或运行经验证明雷电活动轻微的地区可不沿全线架设避雷线,其保护角一般为 20°~30°,330 kV 及 220 kV 双避雷线线路的保护角一般为 20°左右。

为了降低正常工作时避雷线中电流所引起的附加损耗和将避雷线兼作通信用,可将避雷线经一个小间隙对地绝缘起来,雷击时小间隙击穿,避雷线接地。

8.4.2　降低杆塔接地电阻

对一般高度的杆塔,降低杆塔接地电阻是提高线路耐雷水平防止反击的有效措施。《规程》规定,有避雷线的线路,每基杆塔不连避雷线的工频接地电阻,在雷季干燥时不宜超过表 8.5 中的数值。

表 8.5　有避雷线输电线路杆塔的工频接地电阻

土壤电阻率/($\Omega\cdot m^{-1}$)	100 及以下	100~500	500~1 000	1 000~2 000	2 000 以上
接地电阻/Ω	10	15	20	25	30

土壤电阻率低的地区,应充分利用杆塔的自然接地电阻,采用与线路平行的地线的办法,因其与导线间的耦合作用而降低绝缘子串上的电压,从而使线路的耐雷水平提高。

8.4.3　架设耦合地线

在降低杆塔接地电阻有困难时,可以采用在导线下方架设耦合地线的措施,其作用是增加避雷线与导线间的耦合作用以降低绝缘子串上的电压。此外,耦合地线还可增加对雷电流的分流作用。运行经验证明,耦合地线对降低雷击跳闸率的作用很显著。

8.4.4　采用不平衡绝缘方式

在现代高压及超高压线路中,同杆架设的双回路线日益增多,对此类线路采用通常的防雷措施尚不能满足需求时,可采用不平衡绝缘方式来降低双回路雷击同时跳闸率,以保证不断供电。不平衡绝缘的原则是使两回路的绝缘子串片数有差异,这样,雷击时绝缘子串片减少的回路线闪络,闪络后的导线相当于地线,增加了对另一回路导线的耦合作用,提高了另一回路的耐雷水平,使之不发生闪络以保证继续供电。一般认为,两回路绝缘水平的差异宜为$\sqrt{3}$倍相电压(峰值),差异过大会使总故障率增加。

8.4.5　装设自动重合闸

由于雷击造成的闪络大多能在跳闸后自行恢复绝缘性能,因此重合闸成功率较高。据统计,我国 110 kV 及以上高压线路重合闸成功率为 75%~95%,35 kV 及以下线路为 50%~80%。各级电压的线路应尽量装设自动重合闸。

8.4.6　采用消弧线圈接地方式

对雷电活动强烈,接地电阻又难以降低的地区,可考虑采用中性点不接地或经消弧线圈接地的方式。绝大多数单相着雷闪络接地故障能被消弧线圈所消除,而两相或三相着雷时,雷击引起第一相导线闪络并不会造成跳闸,闪络后的导线相当于地线,增加了耦合作用,使未闪络相绝缘子串上的电压下降,从而提高了耐雷水平。

8.4.7 装设管型避雷器

一般在线路交叉处和高杆塔上装设管型避雷器以限制过电压。

8.4.8 加强绝缘

在冲击电压作用下木材是较良好的绝缘,可以采用木绝缘来提高耐雷水平和降低建弧率,我国受客观条件限制一般不采用木绝缘。

高杆塔可以采用增加绝缘子串片数的方法来提高防雷性能。高杆塔的等值电感大,感应过电压大,绕击率也随高度而增加。《规程》规定,全国超过 40 m 有避雷线的杆塔,每增高 10 m 应增加一片绝缘子;全国超过 100 m 的杆塔,绝缘子数应结合运行经验通过计算确定。

习题与思考题

8.1 解释避雷线对降低导线上感应过电压的作用。

8.2 工程实际中采用哪些措施来提高耐雷水平?

8.3 试述建弧率的含义及其在线路防雷中的作用。

8.4 某 220 kV 线路的铁塔结构如图 8.9 所示,该路线通过平原地区,雷暴日年平均为 40 日,导线型号为 LGJQ-300,避雷线外径为 10 mm,导线和避雷线的弧垂分别为 12 m 和 7 m,线路档距为 400 m,杆塔冲击接地电阻为 7 Ω,绝缘子串由 13 片 X-4.5 组成。长为 2.2 m,其 50% 冲击放电电压为 1 200 kV,试计算该路线的耐雷水平和跳闸率。

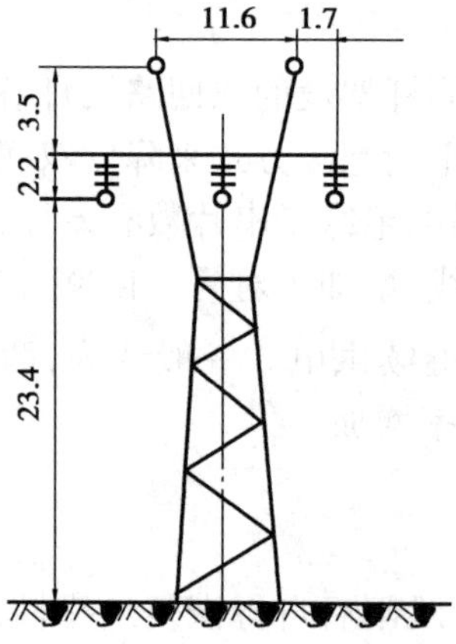

图 8.9 铁塔结构图

第9章 变电站及电机防雷保护

变电站及发电厂电机如果发生雷击事故,将造成大面积停电,严重影响国民经济和人民生活,变电站及发电厂电机的防雷保护必须是十分可靠的。

发电厂、变电站遭受雷害可能来自两个方面:雷直击发电厂、变电站;雷击线路,沿线路向发电厂、变电站入侵的雷电波。

对直击雷的保护,一般采用避雷针或避雷线。我国运行经验表明,凡装设符合《规程》要求的避雷针的发电厂和变电站,绕击和反击率是很低的。

由于线路落雷频繁,所以沿线路入侵的雷电波是发电厂、变电站遭受雷害的主要原因。由线路入侵的雷电波电压,虽受到线路绝缘的限制,但线路绝缘水平比发电厂、变电站电气设备的绝缘水平高(如220 kV线路绝缘子串的50%放电电压为1 410 kV,而220 kV变压器的全波冲击试验电压只有835 kV,全波多次保证电压只有835 kV/1.1 =759 kV;10 kV线路的50%放电电压为80 kV,而发电机出厂时的冲击耐压仅为34 kV),若不采取防护措施,势必造成发电厂、变电站电气设备的损坏事故。

9.1 变电站及电机的直击雷保护

可以通过装设避雷针来防止雷直击于发电厂、变电站。应该使所有设备都处于避雷针保护范围之内,此外,还应采取措施,防止雷击避雷针时的反击事故。

雷击避雷针及其接地装置如图9.1所示,在避雷针高度 h 处和避雷针的接地装置上,会出现高电位 u_k 和 u_d。

$$u_k = L\frac{di_L}{dt} + i_L R \tag{9.1}$$

$$u_d = i_L R \tag{9.2}$$

式中:L 为避雷针的等值电感; R 为避雷针冲击接地电阻;i_L 和 $\frac{di_L}{dt}$ 分别为流经避雷针的雷电流和雷电流平均上升速度。

取雷电流的幅值为150 kA,雷电流的平均上升速度为30 kA/μs,避雷针电感为

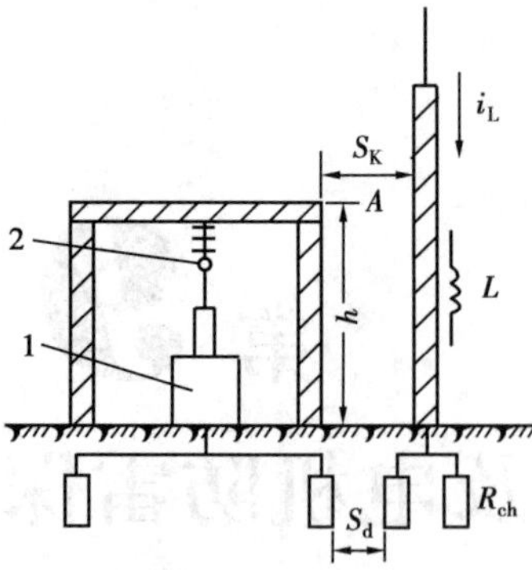

图 9.1　独立避雷针离配电构架的距离
1—变压器;2—母线

1.7 μH/m,可进一步得

$$u_k = 150R + 50h(\text{kV})$$
$$u_d = 150R(\text{kV})$$

式中:h 为配电构架的高度(图 9.1 中 A 点)。

上两式表明,避雷针和其接地装置上的电位 u_k 和 u_d 与冲击接地电阻 R 相关。R 越小,则 u_k 和 u_d 越低。

为了防止避雷针与被保护设备之间的空气间隙 S_k 被击穿,必须要求 S_k 大于一定距离,若取空气的平均抗电强度为 500 kV/m,则 S_k 应满足式(9.3)的要求:

$$S_k > 0.3R + 0.1h \quad (9.3)$$

此外,为了防止避雷针接地装置和被保护设备接地装置之间在土壤中的间隙 S_d 被击穿,必须要求 S_d 大于一定距离。若取土壤的抗电强度为 500 kV/m,S_d 应满足式(9.4)的要求:

$$S_d > 0.3R \quad (9.4)$$

一般情况下,S_k 不应小于 5 m,S_d 不应小于 3 m。

按照安装方式的区别,避雷针可分为独立避雷针和装在配电装置构架上的避雷针(简称构架避雷针)两类。从经济观点出发希望采用构架避雷针,它既能节省支座的钢材,又能省去专用的接地装置(必须满足构架避雷针的接地装置与变电站的接地网的连接点离主变压器接地装置与变电站的接地网的连接点之间的距离不应小于 15 m,目的在于防止主变压器被反击,由于变压器是变电站中最重要的设备且其绝缘较弱,因此在变压器门型构架上不应装设避雷针)。对 35 kV 及以下变电站宜装设独立避雷针,独立避雷针有自己专用的支座和接地装置,其接地电阻一般不超过 10 Ω。

9.2　变电站内阀型避雷器的保护作用

变电站内阀型避雷器是对入侵雷电过电压波进行防护的主要设备之一,其保护作用是限制过电压波的幅值。如图 9.2 所示,避雷器与变压器接在一点,为简化分析,不计算变压器的对地入口电容,入侵雷电波 u 从线路入侵,避雷器动作前后的电压可用图 9.2(b)和(c)的等值电路来分析,假设避雷针的伏安特性 $u_b = f(i_b)$ 和伏秒特性 u_f 均已知,则可按图 9.3 的作图法求得变压器上的电压。

入侵波 u 到达变压器处,在避雷器动作前相当于末端开路,电压上升 1 倍成为 $2u$,避雷器上电压 u_b 也等于 $2u$。当 $2u$ 与避雷器伏秒特性 $u_f = f(t)$ 相交时(见图 9.3),则避雷器动作,动作电压为 U_c。

动作后按图 9.2(c)中的等值电路可列方程为

$$2u = u_b + i_b z_1$$

其中 i_b 为流过避雷器的电流。画出曲线 $u_b + i_b z_1$,然后自 $2u$ 曲线的幅值处作一水平线与曲线 $u_b + i_b z_1$ 相交,交点的横坐标就是流过避雷器的最大雷电流 i_{bm},由 i_{bm} 从伏安特性 $u_f = f(t)$ 所确定的电压即为避雷器上的最大残压值 u_{bm},其他时刻避雷器上的电压可按此法求解。

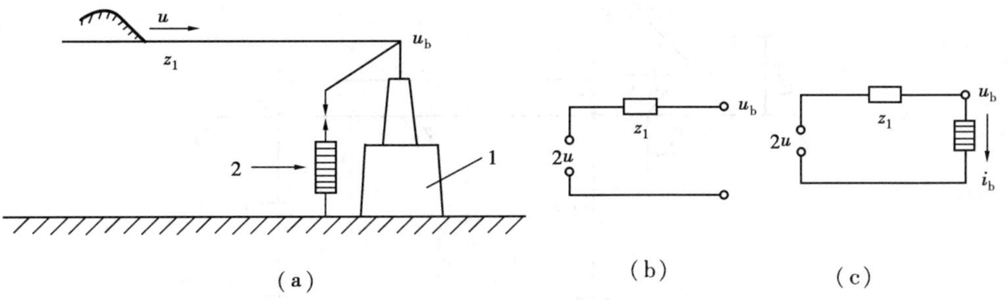

图 9.2　避雷器直接装在变压器旁边
(a)接线图;(b)动作前的等值电路;(c)动作后的等值电路
1—变压器;2—避雷器

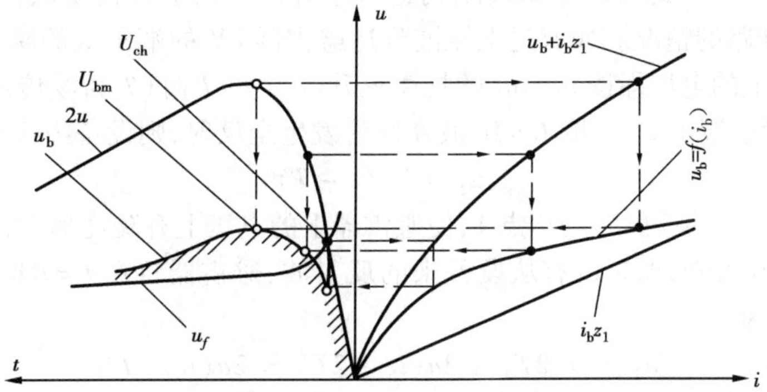

图 9.3　避雷器电压 U 图解法
u—入侵波;u_f—避雷器伏秒特性;u_b—避雷器上电压;$u_b=f(i_b)$—避雷器的伏安特性

在具有正常防雷接线的 110 ~ 220 kV 变电站中,流经避雷器的雷电流一般不超过 5 kA,残压最大值多取 5 kA 以下的数值。一般情况下,避雷器的冲击放电电压与 5 kA 的残压基本相同。在以后的分析中可以将避雷器上的电压近似地视为斜角平顶波,其幅值为 5 kA 时的残压 $U_{b.5}$,波头时间(即避雷器放电时间)则取决于入侵波陡度。若入侵雷电波为斜角波,即 $u=at$,避雷器的作用相当于在避雷器放电时刻 t_p 在避雷器处产生一负电压波 $-a(t-t_p)$,如图 9.4 所示。

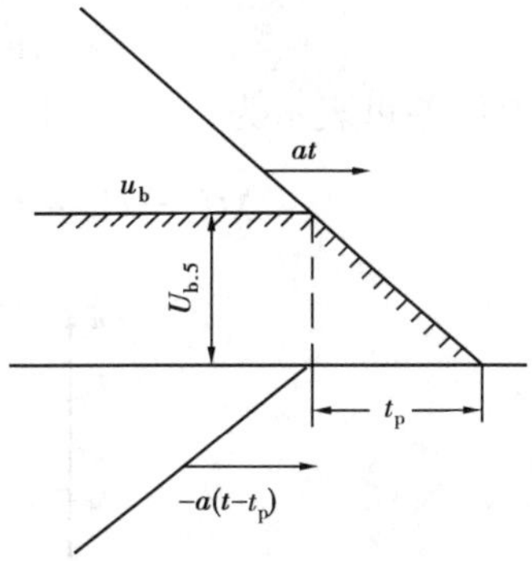

图 9.4　分析避雷器上电压波形 U_b

避雷器直接接在变压器旁,变压器上的过电压波形与避雷器上电压相同,若变压器的冲击耐压大于避雷器的冲击放电电压和 5 kA 下的残压,则变压器将得到可靠的保护。

变电站中有很多设备,不可能在每个设备旁都装设一组避雷器,一般只在变电站母线上装设避雷器。由于变压器是最重要的设备,因此避雷器应尽量靠近变压器。这样,避雷器离开变压器和各电气设备都有一段长度不等的距离,当雷电波入侵时,变压器和各电气设备上的电压将与避雷器上电压不相同,两者相差多少?避雷器对变电站所有设备是否都能起到保护作用?如图 9.5 所示为只有一路进线的终端变电站的情况。一切被保护绝缘都可近似地用一只等值

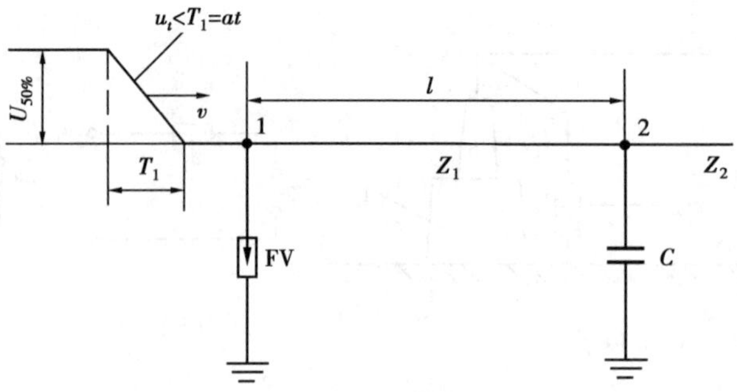

图 9.5　求取 ΔU 的简化计算接线图

电容 C 来代表，这时图 9.5 中的 Z_2 断开，C 即为电力变压器的入口电容。由于一般电力设备的等值电容 C 都不大，因此可以忽略波刚到达时电容使电压上升速度减慢的影响，而讨论电容充电后相当于开路的情况。如取过电压波到达避雷器 FV 的端子 1 的瞬间作为时间的起算点($t=0$)，避雷器上的电压即按 $u_1=at$ 的规律上升。当 $t=T$ 时(T 为波传过距离 l 所需时间，$T=l/v$)，波到达设备端子 2 上，取 $C=0$，波在此将发生全反射，则设备绝缘上的电压为

$$u_2 = 2a(t-T) \tag{9.5}$$

当 $t=2T$ 时，点 2 的反射波到达点 1，使避雷器上的电压上升陡度加大，如图 9.6 中的线段 mb 所示。由图 9.6 可知，如果没有从设备来的反射波，避雷器将在 $t=t_b'$ 时动作，当有反射波时其击穿电压 U_b 为

$$u_2 = a(2T) + 2a(t_b - 2T) = 2a(t_b - T)$$

由于一切通过点 1 的电压波都将到达点 2，但在时间上要延后 T，因此避雷器放电后所产生的限压效果要到 $t=t_b+T$ 时才能对设备绝缘上的电压产生影响。这时 U_2 已经达到下式所表示的数值：

$$u_2 = 2a[(t_b+T)-T] = 2at_b$$

电压差可表示为

$$\Delta U = U_2 - U_b = 2at_b - 2a(t_b - T) = 2aT = 2a\frac{l}{v}\ \text{kV} \tag{9.6}$$

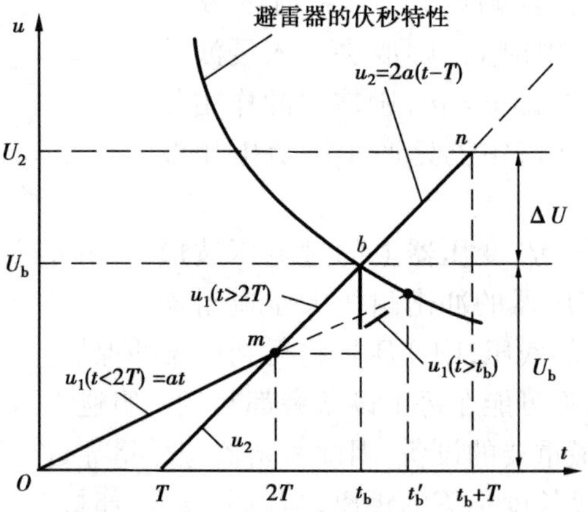

图 9.6　避雷器和被保护绝缘上的电压波形

如果以来波的梯度 a'(kV/m)来代替式(9.6)中的陡度 a(kV/μs)，则式(9.6)可改写为

$$\Delta U = 2a'l(\mathrm{kV}) \tag{9.7}$$

由此可知,被保护绝缘与避雷器间的电气距离(沿母线和连接线计算的距离)l 越大,来波陡度 a 或 a'越大,电压差值 ΔU 也越大。

避雷器与变压器之间有一段距离 l,绝缘上实际受到的电压波形与残压波形不一样,这是因为母线、连接线等都有某些杂散电感和电容,它们与绝缘的电容 C 将构成某种振荡回路,如图 9.7 所示为其示意图。其结果是使得绝缘上出现的电压波形由一非周期分量(避雷器工作电阻上的电压)与一衰减性振荡分量组成,如图 9.8 所示。这种波形与冲击全波的差别很大,更接近于冲击截波。常以变压器绝缘承受截波的能力来说明在运行中该变压器承受雷电波的能力。变压器承受截波的能力称为多次截波耐压值 U_j,根据实际经验,对于变压器而言,此值为变压器 3 次截波冲击试验电压 $U_{j.3}$的 1/1.15 倍,即 $U_j = U_{j.3}/1.15$。同样,其他电气设备在运行中承受雷电波的能力也可用多波截波耐压 U_j 来表示。

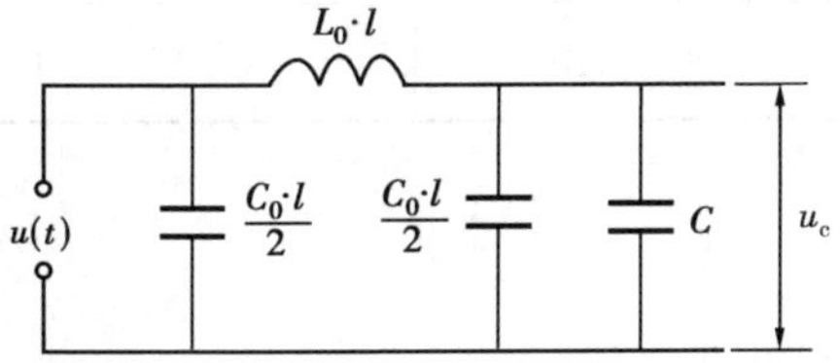

图 9.7　杂散电抗与绝缘电容示意图

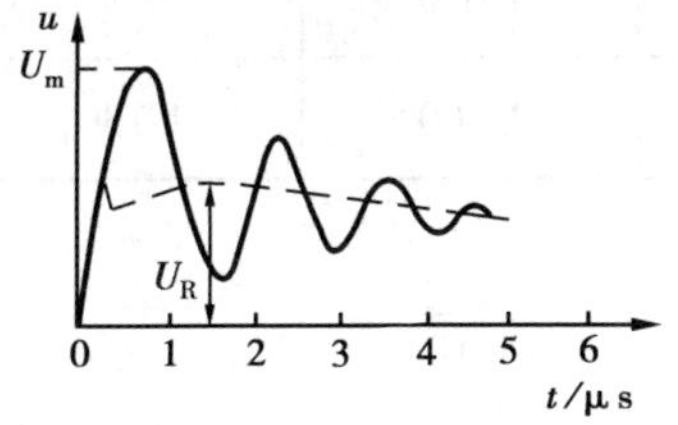

图 9.8　阀式避雷器动作后,在绝缘上出现的实际过电压波形

当雷电波入侵变电站时,若设备上受到的最大冲击电压值 U_s 小于设备本身的多次截波耐压值 U_j,则设备不会发生事故;反之,则可能造成雷害事故。为了保证设备安全运行必须满足下式:

$$U_s < U_j$$

即

$$U_{b.5} + 2a\frac{l}{v}k \leqslant U_j \tag{9.8}$$

式中:U_s 为设备上所受冲击电压最大值;U_j 为设备多次截波耐压值;$U_{b.5}$为避雷器上 5 kA 下的残压;a 为雷电波陡度;l 为设备与避雷器之间间距;v 为波速;k 为考虑设备电容而引入的修正系数。

不同电压等级变压器的多次截波冲击耐压 U_j 和避雷器上 5 kA 下的残压 $U_{b.5}$见表 9.1。

如果以来波的空间陡度(又称梯度)a'(kV/m)来代替式(9.8)中的来波的时间陡度 a(kV/μs),则式(9.8)可改写为

$$U_{b.5} + 2a'lk \leqslant U_j \tag{9.9}$$

对一定的进波陡度 a',可求得被保护设备与避雷器之间的最大容许距离为

$$l_{max} = \frac{U_j - U_{b.5}}{2a'}gK(\mathrm{m}) \tag{9.10}$$

或者,对已安装好的距离 l,可求出最大容许来波陡度为

$$a'_{max} = \frac{U_j - U_{b.5}}{2l}gK\ (\mathrm{kV/m}) \tag{9.11}$$

式(9.10)中的 l_{max} 就是阀型避雷器的最大保护距离(或称保护范围)。变电站内其他设备的冲击耐压值都比变压器高,它们距避雷器的最大距离 l'_{max} 可比变压器距避雷器的最大距离 $l_{max(T)}$ 大35%。

表9.1 变压器多次截波耐压 U_j 与避雷器残压 $U_{b.5}$ 的比较

额定电压/kV	变压器三次截波耐压 $U_{j,3}$/kV	变压器多次载波耐压 U_j/kV	FZ 避雷器 5 kA 残压 $U_{b.5}$/kV	FCZ 避雷器 5 kA 残压 $U_{b.5}$/kV	变压器多次截波耐压与避雷器残压的比	
					FZ	FCZ
35	225	196	134	108	1.46	1.81
110	550	478	332	260	1.44	1.83
220	1 090	949	664	515	1.43	1.85
330	1 300	1 130	—	820	—	1.38

9.3 变电站进线段保护

9.3.1 变电站的进线段保护作用

从阀型避雷器的保护作用分析知道,要使避雷器能可靠地保护电气设备,必须设法使避雷器电流幅值不超过5 kA(在330~500 kV级为10 kA),而且必须保证来波陡度 a 不超过一定的允许值。对于35~110 kV无避雷线线路来说,如果当雷击于变电站附近的导线时,流过导线的电流将超过5 kA,而且陡度也会超过允许值。必须在靠近变电站的一段进线上采取可靠的防直击雷保护措施,进线段保护是对雷电入侵波保护的一个重要辅助手段。

进线段保护是指在临近变电站1~2 km的一段线路上加强防雷保护措施。当线路全线无避雷线时,在1~2 km线路上架设避雷线,保护角取20°,使此段线路有较高耐雷水平,并减少绕击和反击的概率。这样进入变电站内的入侵波由于线路波阻抗及冲击电晕的作用使通过避雷器的幅值和陡度都有所降低。

变电站内设备距避雷器最大允许距离 l_{max} 就是根据进线段以外落雷的条件下求得的,这样可以保证进线段以后落雷时变电站不会发生事故。35 kV及以上变电站的进线保护典型接线如图9.9所示。

9.3.2 雷电侵入波经进线段后的电流和陡度的计算

采取进线段保护以后,按《规程》对雷电流幅值和陡度的要求,在最不利的情况下计算雷电流 i_b 和陡度 a。

(1)进线段首端落雷,流经避雷器电流的计算

最不利的情况是进线段首端落雷(见图9.10中 A 点),受线路绝缘放电电压的限制,入侵

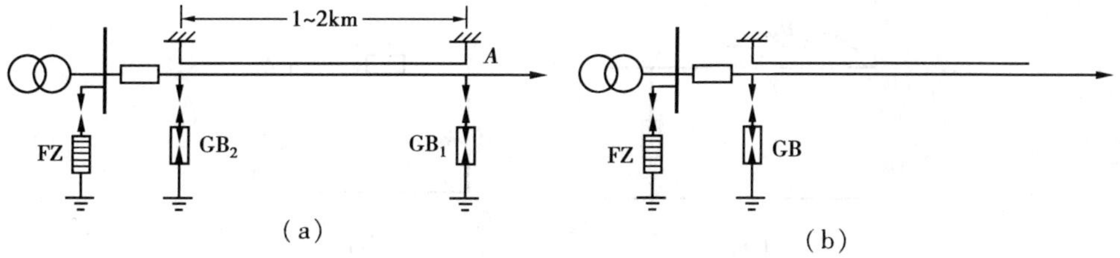

图 9.9　35 kV 及以上变电站的进线保护接线

(a)未沿全线架设避雷线的 35 ~ 110 kV 线路的变电站的进线保护接线；

(b)全线有避雷线的变电站的进线保护接线

雷电波的最大幅值为线路绝缘的 50% 冲击闪络电压 $U_{50\%}$，行波在 1 ~ 2 km 的进线段来回一次的时间为$\frac{2l}{v}=\frac{2(1\ 000 \sim 2\ 000)}{300}=6.7 \sim 13.3$ μs，而入侵波的波头又较短，阀型避雷器动作后产生的负电压波折回雷击点在雷击点产生的反射波到达避雷器前，流经避雷器前的雷电流已过峰值，可以不计这个反射波及其以后过程的影响型。用图 9.10 所示的等值电路计算为

$$2U_{50\%} = i_b Z + U_b$$
$$U_b = f(i_b) \tag{9.12}$$

式中：Z 为导线波阻抗；$U_b=f(i_b)$ 为避雷器阀片的非线性伏安特性。

参阅图 9.3 所示图解法求出通过避雷器的最大电流 i_b。例如，220 kV 线路绝缘强度 $U_{50\%}=1\ 200$ kV，导线波阻抗 $Z=400\ \Omega$，采用 FZ-220J 型避雷器算出通过避雷器的最大雷电流不超过 4.5 kA。这是避雷器电气特性中一般给出 5 kA 下的残压值作为标准的理由。不同电压等级的通过避雷器的最大电流见表 9.2。由表可知，1 ~ 2 km 长的进线段已能够满足限制避雷器中雷电流不超过 5 kA(或 10 kA)的要求。

表 9.2　变电站外落雷，流经单路进线变电站避雷器雷电流幅值计算结果

额定电压/kV	避雷器型号	线路绝缘的 $U_{50\%}$/kV	通过避雷器的最大电流/kA
35	FZ-35	350	1.41
110	FZ-110J	700	2.67
220	FZ-220J	1 200 ~ 1 400	4.35 ~ 5.38
330	FCZ-330J	1 645	7.06
500	FCZ-500J	2 060 ~ 2 310	8.63 ~ 10.0

图 9.9 所示的标准进线段保护接线中，进线段的耐雷水平见表 9.3。线路断路器隔离开关在雷雨季节可能经常开断而线路侧又带有工频电压(热备用状态)，沿线袭来的雷电波(其幅值为 $U_{50\%}$)传到开路端，开路反射电压上升到 $2U_{50\%}$，这时可能使开关绝缘对地放电并引起工频短路，将断路器或隔离开关的绝缘支座烧毁。为此，在靠近隔离开关或断路器处装设一组管型避雷器 GB_2。在断路器闭合运行时雷电侵入波不应使 GB_2 动作，即此时 GB_2 应在变电站阀型避雷器保护范围内。如 GB_2 在断路器闭合运行时侵入波使之放电，则将造成截波，可能

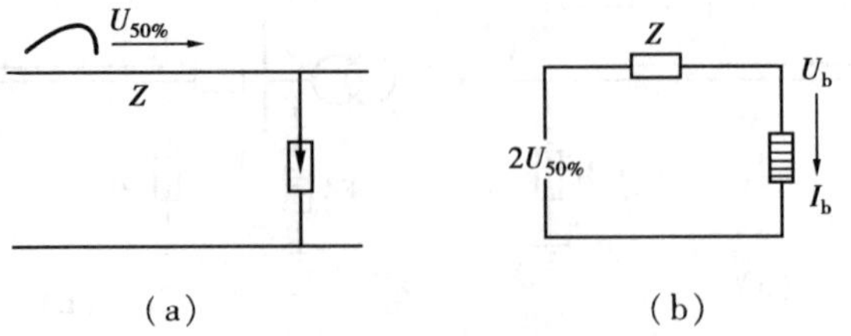

图 9.10　进线段限制通过避雷器电流的原理接线与等值电路
(a)原理接线图;(b)等值电路

危及变压器纵绝缘与相间绝缘。若缺乏适当参数的管型避雷器,则 GB_2 可用阀型避雷器代替。

表 9.3　进线段的耐雷水平

额定电压/kV	35	66	110	220	330	500
耐雷水平/kA	30	60	75	120	140	175

(2)进入变电站的雷电波陡度 a 的计算

在最不利的情况下,出现在进线段首端的入侵雷电波的最大幅值为线路绝缘的 50% 冲击闪络电压且具有直角波头。$U_{50\%}$ 大大超过导线的临界电晕电压。在入侵雷电波作用下,导线将发生冲击电晕,直角波头的雷电波自进线段首端向变电站传播的过程中,波形将发生变形,波头变缓。进入变电站雷电波的陡度 a 可有

$$a = \frac{u}{\left(0.5 + \frac{0.008u}{h_d}\right)l} \tag{9.13}$$

式中:h_d 为进线段导线悬挂平均高度,m;l 为进线段长度,km;u 为避雷器的冲击放电电压或残压。

虽然来波幅值由线路绝缘的 $U_{50\%}$ 决定,但变电站内装有阀型避雷器,只要求在避雷器放电以前来波陡度不大于一定值即可。而在避雷器放电后,电压已基本上不变,其值等于残压,在计算入侵波陡度时,u 值取为避雷器的冲击放电电压或残压。

波的传播速度 $v = 3 \times 10^8$ m/s,可将式(9.13)的陡度化为 kV/m 的单位

$$a' = \frac{a}{v} = \frac{a}{300} \tag{9.14}$$

9.3.3　35 kV 小容量变电站的简化进线保护

对 35 kV 小容量变电站,可根据变电站的重要性和雷电活动强度等情况采取简化的进线保护。35 kV 小容量变电站范围小,避雷器距变压器的距离一般在 10 m 以内。在变压器多次截波冲击耐压值 U_j 和避雷器 5 kA 残压 $U_{c.5}$ 不变的情况下,侵入波陡度 a 允许增加,进线长度可以缩短为 500 ~ 600 m,为了限制流入变电站阀型避雷器的雷电流,在进线首端可装设一组管型避雷器或保护间隙,如图 9.11 所示。

对 35 ~ 110 kV 变电站,如进线装设避雷线有困难或进线段杆塔接地电阻难于下降,不能

达到表9.3所要求的耐雷水平时,可在进线的终端杆上安装一组1 000 μH左右的电抗线圈来代替进线段,如图9.12所示。此电抗线圈既能限制流过避雷器的雷电流又能限制入侵波的陡度。

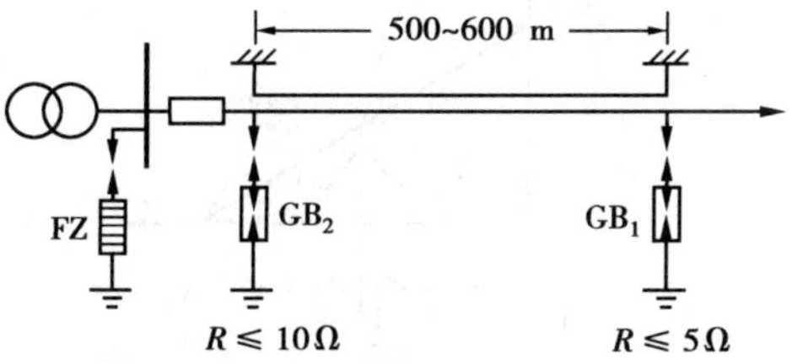

图9.11 3 500~5 000 kVA,35 kV变电站的简化保护接线

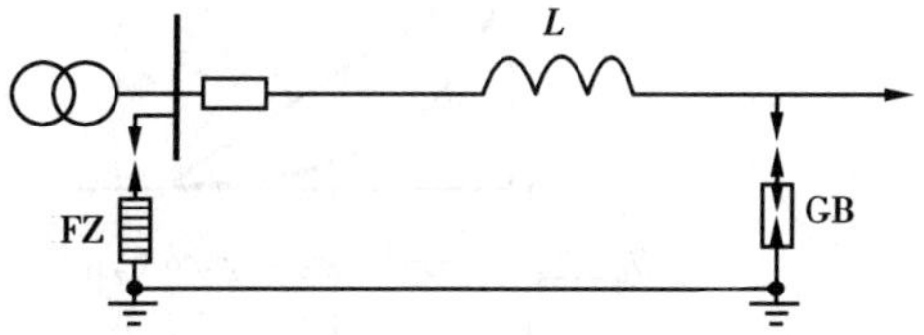

图9.12 用电抗线圈代替进线段的保护接线

9.4 变压器防雷保护

9.4.1 三绕组变压器的防雷保护

当三绕组变压器的高压侧或中压侧有雷电流过电压来袭时,通过绕组间的静电耦合和电磁耦合,其低压绕组上会出现一定的过电压,最不利的情况是低压绕组处于开路状态,这时静电感应分量可能很大而危及绝缘。这一分量将使低压绕组的三相导线电位同时升高,只要在任一相低压绕组出线端加装一只该电压等级的阀型避雷器,就能保护好三相低压绕组。中压绕组虽也有开路运行的可能,但其绝缘水平较高,一般不需加装避雷器。

9.4.2 自耦变压器的防雷保护

自耦变压器一般除了高、中压自耦绕组外,还有三角形接线的低压非自耦绕组,以减小零序电抗和改善电压波形。在运行中,可能出现高、低压绕组运行,中压绕组开路和中、低压绕组运行,高压绕组开路的情况。由于高、中压自耦绕组的中性点均直接接地,因此在高压侧进波时(幅值为U_0),自耦绕组各点的电压初始分布、稳态分布和各点最大电压包络线均与中性点接地的单绕组相同,如图9.13(a)所示,在开路的中压侧端子A'上可能出现的最大电压为高压侧电压U_0的2倍(k为高、中压绕组的变比),有可能引起处于开路状态的中压侧套管的闪络,为此应在中压断路器QF2的内侧装设一组阀型避雷器(见图9.14中的FV2)进行保护。

当中压侧进波时(幅值为$U_0' < U_0$),自耦绕组各点的电压分布如图9.13(b)所示,由中压端A'到开路的高压端之间的电压稳态分布是由中压端A'到中性点N之间的电压稳态分布的电磁感应所产生的,高压端A的稳态电压为kU_0'。在振荡过程中,A点的最大电压可高达$2kU_0'$,将危及高压侧绝缘,为此在高压断路器QF1的内侧也应装设一组避雷器(见图9.14中的FV1)进行保护。

此外,当中压侧接有出线时(相当于A'点经线路波阻抗接地),如高压侧有过电压波入侵,A'点的电位接近于零,大部分过电压将作用在AA'段绕组上,这显然是危险的;当高压侧接有出线时,中压侧进波也会造成类似的结果。显然,AA'绕组越短(即变比k越小),危险性越大。

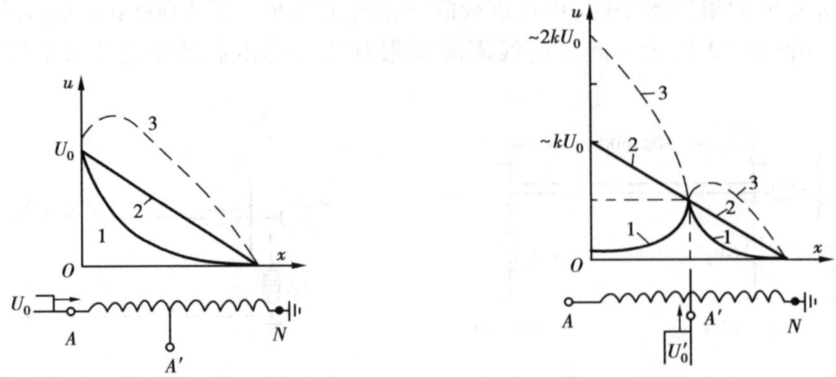

图 9.13　自耦变压器绕组中的电压分布

(a)高压侧进波;(b)中压侧进波

1—电压初始分布;2—电压稳态分布;3—最大电压包络线

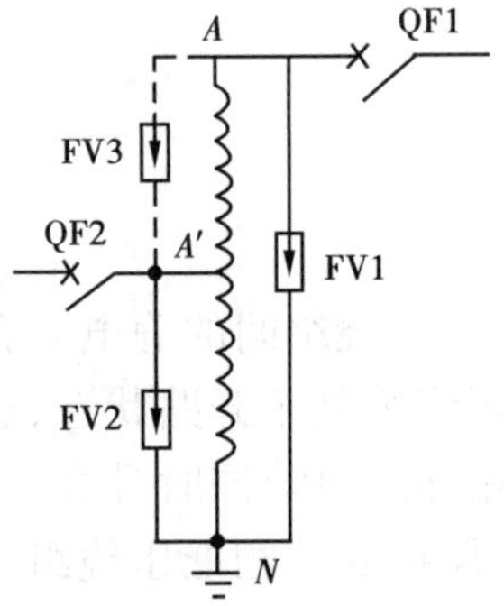

图 9.14　自耦变压器的典型保护接线

一般当 $k<1.25$ 时,还应在 AA' 之间跨接一组避雷器(见图 9.14 中的 FV3)。

9.4.3　变压器中性点的保护

(1)变压器中性点绝缘水平

中性点绝缘水平可分为全绝缘和分级绝缘两种。凡中性点绝缘与相线端的绝缘水平相等,称为全绝缘。一般在 60 kV 及以下的电力变压器中性点是全绝缘的。如果中性点绝缘低于相线端绝缘水平,称为分级绝缘。一般在 110 kV 及以上时,大多变压器中性点是分级绝缘的。

(2)不同电压等级的中性点保护

1)60 kV 及以下电网的变压器

我国 60 kV 及以下电网变压器的中性点是绝缘的。这种电网额定电压较低,线路绝缘不高,加上 35 kV 及以下的线路通常又不架避雷线,常有沿线路三相来雷电波的机会。据统计,三相来波的机会约占 10%。当三相来波时,波侵入变压器绕组到达绝缘的中性点,相当于遇到末端开路的情况,冲击电压会上升约一倍,虽然变压器中性点是全绝缘的,但也会造成威胁。运行经验表明,这种电网的雷害故障一般每 100 台 1 年只有 0.38 次,实际上是可以接受的。35 ~60 kV 中性点雷害之所以较少是由于以下几方面的原因:

①流过避雷器的雷电流小于 5 kA,一般只有 1.4 ~2.0 kA,此时避雷器的残压与 5 kA 时的残压相比减小了 20% 左右。

②实际上变电站进线不只一条,它是多路进线,一条线路的来波可由其他线路流走一部分雷电流,这样就进一步减少了流经避雷器中的雷电流。

③大多数来波是从线路远处袭来的,冲击电晕使波发生衰减变形,其幅值及陡度均很小。

④变压器绝缘有一定裕度。

⑤避雷器到变压器间的距离实际值比允许值近一些。

⑥三相来波的概率只有10%，据统计约15年才有一次。

对多雷区单路进线的中性点绝缘的变电站，宜在中性点上加装避雷器保护。装有消弧线圈的变压器且有单路进线运行的可能时，也应在中性点上加装避雷器，并且非雷雨季节避雷器也不准退出运行，以限制消弧线圈的磁能可能引起的操作过电压。避雷器可任选金属氧化物避雷器或者阀型避雷器。

2)35 kV及以上电网的变压器

我国110 kV及以上电网的中性点一般直接接地。但为了继电保护的需要，其中一部分变压器中性点是不接地的，如中性点采用分级绝缘且未装设保护间隙，应在中性点加装避雷器，且宜选变压器中性点金属氧化物避雷器。如果变压器的中性点是全绝缘的，但变电站为单线且为单台变压器运行，也应在中性点加装避雷器。这些保护装置应同时满足下列条件：

①其冲击放电电压应低于中性点冲击绝缘水平。

②避雷器的灭弧电压应大于因电网一相接地而引起的中性点电位升高的暂态值，以免避雷器爆炸。

③保护间隙的放电电压应大于电网一相接地而引起的中性点电位升高的暂态最大值，以免继电保护不能正确动作。

对于110 kV变压器中性点绝缘水平为35 kV级来说，如选用FZ-35型或FCZ-35型，则其灭弧电压低于电网单相接地时中性点的电位升高稳态值。一般不可采用，应考虑选用FZ-40型避雷器。

9.5　旋转电机的防雷保护

9.5.1　旋转电机的防雷保护特点

旋转电机（包括发电机、调相机、大型电动机等）的防雷保护是指直配电机的防雷保护。旋转电机是指与架空线路直接相连的旋转电机，它们是电力系统中最重要且昂贵的设备，它们与架空线直接相连，线路上的雷电波可直接侵入电机，其防雷保护显得特别突出、重要。若这些重要设备遭受雷击，损失重大，且影响面广，要求其保护要特别可靠。它们的防雷保护具有以下5个特点：

①由于旋转电机结构和工艺上的特点，在相同电压等级的电气设备中，它的绝缘水平是最低的。因为旋转电机不能像变压器等静止设备那样可以利用液体和固体的联合绝缘，只能依靠固体介质和空气绝缘，所以电机的额定电压和绝缘水平都不可能太高。在制造过程中（特别是将线棒嵌入并固定在铁芯的槽内时），电机绝缘容易受到损伤，绝缘内易出现空洞或缝隙，绝缘质量不均匀，在运行过程中容易发生局部放电导致绝缘劣化。试验证明，电机主绝缘的冲击系数接近于1。旋转电机主绝缘的出厂冲击耐压值与同级变压器的冲击耐压值见表9.4。从表9.4可知，旋转电机主绝缘的出厂冲击耐压值仅为同级变压器的1/4～1/2.5倍。

②电机在运行中受到发热、机械振动、臭氧、空气中的潮气、污秽、电气应力等因素的联合作用。电机绝缘的累积效应比较强，特别在槽口部分，电场极不均匀，在过电压作用下容易受伤，日积月累就可能使绝缘击穿。运行中电机主绝缘的实际冲击耐压比表9.4的数值低一些。

表 9.4　电机和变压器的冲击耐压值

电机额定电压/kV(有效值)	电机出厂工频耐压/kV(有效值)	电机出厂冲击耐压/kV(幅值)	同级变压器出厂冲击耐压/kV(幅值)	FCD 磁吹避雷器 3 kAT·残压/ kV(幅值)	FZ 阀型避雷器 5kAT·残压/AV(幅值)
10.5	$2U_e+3$	34	80	31	45
13.8	$2U_e+3$	43.3	108	40	—
15.75	$2U_e+3$	48.8	108	45	67

③保护旋转电机用的磁吹避雷器(FCD 型)的保护性能与电机绝缘水平的配合裕度很小，由表 9.4 可知，电机出厂冲击耐压值只比磁吹避雷器残压高 8% ~10%。采用现代 ZnO 避雷器后，情况有所改善，但仍不够可靠，还必须与电容器组、电抗器、电缆段等配合使用，以提高保护效果。

④由于电机绕组的匝间电容 K 很小，因此当冲击波作用时可以把电机绕组看成具有一定波阻和波速的导线，波沿电机绕组前进一匝后，匝间所受电压正比于侵入波陡度 a，要使该电压低于电机绕组的匝间耐压，必须把来波陡度限制得很低。试验结果表明，为了保护匝间绝缘必须将侵入波陡度 a 限制在 5 kV/μs 以下。

⑤电机绕组中性点一般不接地，三相进波时在直角波头情况下冲性点电压可达进波电压的两倍，必须对中性点采取保护措施。试验证明，侵入波陡度降低时，中性点过电压也随之减小，当侵入波陡度在 2 kV/μs 以下时，中性点过电压不超过进波的电压值。表 9.5 列出了保护旋转电机中性点的避雷器。

根据以上分析，直配电机的防雷保护包括主绝缘、匝间绝缘和中性点绝缘。

表 9.5　保护旋转电机的中性点避雷器

电机额定电压/kV	3	6	10	13.8	15.75
中性点避雷器型式	FCD—2 FZ—2	FCD—4 FZ—4	FCD—10 FZ—6	FCD—10	FCD—10

9.5.2　直配电机的防雷措施

根据旋转电机防雷保护特点知道，要保护主绝缘、匝间绝缘和中性点绝缘，仅依靠磁吹避雷器不行。从表 9.4 中可知，电机出厂冲击耐压仅稍高于相应等级的 FCD 型磁吹避雷器的 3 kA时残压 $U_{c.3}$。需与其他措施配合保护，才能降低侵入波陡度并限制流过 FCD 的雷电流不超过 3 kA。

作用在直配电机上的大气过电压有两类：一类是与电机相连的架空线路上的感应过电压；另一类是由雷电直击于电机相连的架空线路而引起的。其中感应雷过电压出现的机会较多。可以增加导线对地电容以降低感应过电压。直配电机的防雷保护元件主要有避雷器、电容器、电缆段和电抗器等。采取这些综合保护措施就可以限制流经 FCD 型避雷器中的雷电流小于 3 kA，可以限制侵入波陡度 a 和降低感应过电压。

9.5.3　直配电机的防雷保护接线

(1)大容量直配电机

对大容量(25 000 ~60 000 kW)直配电机的典型防雷接线如图9.15所示。图中 L 为限制工频短路电流用的电抗器,对电机防雷有利。L 前加设一组FS型避雷器以保护电抗器前的电缆终端。由于 L 的存在,当侵入波到达 L 时将发生全反射,电压增加一倍,FS动作保护了电缆头,另外也进一步限制了流经FCD的雷电流。为了保护中性点绝缘,除了限制侵入波陡度 a 不超过2 kV/μs外,还需在中性点加装避雷器,电机在受雷击同时可能有单相接地存在,中性点将出现相电压,中性点避雷器的灭弧电压应大于相电压,可按表9.5选定。若电机中性点不能引出,则需将每相电容增大至1.5 ~2 μF,以进一步降低入射波陡度确保中性点绝缘。若无合适的管型避雷器,可用阀型凝雷FS1和FS2代替,如图9.15(b)所示,因阀型避雷器放电后有一定的残压,此时电缆段的限流作用大为降低,故要将FS2前移到离电缆首端约150 m处,将这150 m架空线用避雷线保护,每根杆塔的接地电阻 R 不应大于3 Ω,避雷线的保护角应不大于30°,并最好将电抗器前和中性点的避雷器均改为FCD型磁吹避雷器。

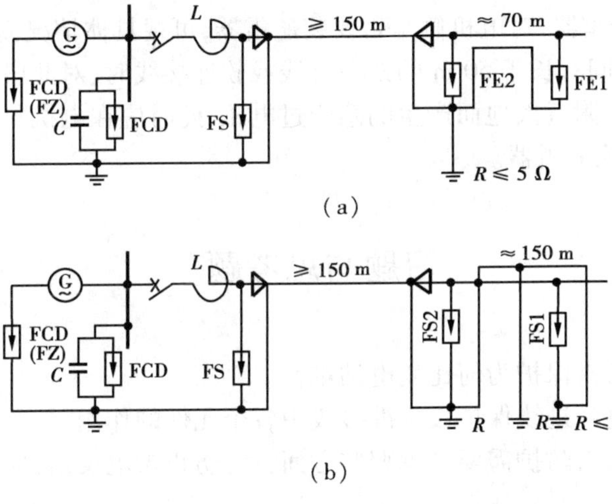

图9.15　25 000 ~60 000 kW直配电机的保护接线

(a)使用排气式避雷器FE;(b)使用FS型避雷器

(2)小容量直配电机

容量较小(6 000 kW以下)或少雷区的直配电机可不用电缆进线段,其保护接线如图9.16(a)所示,在进线段长度 l_b 内应装设避雷针或避雷线,侵入波在FE2动作形成如图9.16(b)所示的等值电路,流经FCD的雷电流与FE2的接地电阻 R 有关,R 越小,则流经FCD的雷电流越小,《规程》建议:

对36 kV线路:

$$l_b R \geq 200$$

对10 kV线路:

$$l_b R \geq 150$$

一般进线长度 l_b 可取450 ~600 m。若EF2的接地电阻达不到上两式的要求,可在 $l_b/2$ 处再装设一组管型避雷器FE1,如图9.16(a)中虚线所示。而图中FS用来保护开路状态的断路器和隔离开关。

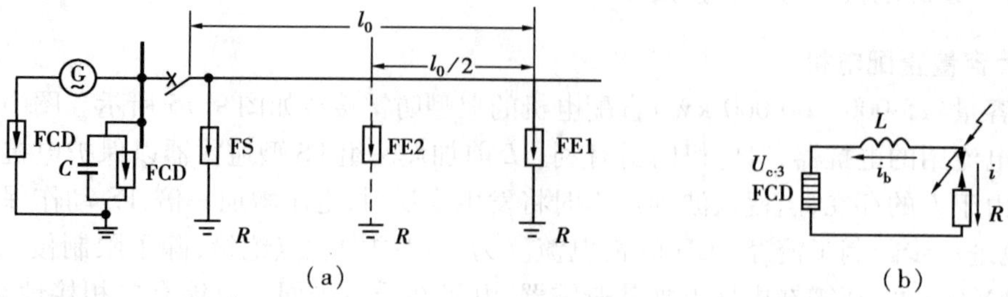

图9.16　1 500 ~6 000 kW 以下直配电机和少雷区 60 000 kW 以下直配电机的保护接线图

(a)原理接线;(b)等值计算电路

9.5.4　非直配电机的保护

根据我国电网的运行经验,正常情况下,无架空线的直配电机不需要装设电容器和避雷器。在多雷区,对特别重要的发电机,则宜在发电机出线上装设一组 FCD 型避雷器,如变压器侧装设有 FCZ 型磁吹避雷器,对电机侧是否要装避雷器,可视具体情况而定。

若发电机与变压器间有长于 50 m 的架空母线或软连接线时,对此段母线除应对直击雷进行保护外,还应防止雷击附近大地而产生的感应过电压,此时应在电机每相出线上装设不小于 0.15 μF 的电容器或磁吹避雷器。

习题与思考题

9.1　直配电机的防雷保护为何比变电站难?

9.2　简要说明变电站进线保护段标准接线中各个元件的作用。

9.3　变电站的直击雷防护需要考虑哪些方面?为防止雷电反击,应采取哪些措施?

第10章 电力系统过电压及防护

前面讨论的在电力系统中出现的过电压都是由大气环境中雷电放电所引起的过电压，这种过电压称为大气过电压（又称为雷电过电压或外部过电压）。除此以外，电力系统中还会由自己内部原因引起过电压，称为内部过电压。这是由于在电力系统中有电场惯性元件（电容）和磁场惯性元件（电感），当进行开关操作时（包括正常操作和事故操作），电力系统会由一种稳定状态过渡到另一种稳定状态，系统元件中的电磁场能量要进行重新分配，这是一个振荡过程，当系统参数配合不当时，会出现很高的过电压。

与雷电过电压产生的单一原因（雷电放电）不同，内部过电压的产生原因、发展过程和影响因素具有多样性、种类繁多、机理各异的特点。电力系统的内部过电压包括两类，即稳态过电压（又称暂时过电压）和操作过电压。如图10.1所示为出现频繁、对绝缘影响较大、发展机理比较典型的内部过电压。

- 内部过电压
  - 稳态过电压
    - 工频电压升高
      - 空载长线的电容效应引起的工频电压升高
      - 不对称电压短路引起的工频电压升高
      - 用负荷引起的工频电压升高
    - 谐振过电压
      - 线性谐振过电压
      - 铁磁谐振过电压
      - 参数谐振过电压
  - 操作过电压
    - 切除空载线路过电压
    - 空载线路合闸过电压
    - 切除空载变压器过电压
    - 断续电弧接地过电压

图10.1　内部过电压的分类

内部过电压的能量来源于电网本身，它的幅值与电网的工频电压有一定的倍数关系。一般将内部过电压的幅值 U_m 表示成系统的最高运行相电压幅值（标幺值 $p.u.$）的倍数，即 $U_m = K \cdot p.u.$。

习惯上用此过电压倍数来表示内部过电压的大小，不像大气过电压那样用过电压的绝对值（kV）来表示。

内部过电压的持续时间虽然比大气过电压（持续时间仅几十 μs）长得多，但一般操作过电压的持续时间在0.1 s（5个工频周波）以内，而稳态过电压的持续时间要长得多，有些甚至能长期存在。

操作过电压的幅值较大,但可以设法采用某些限压保护装置和其他技术措施加以限制。谐振过电压的持续时间较长,而现有的限压保护装置的通流能力和热容量都很有限,无法防护谐振过电压。消除或降低谐振过电压的有效办法是采用一些辅助措施(如装设阻尼电阻或补偿设备),在设计电力系统时,应考虑各种可能的接线方式和操作方式,力求避免形成不利的谐振电路。一般在选择电力系统的绝缘水平时,要求各种绝缘均能可靠地耐受可能出现的谐振过电压的作用,而不再专门设置限压保护措施。至于工频电压升高,虽然其幅值不大,对系统中正常绝缘的电气设备一般不构成危险,但下列情况必须给予足够的重视:

①工频电压升高的大小直接影响操作过电压的实际幅值,即操作过电压的高频分量是叠加在工频电压升高之上的,从而使操作过电压达到很高的幅值。

②工频电压升高的大小影响保护电器的工作条件和保护效果。例如,避雷器的最大允许工作电压就是由避雷器安装处工频过电压值决定的,如工频过电压较高,那么避雷器的最大允许工作电压也要提高,这样避雷器的冲击放电电压和残压也将提高,被保护设备的绝缘水平也要随之提高。

③工频电压升高持续时间长(甚至可能长期存在),对设备绝缘及其运行性能有重大影响,如引起油纸绝缘内部游离,污秽绝缘子闪路、铁芯过热、电晕等。

在各电压等级中工频过电压都存在,也会带来上述 3 个影响的作用,但对超高压系统,工频过电压显得尤为重要,这是因为在超高压系统中目前在限制与降低雷电和操作过电压方面有了较好的措施。输电线路较长,工频电压升高相对较高。持续时间较长的工频过电压升高对决定超高压系统电气设备的绝缘水平起到越来越大的作用。

内部过电压倍数 K 值与系统电网结构、系统运行方式、操作方式、系统容量的大小、系统参数、中性点运行方式、断路器性能、故障性质等诸多因素有关,并具有明显的统计性。我国电力系统绝缘配合要求内部过电压倍数不大于表 10.1 所列数值。

表 10.1　要求限制的内部过电压倍数

系统电压等级/kV	500	330	110 ~ 220	60 及以下
内过电压倍数 K	2.4	2.75	3	4

10.1　空载长线的电容效应

输电线路不太长时,可用集中参数的 T 型等值电路来代替,如图 10.2(a)所示,图中 R_0,L_0 为电源的内阻和内电感,R_T,L_T,C_T 为 T 型等值电路中的线路等值电阻、电感和电容,$e(t)$为电源相电势。如是空载线路,可进一步简化成 R,L,C 串联电路,如图 10.2(b)所示。一般 R 要比 X_L 和 X_C 小得多,而空载线路的工频容抗 X_C 又要大于工频感抗 X_L,在工频电势 $\dot{E}$ 的作用下,线路上流过的容性电流在感抗上造成的压降 $\dot{U}_L$ 将使容抗上的电压 $\dot{U}_C$ 高于电源电势。其关系式为

$$\dot{E} = \dot{U}_R + \dot{U}_L + \dot{U}_C = R\dot{I} + jX_L\dot{I} - jX_C\dot{I} \tag{10.1}$$

若忽略 R 的作用,则

$$\dot{E} = \dot{U}_L + \dot{U}_C = j\dot{I}(X_L - X_C) \tag{10.2}$$

电感与电容上的压降反相,且 $U_C > U_L$,可见电容上的压降大于电源电势,如图 10.2(c)所示。这就是空载线路的电容效应引起的工频电压升高。

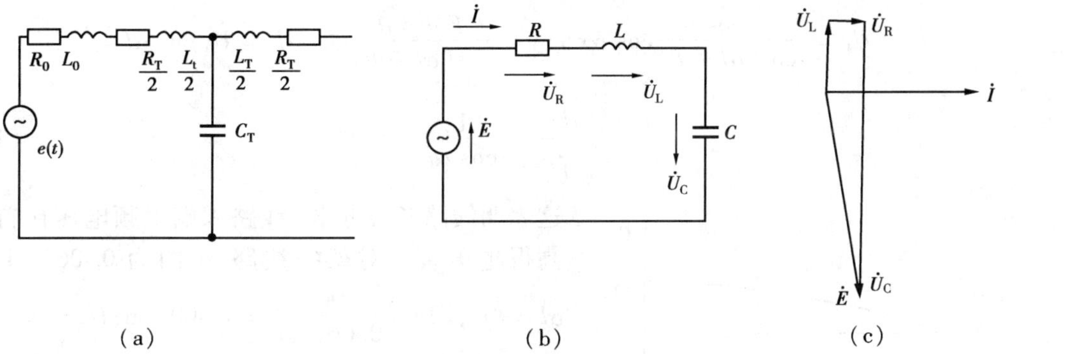

图 10.2　空载长线的电容效应

(a)T 型等值电路;(b)简化等值电路;(c)相量图

随着输电电压的提高,输送距离的增长,一般需要考虑它的分布参数特性,输电线路就需要采用如图 10.3 所示的 π 型链式等值电路。图中 L_0,C_0 分别为线路单位长度的电感和对地电容,x 为线路上某点到线路末端的距离,$\dot{E}$ 为系统电源电压,X_S 为系统电源等值阻抗。

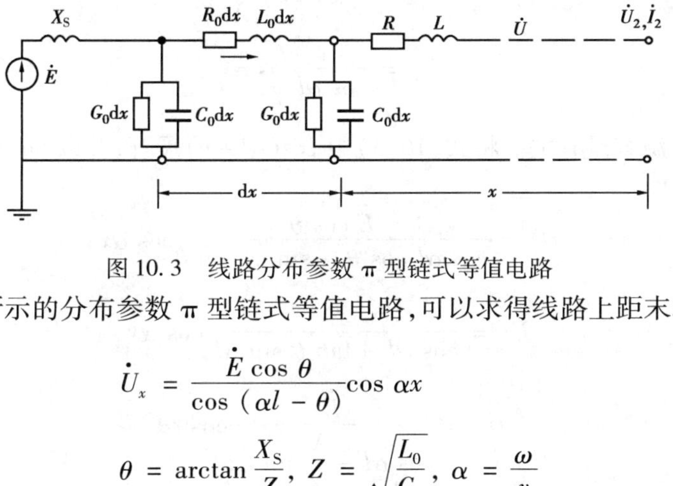

图 10.3　线路分布参数 π 型链式等值电路

根据图 10.3 所示的分布参数 π 型链式等值电路,可以求得线路上距末端 x 处的电压为

$$\dot{U}_x = \frac{\dot{E}\cos\theta}{\cos(\alpha l - \theta)}\cos\alpha x \tag{10.3}$$

$$\theta = \arctan\frac{X_S}{Z},\ Z = \sqrt{\frac{L_0}{C_0}},\ \alpha = \frac{\omega}{v}$$

式中:$\dot{E}$ 为系统电源电压;Z 为线路导线波阻抗;ω 为电源角频率;v 为光速。

由式(10.3)可知,沿线路的工频电压从线路末端开始向首端按余弦规律分布,在线路末端电压最高。线路末端电压 $\dot{U}_2$ 为

$$\dot{U}_2 = \frac{E\cos\theta}{\cos(\alpha l + \theta)}\cos\alpha x\big|_{x=0} = \frac{\dot{E}\cos\theta}{\cos(\alpha l + \theta)}$$

将此式代入式(10.3)得

$$\dot{U}_x = \dot{U}_2 \cos \alpha x \tag{10.4}$$

这表明 $\dot{U}_x$ 为 αx 的余弦函数,且在 $x=0$(即线路末端)处达到最大。

线路末端电压升高程度与线路长度有关。线路首端电压为

$$\dot{U}_1 = \frac{\dot{E}\cos\theta}{\cos(\alpha l+\theta)}\cos \alpha x\Big|_{x=l} = \frac{\dot{E}\cos\theta}{\cos(\alpha l+\theta)}\cos\alpha l = \dot{U}_2\cos\alpha l$$

$$\frac{\dot{U}_2}{\dot{U}_1} = \frac{1}{\cos \alpha l} \tag{10.5}$$

这表明线路长度越长,线路末端工频电压比首端升高得越厉害。对架空线路,α 约为 0.06°/ km,当 $\alpha l=90°$,即 $l=\dfrac{90°}{0.06°/\text{km}}=1\ 500$ km,$U_2=\infty$。此时线路恰好处于谐振状态。实际的情况是这种电压的升高受到线路电阻和电晕损耗的限制,在任何情况下,工频电压升高将不会超过正常情况的 2.9 倍。

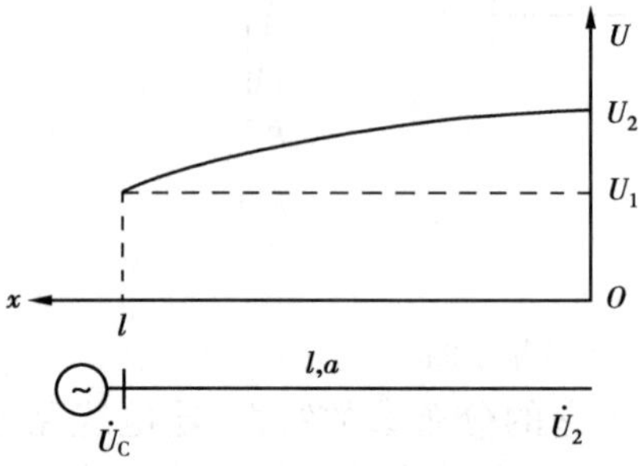

图 10.4　空载线路电压分布

空载线路沿线路的电压分布如图 10.4 所示,通常已知的是线路首端电压 $\dot{U}_1$。根据式(10.4)及式(10.5)可得

$$\dot{U}_x = \frac{\dot{U}_1}{\cos\alpha l}\cos\alpha x \tag{10.6}$$

工频电压升高与电源容量有关。将式(10.3)中 $\cos(\alpha l+\theta)$ 展开,并以 $\tan\theta=\dfrac{X_S}{Z}$代入

$$\dot{U}_x = \frac{\dot{E}\cos\theta}{\cos\alpha l\cos\theta - \sin\alpha l\sin\theta}\cos\alpha x$$

$$\dot{U}_x = \frac{\dot{E}}{\cos\alpha l - \tan\theta\sin\alpha l}\cos\alpha x$$

$$\dot{U}_x = \frac{\dot{E}}{\cos\alpha l - \dfrac{X_S}{Z}\sin\alpha l}\cos\alpha x \tag{10.7}$$

由式(10.7)可知,X_S 的存在使线路首端电压升高,从而加剧了线路末端工频电压的升高。电压容量越小(X_S 越大),工频电压升高越严重。当电源容量为无穷大时,$\dot{U}_x=\dfrac{\dot{E}}{\cos\alpha l}\cos\alpha x$,工频电压升高最小。为了估计最严重的工频电压升高,应以系统最小电源容量为依据。在单电源供电的线路中,应取最小运行方式时的 X_S 为依据。在双端电源的线路中,线路两端的断路器必须遵循一定的操作程序:线路合闸时,先合电源容量较大的一侧,后合电源容量较小的

一侧;线路切除时,先切电源容量较小的一侧,后切电源容量较大的一侧。这样的操作能减弱电容效应引起的工频过电压。

既然空载线路工频电压升高的根本原因在于线路中电容电流在感抗上的压降使得电容上的电压高于电源电压,那么通过补偿这种电容性电流,从而削弱电容效应,就可以降低这种工频过电压。超高压线路的工频电压升高比较严重,常采用并联电抗器来限制工频过电压。并联电抗器视需要可以装设在线路的末端、首端或中部。但是并联电抗器的作用不仅是限制工频过电压升高,还涉及系统稳定、无功平衡、潜供电弧、调相调压、自励磁及非全相状态下的谐振等因素。并联电抗器容量及安装位置的选择需综合考虑。

10.2　不对称短路引起的工频电压升高

不对称短路是电力系统中最常见的故障形式,当发生单相或两相对地短路时,健全相上的电压都会升高,其中单相接地引起的电压升高更大一些。此外,阀型避雷器的灭弧电压通常是依据单相接地时的工频电压升高来选定的。以下只讨论单相接地的情况。

单相接地时,故障点各相的电压、电流是不对称的,为了计算健全相上的电压升高,通常采用对称分量法和复合序网进行分析,不仅计算方便,且可计及长线的分布特性。

当A相接地时,可求得B,C两健全相上的电压为

$$\left.\begin{aligned}\dot{U}_{B} &= \frac{(a^2-1)Z_0+(a^2-a)Z_2}{Z_0+Z_1+Z_2}\dot{U}_{A0}\\ \dot{U}_{C} &= \frac{(a-1)Z_0+(a^2-a)Z_2}{Z_0+Z_1+Z_2}\dot{U}_{A0}\end{aligned}\right\}\tag{10.8}$$

式中:$\dot{U}_{A0}$为正常运行时故障点处A相电压;Z_1,Z_2,Z_0为从故障点看进去的电网正序、负序和零序阻抗;$a=e^{j\frac{2\pi}{3}}$。

对电源容量较大的系统,$Z_1\approx Z_2$,如再忽略各阻抗中电阻的分量R_0,R_1,R_2,则式(10.8)可改写为

$$\left.\begin{aligned}\dot{U}_{B} &= \left[-\frac{1.5\dfrac{X_0}{X_1}}{2+\dfrac{X_0}{X_1}}-j\frac{\sqrt{3}}{2}\right]\dot{U}_{A0}\\ \dot{U}_{C} &= \left[-\frac{1.5\dfrac{X_0}{X_1}}{2+\dfrac{X_0}{X_1}}+j\frac{\sqrt{3}}{2}\right]\dot{U}_{A0}\end{aligned}\right\}\tag{10.9}$$

$\dot{U}_B$,$\dot{U}_C$的模值为

$$U_B = U_C = \sqrt{3}\frac{\sqrt{\left(\dfrac{X_0}{X_1}\right)^2+\dfrac{X_0}{X_1}+1}}{\dfrac{X_0}{X_1}+2}U_{A0} = KU_{A0}\tag{10.10}$$

上式中

$$K=\sqrt{3}\frac{\sqrt{\left(\frac{X_0}{X_1}\right)^2+\frac{X_0}{X_1}+1}}{\frac{X_0}{X_1}+2} \tag{9.11}$$

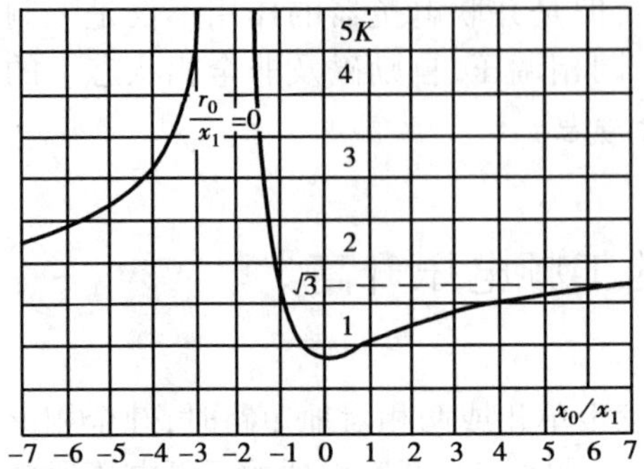

图 10.5　单相接地时健全相的电压升高

系数 K 称为接地系数，它表示单相接地故障时健全相的最高对地工频电压有效值与无故障时对地电压有效值之比。根据式(10.11)可画出如图 10.5 所示中的接地系数 K 与 X_0/X_1 的关系曲线。

对中性点不接地(绝缘)的电网，X_0 取决于线路的容抗，为负值。单相接地时健全相上的工频电压升高约为额定(线)电压 U_n 的 1.1 倍，避雷器的灭弧电压按 110% U_n 选择，可称为“110% 避雷器”。

对中性点经消弧线圈接地的 35～60 kV 电网，在过补偿状态下运行时，X_0 为很大的正值，单相接地时健全相上电压接近等于额定电压 U_n，采用“100% 避雷器”。

对中性点有效接地的 110～220 kV 电网，X_0 为不大的正值，其 $X_0/X_1 \leqslant 3$。单相接地时健全相上的电压升高不大于 $1.4U_{A0}$($\approx 0.8\ U_n$)，采用“80% 避雷器”。

10.3　谐振过电压

电力系统中有许多电感、电容元件，如电力变压器、互感器、发电机、电抗器等的电感；线路导线的对地与相间电容、补偿用的串联和并联电容器组、各种高压设备的等值电容。它们的组合可以构成一系列不同自振频率的振荡回路。当系统进行操作或发生故障时，某些振荡回路就有可能与外加电源发生谐振现象，导致系统中某些部分(或设备)出现过电压，这就是谐振过电压。

谐振是一种周期性或准周期性的运行状态，其特征是一个或某几个谐波的幅值急剧上升。复杂的电感、电容电路可以有一系列的自振频率，而电源中也含有一系列的谐波，只要某部分电路的自振频率与电源的谐波频率之一相等(或接近)时，这部分电路就会出现谐振现象。

在不同电压等级以及不同结构的电力系统中可以产生不同类型的谐振，按其性质可分为以下 3 类：

(1)线性谐振

线性谐振是电力系统中最简单的谐振形式。线性谐振电路中的参数是常数，不随电压或电流变化，这些电路元件主要是不带铁芯的电感元件(如线路电感和变压器漏感)或励磁特性接近线性时的有铁芯电感(如消弧线圈，其铁芯中通常有空气隙)，以及系统中的电容元件(如线路对地和相间电容、设备等值电容、补偿电容等)。在正弦交流电源作用下，当系统自振频率与电源频率相等或接近时，就发生线性谐振。此时回路的感抗和容抗相等或相近而互相抵消，回路电流只受回路电阻限制可达很大的数值，这样的串联谐振在电感元件和电容元件上产生远远超过电源电压的过电压。

在电力系统运行中，可能出现的线性谐振有空载长线路电容效应引起的谐振、中性点非有效接地系统中不对称接地故障时的谐振（系统零序电抗与正序电抗在特定配合下）、消弧线圈全补偿时（如欠补偿的消弧线圈在遇到某些情况下会形成全补偿）的谐振以及某些传递过电压的谐振。

限制这种过电流和过电压的方法是使回路脱离谐振状态或增加回路的损耗。在电力系统设计和运行时，应设法避开谐振条件以消除这种线性谐振过电压。

（2）铁磁谐振（非线性谐振）

铁磁谐振回路是由带铁芯的电感元件（如变压器、电压互感器）和系统的电容元件组成。铁芯电感元件的饱和现象使回路的电感参数是非线性的，这种含有非线性电感元件的回路，在满足一定谐振条件时，会产生铁磁谐振，而且它具有与线性谐振完全不同的特点和性能。

（3）参数谐振

当水轮发电机在正常的同步运行时，直轴同步电抗 x_d 与交轴同步电抗 x_q 周期性地变动，或同步发电机在异步运行时，其电抗在 $x'_d \sim x_q$ 周期性地变动。当发电机带有电容性负载（如一段空载线路）时，存在不利的参数配合，有可能激发参数谐振现象。有时将这种现象称为发电机的自励磁或自激过电压。

由于回路中有损耗，因此只有当参数变化所吸收的能量（由原动机供给）足以补偿回路中的损耗时，才能保证谐振的持续发展。从理论上说，这种谐振的发展将使振幅无限增大，而不像线性谐振那样受到回路电阻的限制。实际上当电压增大到一定程度后，电感会出现饱和现象，而使回路自动偏离谐振条件，使过电压不致无限增大。

发电机在正式投入运行前，设计部门要进行自激的校核，避开谐振点，一般不会出现参数谐振现象。铁磁谐振仅发生在含有铁芯电感的电路中。铁芯电感的电感值随电压、电流的大小而变化，它不是一个常数。铁磁谐振又称为非线性谐振。

如图10.6所示为最简单的 R，C 和铁芯电感 L 的串联电路。在正常运行条件下，感抗大于容抗，即 $\omega L > 1/\omega C$，此时不具备谐振条件。当铁芯饱和感抗下降使 $\omega L = 1/\omega C$（即 $\omega = \omega_0 = 1/\sqrt{LC}$）时，满足串联谐振条件，发生谐振，在电感和电容两端形成过电压，这就是铁磁谐振现象。

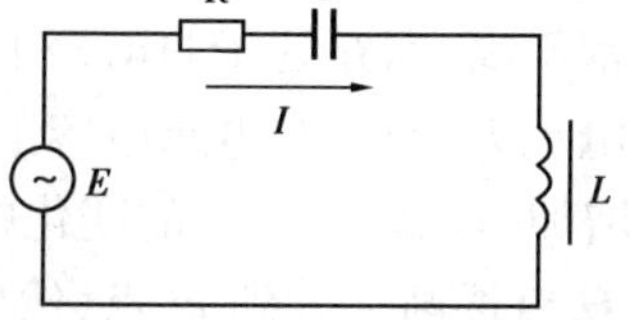

图10.6　串联铁磁谐振回路

因为谐振回路中电感不是常数，所示回路没有固定的谐振频率（即 ω_0 非定值）。当谐振频率 f_0 为工频时，回路为基波谐振；当谐振频率为工频的整数倍（如2次、3次、5次等）时，回路为高次谐波谐振；如谐振频率是工频的分数倍（如1/2次、1/3次、1/5次等）时，回路为分次谐波谐振。具有各种谐波谐振的可能性是铁磁谐振的一个重要特点。

如图10.7所示为画出了铁芯电感和电容上的电压随电流变化的曲线 U_L，U_C，电压和电流都用有效值表示。显然 U_C 应是一根直线（$U_C = \frac{1}{\omega C}I$）。对铁芯电感，在铁芯未饱和之前，$U_L$ 基本上是一条直线（见图中起始部分），当铁芯饱和后，电感值减小，U_L 不再是直线，两条伏安特

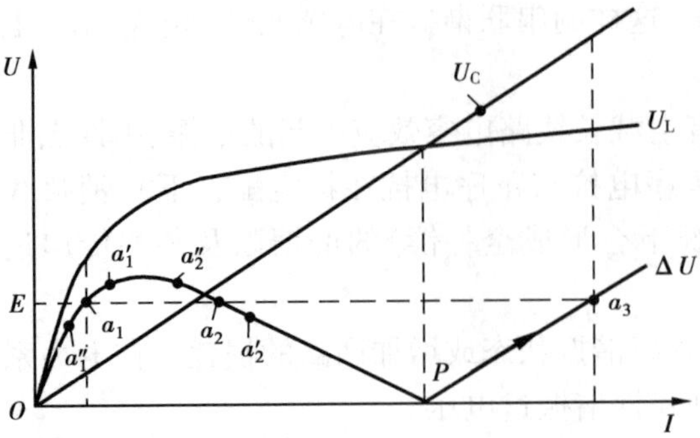

图 10.7　串联铁磁谐振回路的伏安特性

性曲线要相交。由此可知，$\omega L>1/\omega C$，是产生铁磁谐振的必要条件。

若忽略回路电阻，则回路中 L 和 C 上的压降之和应和电源电势相平衡，即 $\dot{E}=\dot{U}_L+\dot{U}_C$，因 $\dot{U}_L$ 和 $\dot{U}_C$ 相位相反，故此平衡方程变为 $E=\Delta U$，而 $\Delta U=|U_L-U_C|$，(见图中 ΔU 曲线)。从图中可知 ΔU 曲线与 E 线(虚线)在 a_1,a_2,a_3 处相交，这 3 点都满足电势平衡条件 $E=\Delta U$，称为平衡点。根据物理概念：平衡点满足电势平衡条件，但不一定满足稳定条件，不满足稳定条件的点不能成为实际的工作点。通常可用"小扰动"来考察某平衡点是否稳定。即假定有一个小扰动使回路状态离开平衡点，然后分析回路状态能否回到原来的平衡点状态，若能回到平衡点，则说明该平衡点是稳定的，能成为回路的实际工作点；否则，若小扰动以后，回路状态越来越偏离平衡点，则该平衡点是不稳定的，不能成为回路的实际工作点。

根据这个原则，可以判断平衡点 a_1,a_2,a_3 是稳定的还是不稳定的。对于 a_1 点来说，若回路中的电流由于某种扰动而有微小的增加，ΔU 沿曲线偏离 a_1 点到 a_1' 点，此时 $E<\Delta U$，即外电势小于总压降，使电流减小，从而使 a_1' 点又回到 a_1；相反，若扰动使电流有微小的下降，ΔU 沿曲线偏离 a_1 点到 a_1'' 点，此时 $E>\Delta U$，外加电势大于总压降，使回路电流增大，使 a_1'' 点又回到 a_1 点，a_1 点是稳定的。同样 a_3 点也是稳定的。但对于 a_2 点来说，若回路中的电流由于某种扰动而有微小的增加从 a_2 偏离至 a_2'，此时 $E>\Delta U$，将使回路电流继续增大，直至达到新的平衡点 a_3 为止；反之，若扰动使回路电流稍有减少，ΔU 曲线从 a_2 偏离至 a_2'' 点，此时 $E<\Delta U$，使回路电流继续减小，直到稳定的平衡点 a_1 为止。可见平衡点 a_2 不能经受任何微小的扰动，是不稳定的。

由此可知，在一定外加电势 E 的作用下，铁磁谐振回路稳定时可能有两个稳定工作状态，即 a_1 点和 a_3 点。在 a_1 点工作状态时，$U_L>U_C$，回路呈感性，回路电流很小，电感和电容上电压都不高，回路处于非谐振工作状态。在 a_3 点工作状态时，$U_L<U_C$，回路呈容性，此时不仅回路电流大，而且在电感电容上都会产生较大的过电压。串联铁磁谐振现象也可以从电源电势 E 增加时回路工作点的变化中看出，如图 10.8 所示，电势 E 由零逐渐增加时，回路的工作点将由 O 点逐渐上升到 m 点，然后跃变到 n 点，再继续上升，同时回路电流将由感性突变成容性，这种回路电流相位发生 180°突然变化的现象，称为相位反倾现象。在跃变过程中，回路电流激增，电感和电容上的电压也大幅度提高，这就是铁磁谐振的基本现象。

从图 10.7 可知，当电势 E 较小时，回路存在两个可能的工作点 a_1,a_3，而当 E 超过一定值后，只可能存在一个工作点(图 10.7 中 a_3 点)。当存在两个工作点时，当电源电势没有扰动，则只能处在非谐振工作点 a_1。为了建立起稳定的谐振(工作于 a_3 点)，回路必须经过强烈的过渡过程，如电源的突然合闸等。这时回路到底工作在 a_1 点还是 a_3 点，取决于过渡过程的激烈程度。这种需要经过过渡过程来建立谐振的现象，称为铁磁谐振的激发。谐振一旦激发(即经过激发过渡过程之后工作于 a_3 点)，则谐振状态可能"自保持"(因为 a_3 点属于稳定工作点)，维持很长时间而不衰减。

在图 10.8 所示的 P 点时，$U_C = U_L$，这时回路发生串联谐振（回路的自振角频率 ω_0 等于电源角频率 ω）。但 P 点不是平衡点，不能成为工作点。由于铁芯的饱和，随着振荡的发展，在外界电势的作用下，回路偏离 P 点，最终稳定于 a_3 或 a_1 点。而在 a_3 点工作时出现铁磁谐振过电压，正因如此，将 a_3 点而不是 P 点称为谐振点。

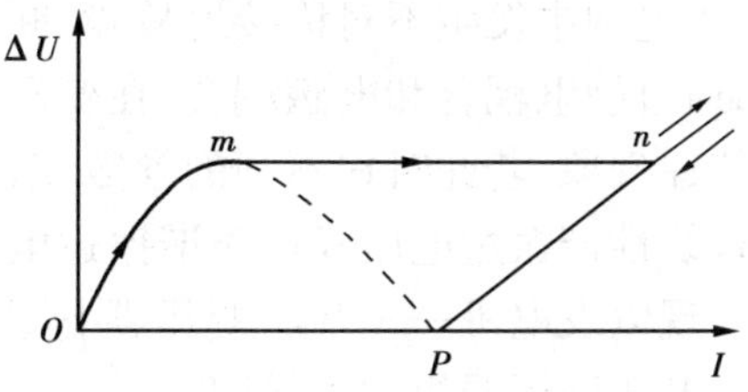

图 10.8　铁磁谐振中的跃变现象

综上所述，铁磁谐振的主要特点如下：

①发生铁磁谐振的必要条件是谐振回路中 $\omega L_0 > \frac{1}{\omega C}$，$L_0$ 为在正常运行条件下，即非饱和状态下回路中铁芯电感的电感值。这样，对一定的 L_0 值，在很大的 C 值范围内（即 $C > \frac{1}{\omega^2 L_0}$）都可能产生铁磁谐振。

②对铁磁谐振回路，回路可能不止一种稳定状态。在外界激发下，回路可能从非谐振工作状态跃变到谐振工作状态，电路从感性变为容性，发生相位反倾，同时产生过电压和过电流。

③铁磁元件的非线性特性是产生铁磁谐振的根本原因，但其饱和特性本身又限制了过电压的幅值，此外回路中的损耗，会使过电压降低，当回路电阻值大到一定数值时，就不会出现强烈的谐振现象。这就说明了为什么电力系统中的铁磁谐振过电压往往发生在变压器处于空载或轻载的时候。

实际运行和实验分析表明，在铁芯电感的振荡回路中，如满足一定的条件，还可能出现持续的高次谐波铁磁谐振与分次谐波铁磁谐振，在某些特殊情况下，还会同时出现两个以上频率的铁磁谐振。

电力系统中的铁磁谐振过电压常发生在非全相运行状态中，其中，电感可以是空载变压器或轻载变压器的激磁电感、消弧线圈的电感、电磁式电压互感器等；电容是导线对地电容、相间电容以及电感线圈对地的杂散电容等。

为限制和消除铁磁谐振过电压，常采用以下措施：

①改善电磁式电压互感器的激磁特性，或改用电容式电压互感器。

②在电压互感器开口三角形绕组中接入阻尼电阻，或在电压互感器一次绕组的中性点对地接入电阻。

③在有些情况下，可在 10 kV 及以下的母线上装设一组三相对地电容器，或用电缆段代替架空线段，以增大对地电容，从参数搭配上避开谐振。

④在特殊情况下，可将系统中性点临时经电阻接地或直接接地，或投入消弧线圈，也可以按事先规定投入某些线路或设备以改变电路参数，消除谐振过电压。

10.4　传递过电压

传递过电压发生于中性点绝缘或经消弧线圈接地的电网中。在正常运行条件下，此类电网的中性点位移电压很小（当三相平衡运行，即零序电流为零时，中性点位移电压为零）。但是，当电网中发生不对称接地故障、断路器非全相或不同期操作时，中性点位移电压将显著增大，通过静电耦合和电磁耦合，在变压器的不同绕组之间或者相邻的输电线路之间会发生电压的传递现象，若此时在不利的参数配合下使耦合回路处于线性串联谐振或铁磁谐振状态，就会出现线性谐振过电压或铁磁谐振过电压，这就是传递过电压。

现以发电机——升压变压器接线分析传递过电压的产生过程。如图 10.9 所示为发电机—升压变压器组的接线图。

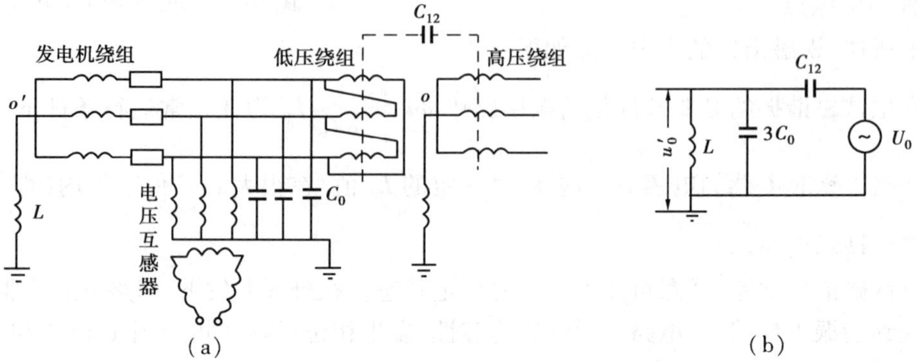

图 10.9　发电机—变压器组的接线图与等值电路

(a)接线图；(b)等值电路

变压器高压侧相电压为 U_x，中性点经消弧线圈接地（或中性点绝缘），C_{12} 为变压器高低压绕组相同的耦合电容，C_0 为低压侧每相对地电容，L 为低压侧对地等值电感（包括经消弧线圈电感与电压互感器励磁电感）。当发生前述不对称接地等故障时，将出现较高的高压侧中性点位移电压 $\dot{U}_0$，$\dot{U}_0$ 即零序电压（单相接地时 $\dot{U}_0$ 为相电压 $\dot{U}_x$），$\dot{U}_0$ 的电压将通过静电与电磁耦合传递至低压侧。考虑主要通过耦合电容 C_{12} 的静电耦合时，等值电路如图 10.9(b)所示，传递至低压侧的电压为 $\dot{U}_0'$。通常低压侧消弧线圈采取过补偿运行，L 与 $3C_0$ 并联后呈现感性，即并联后阻抗 $1/(\frac{1}{\omega L}-3\omega C_0)$ 为感性阻抗。在特定情况下，当 $1/(\frac{1}{\omega L}-3\omega C_0)=\frac{1}{\omega C_{12}}$ 时，即 $\omega C_{12}=\frac{1}{\omega L}-3\omega C_0$ 时，将发生串联谐振，U_0' 达到很高的数值，即出现传递过电压。当出现这种传递过电压，同时伴随消弧线圈、电压互感器等的铁芯饱和时可表现为铁磁谐振，否则为线性谐振。

10.5　断线引起的铁磁谐振过电压

电力系统中发生基波铁磁谐振比较典型的另一类情况是断线过电压。断线过电压是指线路故障断线、断路器的不同期切合和熔断器的不同期熔断引起的铁磁谐振过电压。只要电源侧和受电侧中任一侧中性点不接地，在断线时都可能出现谐振过电压，导致避雷器爆炸、负载变压器相序反倾和电气设备绝缘闪络等现象。

对断线过电压，最常遇到的是三相对称电源供给不对称三相负载。现以中性点不接地系统线路末端接有空载(或轻载)变压器,变压器中性点不接地,其中一相(如 A 相)导线断线为例分析断线过电压的产生过程。

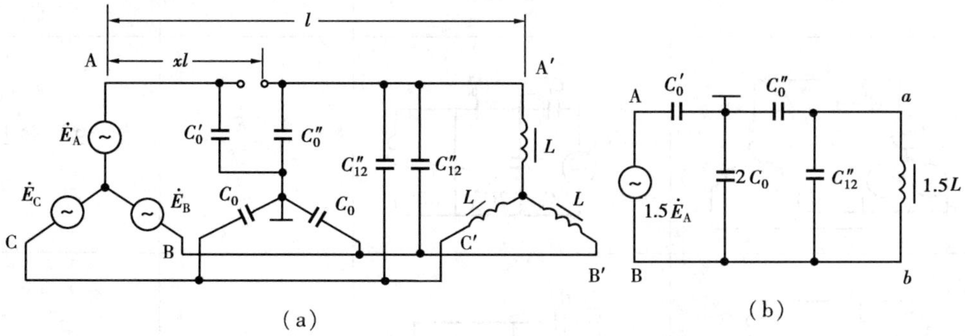

图 10.10　中性点不接地系统一相断线时的电路
(a)接线图;(b)等值电路

如图 10.10 所示,忽略电源内阻抗及线路阻抗(相比于线路电容来讲起作用较小),L 为空载(或轻载)变压器励磁电感,C_0 为每相导线对地电容,C_{12} 为导线相间电容,l 为线路长度,变压器接在线路末端。若在离电源 $xl(x<l)$ 处发生一相导线(A 相)断线,断线处两侧 A 相导线的对地电容分别为 $C_0'=xC_0$ 和 $C_0''=(1-x)C_0$。断线路处变压器侧 A 相导线的相间电容为 $C_{12}''=(1-x)C_{12}$。设线路的正序电容与零序电容的比值为

$$\delta=\frac{C_0+3C_{12}}{C_0}$$

一般 $\delta=1.5\sim2.0$,由上式得

$$C_{12}=\frac{1}{3}(\delta-1)C_0$$

由于电源三相对称,且当 A 相断线后,B,C 相在电路上完全对称,因此图 10.10(a)可以简化成如图 10.10(b)所示的单相等值电路。对此等值电路,还可应用有源二端网络的戴维南定理进一步简化为如图 10.11 所示的串联谐振电路。在此电路中,等值电势 $\dot{E}$ 就是图 10.10(b)中 a,b 两点间的开路电压,等值电容 C 为图 10.10(b)中 a,b 两点的入口电容。通过计算可求得

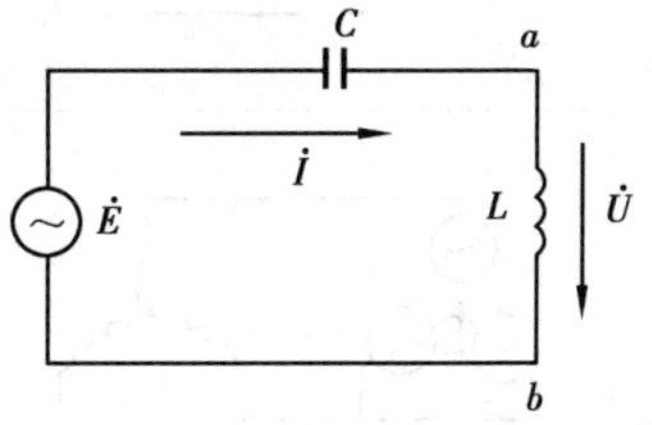

图 10.11　戴维南等值串联谐振电路

$$C=\frac{C_0}{3}[(x+2\delta)(1-x)]$$

$$\dot{E}=1.5\dot{E}_A\frac{1}{1+\dfrac{2\delta}{x}}$$

断线(非全相运行)的具体情况不同,具有相应的等值单相接线图和等值串联谐振回路。表 10.2 列出了几种有代表性的断线故障的电路以及简化后的等值电势 E 和等值电容 C 的表达式。

表 10.2　断线故障等值电路及其参数

序号	断线系统接线图	等值电路	串联等值电路参数	
			E	C
1	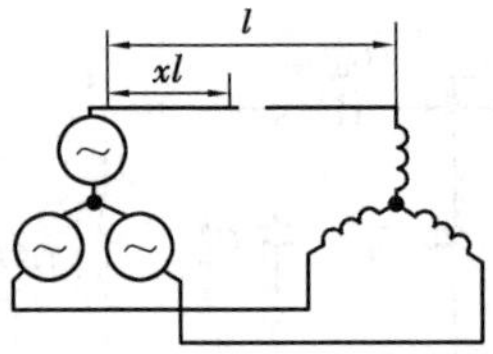	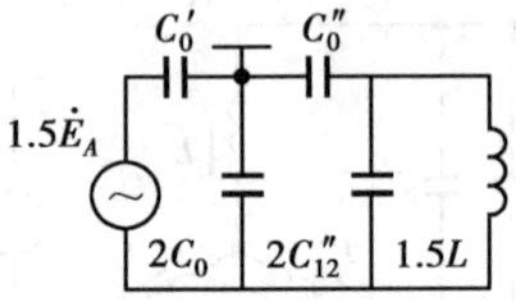	$\dfrac{1.5\dot{E}_A}{1+\dfrac{2\delta}{x}}$	$\dfrac{(1-x)(2\delta+x)}{3}C_0$
2	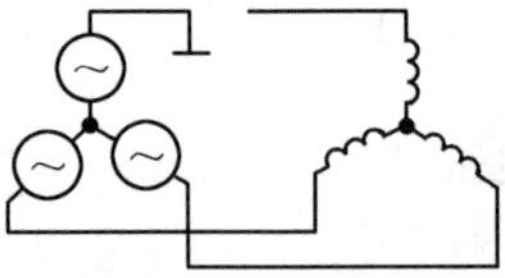	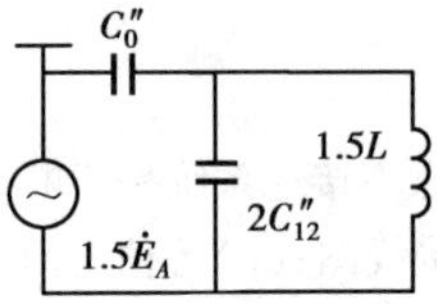	$\dfrac{4.5\dot{E}_A}{1+2\delta}$	$\dfrac{(1-x)(1+2\delta)}{3}C_0$
3	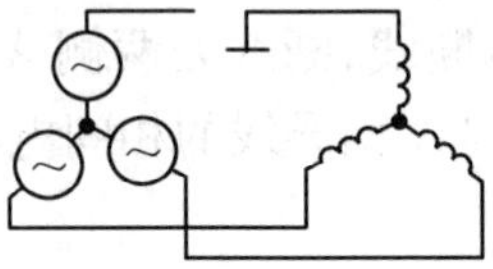	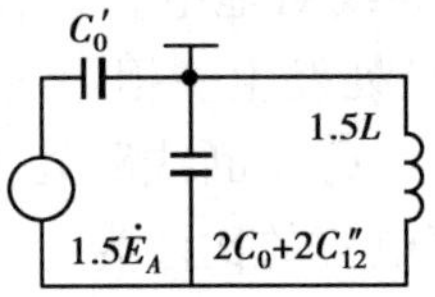	$\dfrac{4.5\dot{E}_A}{4+5x+2\delta(1-x)}$	$\dfrac{4+5x+2\delta(1-x)}{3}C_0$
4	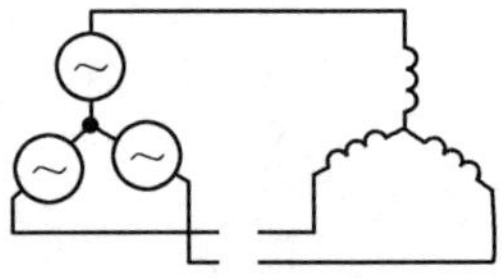	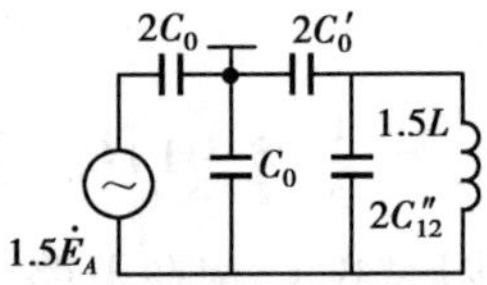	$\dfrac{1.5\dot{E}_A}{1+\dfrac{\delta}{2x}}$	$\dfrac{2(1-x)(\delta+2x)}{3}C_0$
5	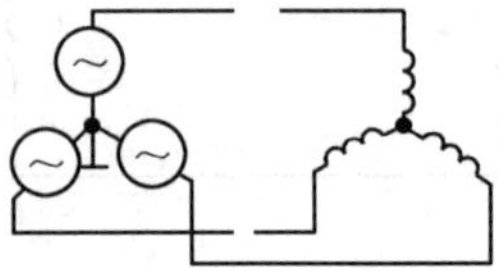	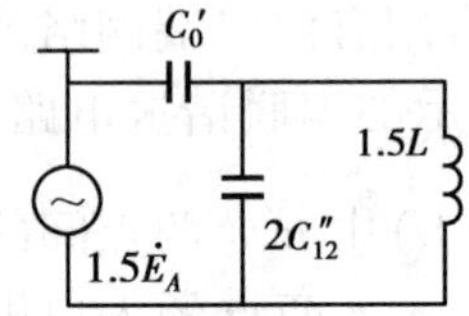	$\dfrac{1.5\dot{E}_A}{1+2\delta}$	$\dfrac{(1-x)(1+2\delta)}{3}C_0$
6	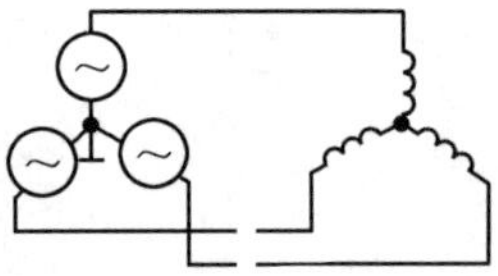	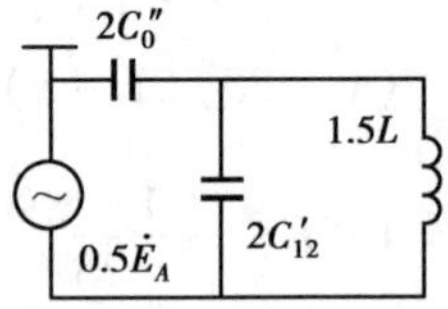	$\dfrac{1.5\dot{E}_A}{1+\dfrac{\delta}{2}}$	$\dfrac{2(1-x)(2+\delta)}{3}C_0$

从表 10.2 可知，以上几种断线中，在第 3 种情况即中性点不接地系统中，单相断线且负载侧导线接地时，等值电容的数值较大，尤其在 $x=1$ 时，即当断线故障发生在负载侧时，电容 C 最大达到 $C_{max}=3C_0$，不发生由断线引起基波铁磁谐振过电压的条件为

$$3\omega C_0 \leqslant \frac{1}{1.5\omega L_0}（L_0 \text{ 为变压器不饱和时的励磁电感}）$$

若变压器的励磁阻抗 $X_m = \omega L_0$，则上述情况下不发生断线引起基波铁磁谐振过电压的条件改写成

$$C_0 \leqslant \frac{1}{4.5 X_m \omega}$$

而 X_m 可根据变压器的额定电压 U_N（kV）、额定容量 S_N（kVA）、空载电流 I_0（%）由 $X_m = \frac{U_N^2}{I_0 S_N} \times 10^5$ 求得。

由此，C_0 值可进一步算出不发生基波铁磁谐振的线路长度。

为限制断线过电压可采取以下措施：

①保证断路器的三相同期动作；避免发生拒动；不采用熔断器。

②加强线路的巡视和检修，预防发生断线。

③如果断路器操作后有异常现象，可立即复原，并进行检查。

④在中性的接地电网中，操作中性点不接地的负载变压器时，应将变压器的中性点临时接地。此时负载变压器未合闸相的电位被三角形联结的低压绕组感应出一个恒定电压，谐振回路被破坏。

⑤必要时在变压器的中性点装设棒间隙。

电力系统是由电源、电阻、电感、电容等元件组成的复杂系统。当开关操作，或事故状态引起系统拓扑结构发生改变时，各储能元件的能量重新分配发生振荡会产生操作过电压。

常见的操作过电压有切除空载线路过电压、合闸空载线路过电压、切除空载变压器过电压、电弧接地过电压。这些过电压与电力系统元件的电感、电容的参数配合及能量转换有关。

操作过电压的能量来自电力系统电源及储能元件的能量，过电压幅值与工频电压等级有大致的倍数关系。一般取电气设备最大运行相电压的幅值 U_{xg} 作为基准值来计算操作过电压的倍数值 K_0。K_0 与电网结构、系统参数及容量、中性点接地方式、断路器特性、操作方式、母线出线条数有关。操作过电压是随机变量，具有统计规律和分散性，如合闸时合闸相位角的不同会产生不同的电压值。应使用数理统计方法处理。

对于 220 kV 及以下系统，系统绝缘水平一般可以承受操作过电压冲击，但超高压系统的操作过电压较高，设计时要作操作过电压校验。对操作过电压的规律研究，一般使用实测、电气模拟实验和计算机数值计算。实测包括事故录波和专门进行的系统实验，所得数据宝贵，但较少。电气模拟实验要大量投资扩充实验设备，才能模拟大型系统。计算机数值计算取得较快的发展，可以计算比较复杂系统的暂态过程，而计算费用较低。目前几种方法都在使用，且相互对照。操作过电压的综合统计分布一般近似于正态分布。

10.6　切除空载线路引起的过电压

电力系统正常运行时要进行切除空载线路的操作。当线路发生故障时，两端断路器断开，但动作时间总存在一定差异（一般为 0.01 ~ 0.05 s），这算是切除空载线路情况。我国 35 ~

220 kV 系统，绝缘水平选得较高，也发生多次因切除空载线路造成绝缘闪络或击穿事故。产生切除空载线路过电压的根本原因是电弧重燃。据统计，这种过电压幅值可高达 $3U_{xg}$ 以上，持续时间达 0.5～1 个工频周期以上，220 kV 及以下系统确定绝缘水平时，应以切除空载线路过电压为依据。

对空载线路，通过断路器的电流基本上是电容电流，一般只有几十至几百安培，比高压系统的短路电流小得多。能切断很大短路电流的断路器，有可能切不断空载线路的电容电流，这是因为断路器触头之间的恢复电压很高，使间隙击穿而发生电弧重燃。高压断路器要有较大的短路电流切断容量，而且要做实际的切除空载线路实验。

电网中切除电容器组也会发生类似过电压。

10.6.1 切除空载线路过电压产生的物理过程

空载线路用等值 T 型电路表示，L_T 为线路电感，C_T 为线路对地电容，L_e 是发电机、变压器漏感之和，忽略母线电容（图 10.12）。

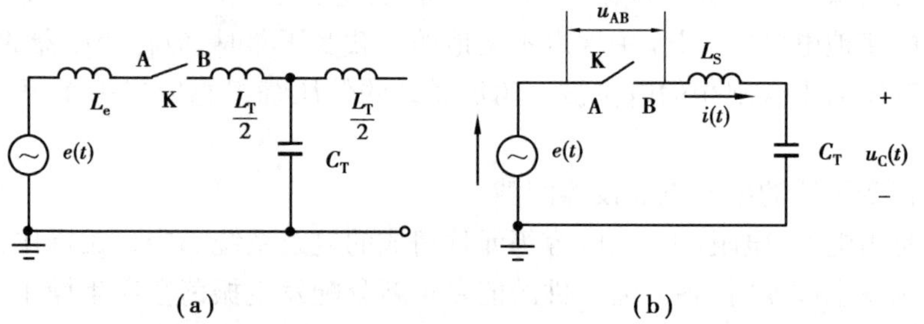

图 10.12 切空载线路的等值电路

(a)等值电路；(b)简化后的等值计算电路

在一般操作中的切除空载线路，电源 $e(t)$ 的最大运行相电压幅值为 U_{xg}，故障切除时取电机暂态电势计算。在简化等值电路（图 10.12(b)）中，设电源电势为

$$e(t) = E_m \cos \omega t$$

线路切除前，电路呈电容性，电流为

$$i(t) = \frac{E_m}{X_C - X_S}\cos(\omega t + 90°)$$

式中：X_C，X_S 分别为电容 C_T、电感 L_S 的容抗和感抗。

忽略线路电容效应，断路器断开以前（图 10.13），即 t_1 时刻以前，线路电压为 $u(t)$，即电容电压 $u_C(t)$ 等于电源电压 $e(t)$。最严重的情况，设 t_1 时刻断路器断开，线路电压为 $-E_m$，这时线路上工频电流过零点，断路器发生熄弧。实际上在 t_1 时刻前半个周期内断路器动作，只要电源存在，断路器触电间电弧都是 t_1 时刻熄弧。线路绝缘，导线电压保持在 $-E_m$，但断路器触点 A 的电位仍然按余弦曲线变化，即 t_1 后的虚线。断路器触头间出现不断增加的恢复电压

$$u_{AB} = u_A - u_B = e(t) - (-E_m) = E_m(1 + \cos \omega t)$$

如果断路器触头之间绝缘强度恢复速度大于恢复电压 u_{AB} 上升速度，触头间电弧就不会发生重燃，线路切断不会产生任何过电压。但若断路器性能差，在 t_2 时刻 u_{AB} 可达 $2E_m$，在 t_1～t_2 时间间隔内就有可能发生电弧重燃。电弧是否重燃或重燃时刻具有随机性，使过电压值也带有随机性。

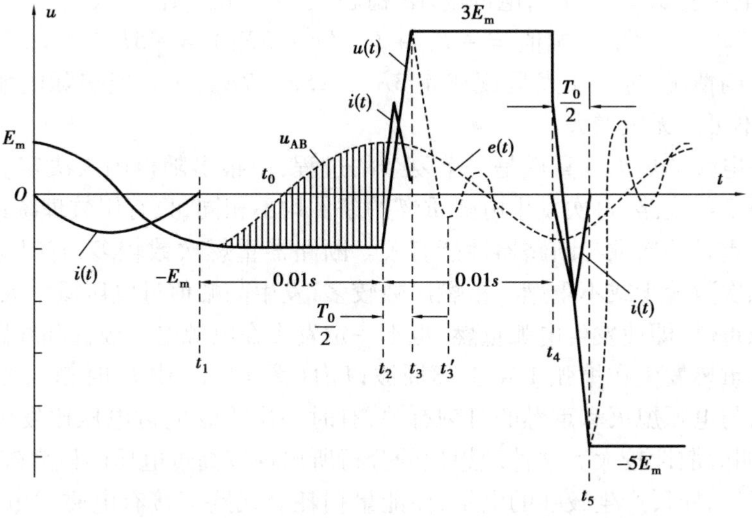

图 10.13　切空载线路过电压的发展过程

在 t_2 时刻发生电弧重燃较为严重，这时电容电压 $u_C(t_2) = -E_m$，电源电压 $e(t) = E_m$，重燃前瞬间，断路器触头间电压为 $|u_{AB}| = 2E_m$。由图 10.12 知，这时形成一个 LC 振荡回路，振荡频率 $f_0 = 1/(2\pi\sqrt{L_S C_T})$，$f_0$ 比工频高得多，因网络参数不同可达几百至几千赫兹，可近似认为电源电压在高频振荡中保持恒值 E_m 不变。由于回路的电阻损耗，振荡电压波形会趋于电源电压 E_m(图 10.14)。忽略回路损耗，线路上最高电压可计算为

$$\text{过电压幅值} = \text{稳态值} + (\text{稳态值} - \text{初始值})$$

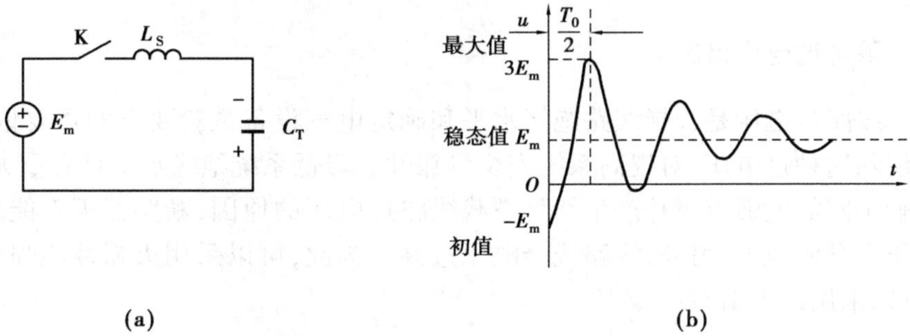

图 10.14　电弧重燃时的等值电路及振荡波形

(a)等值电路；(b)振荡波形

在此电路中，稳态值 $= E_m$，初始值 $= -E_m$，过电压 $= E_m + [E_m - (-E_m)] = 3E_m$。从振荡曲线来看，LC 回路的电磁振荡类似荡秋千的机械运动，从初始位置到静止位置，还要运动一倍距离到另一个极值，与上式相似。

由图 10.13 知，t_3 时刻振荡电压到达最大值 $3E_m$，线路电容电流 $i(t)$ 刚好过零点，t_3 时刻电弧又熄灭，线路电容电压就保持在 $3E_m$(也有很少情况高频电流是第 2 次过零点才熄弧)。在回路中有能量损耗，第 1 次电弧重燃达不到 $3E_m$，若不在 t_2 时刻电弧重燃，过电压还要低一些。

随着断路器触头之间距离越来越远，触头之间恢复电压也越来越高，在 t_4 时刻发生电弧

重燃，这时电容电压初始值为 $3E_m$，电源电压（稳态值）为 $-E_m$，则

$$过电压幅值 = -E_m + (-E_m - 3E_m) = -5E_m$$

按此最危险的情况，过电压发展规律是 $3E_m$，$-5E_m$，$7E_m$，…。但实际电弧重燃受到一些复杂因素影响，不可能无限增大。

断路器触头电弧的熄灭和重燃是一个复杂的过程，由很多随机因素决定。使用同一台断路器切除同一条空载线路，每次发生电弧重燃的条件均不相同，只有用数理统计的办法计算发生重燃的概率。重燃的次数与断路器性能有关。断路器重燃次数较多，有时达 6～7 次，压缩空气断路器重燃次数较少或不重燃。重燃次数较多，发生高幅值过电压概率大。每次切空线，不一定发生电弧重燃，即使发生电弧重燃，也不一定发生在电源电压极性和线路残余电压极性相反的时刻。若重燃发生在熄弧 1/4 工频周波以内（图 10.13 中 t_0 时刻），则不会产生过电压。过电压高低与电弧熄灭和重燃的时刻有关，有时一次重燃的过电压比发生多次重燃的过电压还要高，说明分散性较大。这种理想化的分析所出现较高过电压的概率较小。

当线路电压较高时，产生较强的电晕，使能量损耗。线路上接有电磁式电压互感器时，铁芯饱和要产生电荷泄漏，使电压初始值降低，即产生重燃过电压幅值也不高。当线路母线有几回出线，增大母线电容，可以吸收部分振荡能量，所带电阻性有功负荷也对高频振荡产生阻尼作用，这些因素都使电弧重燃过电压降低。

电网中性点运行方式对切除空载线路过电压也有影响。中性点直接接地系统，三相线各自形成独立回路，和前面讨论的情况一致，相间电压耦合对过电压影响不大。当中性点不接地，或者中性点经消弧线圈接地，三相开关的不同期造成中性点电位偏移，三相之间互相影响使电弧燃烧和熄灭过程变得复杂，在不利条件下过电压显著增高，一般情况下使过电压比中性点直接接地系统高 20%。

10.6.2 限制过电压措施

切除空载线路过电压是选择线路绝缘水平和确定电气设备试验要求的重要依据，要采取措施限制和消除这种过电压，对提高系统安全可靠性和降低系统绝缘水平具有重大意义。

断路器触头间的电弧重燃是产生切除空载线路过电压的原因，断路器灭弧能力赶不上触头间恢复电压上升的速度，另外，线路残余电压过高。为此，可以采用灭弧性能强的快速动作断路器，还可以采用以下措施：

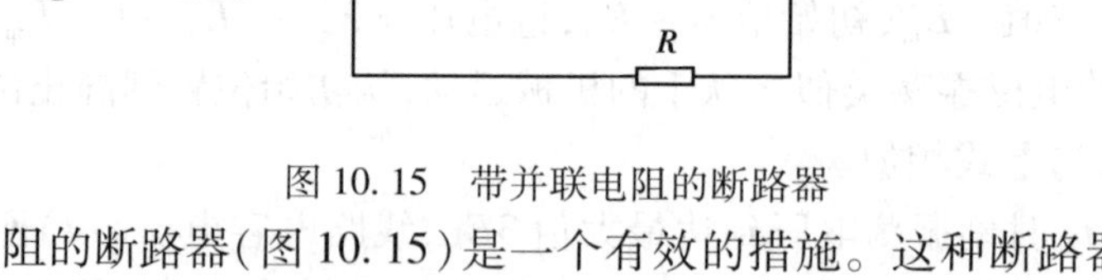

图 10.15　带并联电阻的断路器

使用带并联电阻的断路器（图 10.15）是一个有效的措施。这种断路器有两个触头，主触头 K_1 并联一个电阻 R，K_2 是辅助触头，断路器的动作分两步进行。分闸时先断开主触头 K_1，使 R 串联在回路之中阻尼了振荡的发生，消耗电容电荷的能量，使电弧不易发生重燃。再经过 1.5～2 个工频周波，辅助触头 K_2 断开，R 消耗了部分能量，线路残余电压较低，K_2 上电弧不易发生重燃，即使 K_2 中电弧发生电弧重燃。R 的阻尼作用使过电压显著降低，只有 2.28 倍

左右。断路器并联电阻大小一般是数百欧至数千欧。作为限制切除空载线路过电压的断路器并联电阻一般选择 3 000 Ω。

当输电线上接有电磁式电压互感器时，电压升高，互感器铁芯饱和阻抗下降，残余电荷泄入大地降低了过电压的数值。如图 10.16 所示为切空线过电压倍数与出现的概率的关系曲线，这是我国 220 kV 线路上试验的结果。当线路装有电磁式电压互感器时，可使过电压倍数降低 30% 左右。在中性点直接接地系统中，在变压器低压侧连同变压器一起切除空载线路，变压器铁芯饱和也可使过电压降低。

超高压输电线路一般接有并联电抗器进行无功功率补偿，切除空载线路时可能和线路电容形成振荡（其自振频率一般略低于工频），不能很好地降低线路残余电压。计算表明，振荡中使断路器上恢复电压上升速度减慢，减少了电弧重燃的机会，减少了发生高值过电压的概率。

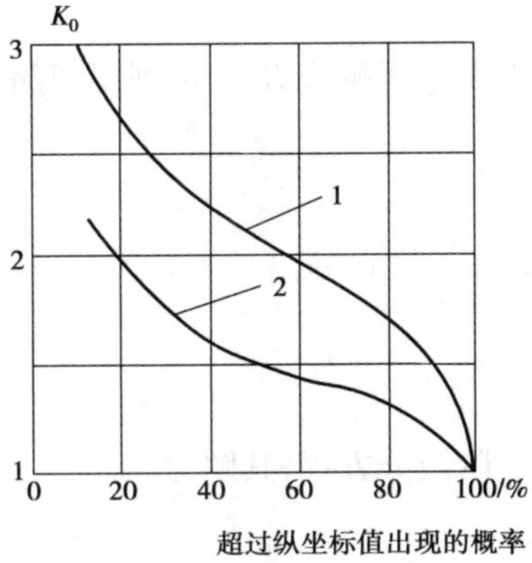

图 10.16　220 kV 线路拉闸过电压倍数的统计曲线

1—线路侧无互感器；2—线路侧有互感器

我国在几十条 110 ~ 220 kV 线路上进行了实测，综合分析表明，切除空载线路过电压是随机变量，其统计分布近似正态分布，出现最大过电压的倍数与所用断路器的性能有很大关系，按断路器性能分类得到以下结果：使用重燃次数较少的空气断路器，高于 2.6 倍过电压出现的概率为 0.73%；使用重燃次数较多的空气断路器，高于 3.0 倍过电压的概率为 0.86%；用油断路器测得最大过电压为 2.8 倍。当使用有中值和低值并联电阻断路器时，过电压被限制在2.2倍以下。

在中性点不接地系统和消弧线圈接地电网中，切除空载线路过电压一般不超过 3.5 倍。

IEC 对 7 个国家 100 kV 以上电网操作线路过电压（包括合闸）进行统计，超过 2.63 倍的过电压出现的概率为 2.24%，统计分布近似正态分布。

在超高压电网中，断路器带有并联电阻（一些较短的超高压线路，未使用并联电阻），基本上消除了电弧重燃，也基本上消除了切除空线过电压。我国 330 kV 线路上试验结果表明，切除空载长线多次均未发生电弧重燃，最大过电压测到 1.19 倍，最大合闸过电压却达到 2.03 倍。苏联、美国等实测结果也与之大致符合。这些情况说明，在超高压电网中，切除空载线路过电压已被限制，合闸空载线路过电压已成主要矛盾，成为确定超高压电网绝缘水平的主要因素之一。

10.7　合闸空载线路过电压

合闸空载线路操作分两种情况，即计划性合闸和故障后的自动重合闸，后者是非零初始条件，合闸过电压更高。

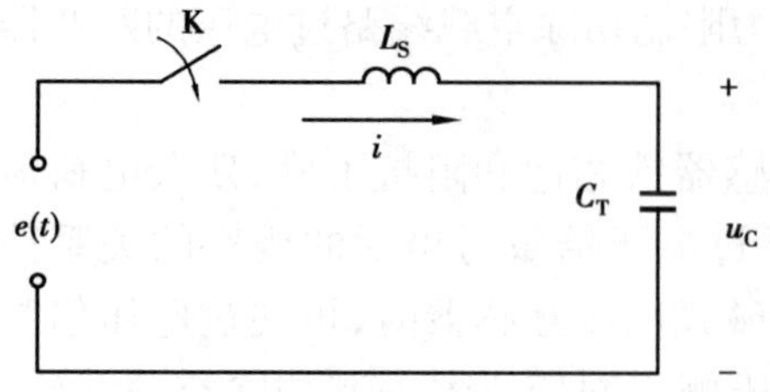

图 10.17　合空载线路的等值计算电路

10.7.1　计划性合闸过电压

空载线路合闸前，线路不接地，三相对称，为零初始状态。不计导线间的电磁耦合，取一相线路进行研究，其等值电路采用图 10.12 的 T 型等值电路，这是个 LC 振荡回路，可按图 10.17 进行计算。振荡频率很高$[f_0 = 1/(2\pi\sqrt{L_S C_T})]$，在较短的时间以内可认为电源电压为定值 E，E 与合闸电压相位角有关，最严重时取电源电压幅值 E_m。可列出回路微分方程为

$$E_m = L_S \frac{di}{dt} + u_C$$

因 $i = C_T \dfrac{du_C}{dt}$，可导出

$$L_S C_T \frac{d^2 u_C}{dt^2} + u_C = E_m \tag{10.12}$$

这是二阶微分方程，其解为

$$u_C = A \sin \omega_0 t + B \cos \omega_0 t + E_m$$

式中：$\omega_0 = 1/\sqrt{L_S C_T}$；$A$，$B$ 为积分常数。

初始条件，$t = 0$ 时，$u_C = 0$，$i = C_T \dfrac{du_C}{dt} = 0$，可得 $A = 0$，$B = -E_m$。可得

$$u_C = E_m(1 - \cos \omega_0 t) \tag{10.13}$$

当 $\omega_0 = \pi$ 时，u_C 为最大值，即

$$u_C = 2E_m \tag{10.14}$$

合闸空载线路时，电源电压合闸时的相位角 φ 在一个周波 AB 区段上是随机变量(图 10.18)，为均匀分布，合闸时的电源电压$|E|$一般都小于 E_m，合闸过电压一般也小于 2 E_m。

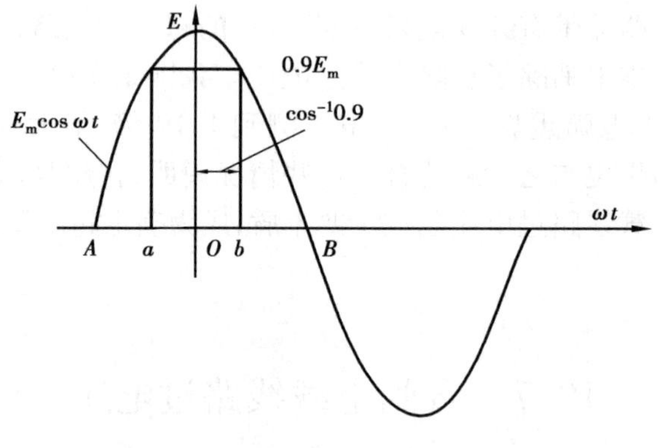

图 10.18　合闸概率计算示意图

合闸空载线路时，因线路电阻和电晕损耗，过电压幅值将会降低，另外考虑输电线电容效应使交流电压升高，我国实测到的过电压只有 1.9～1.96 倍。

上述分析是假定在最严重的情况，即合闸时电源电压等于其幅值 E_m。但从图 10.16 分析，横轴是合闸相位角，计算合闸过电压概率分布上取值。

假设合闸时电源电压标幺值 $|E|/E_m=0.9$，合闸时电源电压 $|E|/E_m \geqslant 0.9$ 的概率应为

$$P(|E|/E_m \geqslant 0.9) = \frac{ab}{AB} = \frac{2\ \arccos 0.9}{\pi} = 28.7\%$$

即合闸时电源电压大于等于 $0.9E_m$ 的概率为 28.7%。

一般来说，当 $|E|/E_m \geqslant k$ 时的概率为（k 在 0 ~ 1 取值）：

$$\varphi = \frac{2\ \arccos k}{\pi} \tag{10.15}$$

由式（10.14）可知，合闸空载线路时，最大过电压为 $2E=2kE_m$，考虑输电线路的电容效应，应乘以工频电压升高系数 K_C（220 kV 末端取 1.1 ~ 1.15，330 kV 线路末端取 1.15 ~ 1.30），还要考虑衰减系数 β，这时线路上过电压倍数 $K_0=2\beta K_C K$。综合这些因素，线路上过电压超过 K_0 的概率为

$$\varphi = \frac{2}{\pi}\arccos \frac{K_0}{2\beta K_C} \tag{10.16}$$

图 10.19 是合闸空载线路的累计概率分布。图中 $\beta=0.9$，$K_C=1.1$。这种过电压的极限值为 $2\beta K_C E_m$。

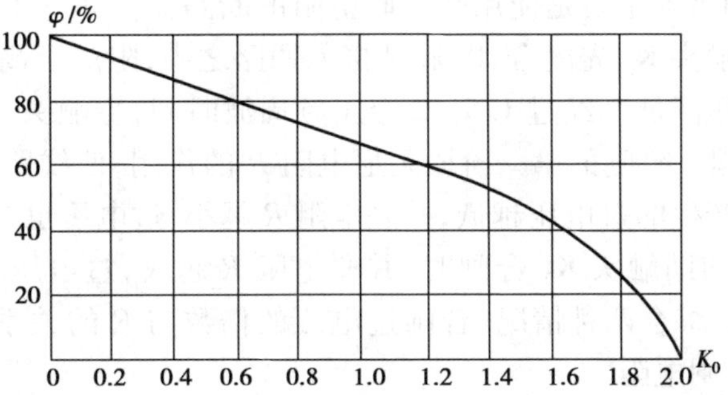

图 10.19　合闸空载线路的累计概率分布 $\beta=0.9$，$K_C=1.1$

以上分析使用了集中参数电路的 LC 模型，若使用多相输电线路分布参数模型，考虑了导线间的电磁耦合，当输电线很长时，经过上百次的“合闸操作”计算，也会出现电压倍数大于 2 的情况，这在集中参数电路模型是不会产生的。

10.7.2　自动重合闸引起的过电压

自动重合闸引起的合闸空线路过电压较高。如图 10.20 所示，输电线的 C 相接地时，K_2 先跳闸，K_1 再动作，K_1 侧接电源。健全相 A，B 这时流过的是电容电流，K_1 跳闸相当于切除空载线路，K_1 健全相触头在电容电流过零点时熄弧，这时电源电压为最大值。考虑线路单相接地、电路电容效应等因素，线路平均残余电压 $u_r=1.3E_m$。在 K_1 的自动重合闸动作之前，线路的残余电荷通过导线泄漏电阻泄入大地，这包含绝缘子电导和空气电导的泄漏（图 10.21），这与绝缘子表面污秽情况、空气潮湿、雨雪情况有关。电源衰减在较广范围内变化。由图 10.21 可以看出 0.5 s 时间内残余电压下降 10% ~ 30%。线路放电时间常数一般大于 0.1 s。

设 K_1 重合闸动作之前，线路残压已降了 30%，即 $u_r=(1-0.3)\times 1.3E_m=0.91E_m$。最危险的合闸时刻是电源极性与线路残余电压相反，电压值是 $-E_m$ 最大值时，情况与切除空载线路类似。这时线路发生高频振荡，振荡的稳态值为 $-E_m$，初值为 $0.91E_m$，最大值为

$$u_{OV}=-E_m+(-E_m-0.91E_m)=-2.91E_m$$

若不计线路电荷泄漏,过电压还会更高,但重合闸的合闸时刻电源电压不一定是 $-E_m$,这时过电压较低。

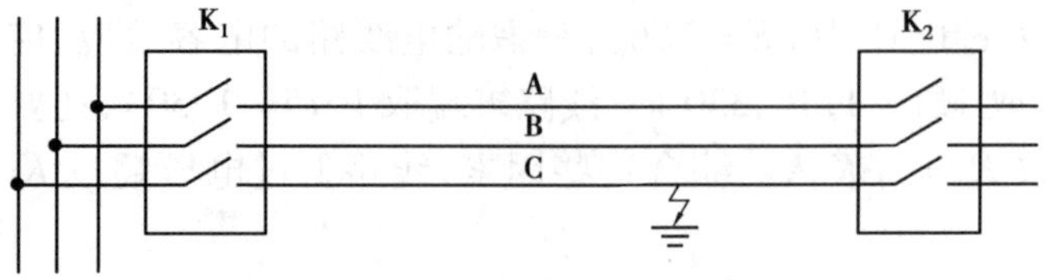

图 10.20　自动重合闸示意图

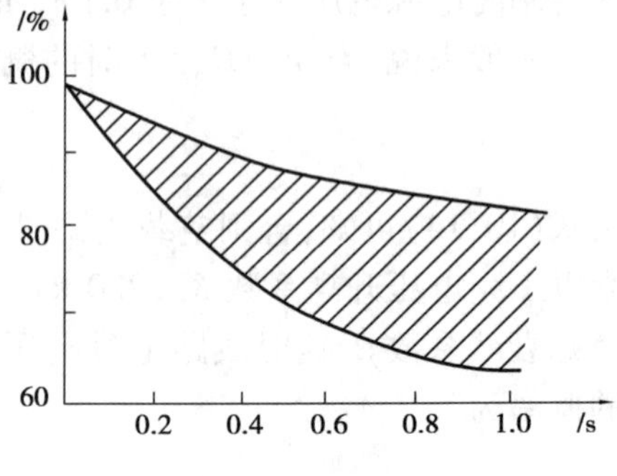

图 10.21　线路的残余电荷通过导线时实测泄漏曲线

10.7.3　限制合闸过电压的措施

限制合闸过电压的措施主要是使用带并联电阻的断路器。如图 10.17 所示,带并联电阻的断路器合闸时,辅助触头 K_2 先闭合,电阻 R 接入回路之中,阻尼了高频振荡,R 越大阻尼作用越强,这个阶段过电压降低。经过 1.5 ~2 个工频周波时间,主触头 K_2 再闭合,把合闸电阻 R 短接,完成了合闸过程。合闸的第一阶段阻尼电阻 R 的作用,使线路电压较低,主触头合闸时触头之间电压越低,产生的过电压越低,并联电阻 R 越小,过电压也越低。

以上分析可知,在辅助触头 K_2 合闸时,并联电阻 R 越大,过电压越低。主触头 K_1 合闸时,R 越小过电压越低。综合两种情况,合闸过电压的倍数与 R 的关系呈 V 形曲线。根据线路参数可选一适当的合闸电阻。

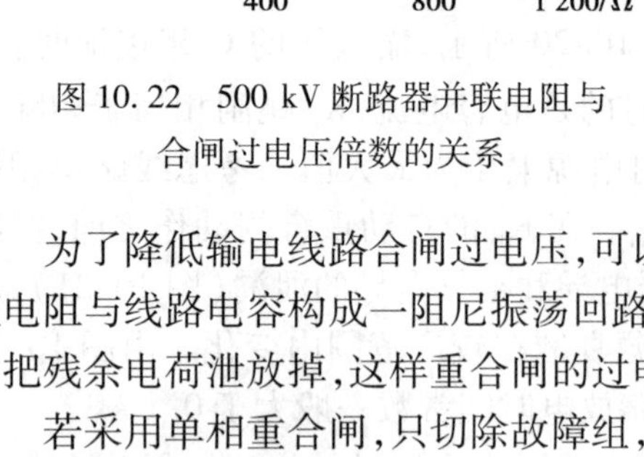

图 10.22　500 kV 断路器并联电阻与合闸过电压倍数的关系

图 10.22 是 500 kV 断路器并联电阻与合闸过电压倍数的关系曲线。当 R 取 300 Ω 时,合闸过电压可限制在 1.8 倍以下。合闸电阻制作困难,厂家希望电阻 R 的值大一些,以满足热容量要求。500 kV 线路断路器用 475 Ω,450 Ω 或者 400 Ω 的并联电阻时,过电压可限制在两倍以下,超过两倍过电压的频数不超过 5%。若 500 kV 线路较短,如 194 km 长的一条 500 kV 实际线路,经过计算,没有采用带并联电阻的断路器,因为这种断路器价格较贵。

为了降低输电线路合闸过电压,可以在线路侧安装电磁式电压互感器,它的等值电感和等值电阻与线路电容构成一阻尼振荡回路,使线路残余电荷在自动重合闸之前的几个工频周波内把残余电荷泄放掉,这样重合闸的过电压倍数就不会超过两倍。

若采用单相重合闸,只切除故障组,线路上不存在残余电荷,就不会产生较高的过电压。

另外,采取同步合闸是有效的措施,所谓同步合闸是通过特殊装置使断路器触头两端的电位极性相同时,甚至是电位也相等的瞬间完成合闸操作,可大大降低,甚至消除合闸和重合闸过电压。目前同步合闸的断路器在国外已研制成功，它既有准确、稳定的机械特性，又有检测触头电压（捕捉等电位瞬间）的二次选择回路。

也可用避雷器作操作过电压保护，把ZnO型或磁吹避雷器安装在线路首端和末端（线路断路器的线路侧）均能限制合闸空载线路过电压。

10.8　切除空载变压器过电压

切除空载变压器（包括切除电抗器、电动机、消弧线圈等电感性负荷）是电力系统中常见的一种操作。空载变压器在正常运行时表现为激励电感，切除空载变压器就是开断一个小容量电感负荷，这时会在变压器上和断路器上出现很高的过电压。

10.8.1　过电压产生的原因及物流过程

产生切除空载变压器过电压的原因是开关中电感电流的突然被“切断”所致。实验研究表明：在切断100 A以上的交流电流时，开关触头间的电弧通常都是在工频电流自然过零时熄灭，此时等值电感中储藏的磁场能量为零，在切除过程中不会产生过电压。但在切除空载变压器中，由于激磁电流很小，一般只有额定电流的0.5%～4%，而开关中的去游离作用又很强，因此当电流不为零时就会发生强制熄弧的切流现象。这样电感中储藏的能量将全部转变为电场能量，从而产生了切除空载变压器过电压。

如图10.23所示为切除空载变压器的等值电路，图中L_T为空载变压器的励磁电感，C_T为变压器的等值对地电容，L_S为母线侧电源的等值电感，QF为断路器。

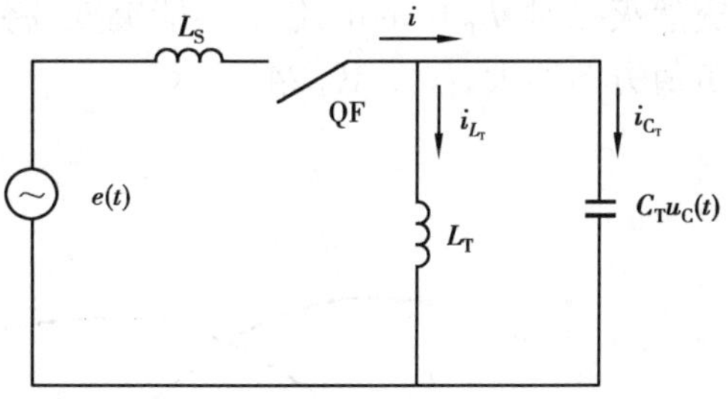

图10.23　切除空载变压器的等值电路

设空载电流$i=I_0$时发生切断（即由I_0突然至零），$I_0=I_m \sin\alpha$（α为截流时的相角），此时电源电压为U_0，$U_0=U_m\sin(\alpha+90°)=+U_m\cos\alpha$（空载励磁电流滞后电源电压90°）。截流前瞬时在电感和电容中所储存的能量分别为

$$W_L=\frac{1}{2}L_T I_0^2$$

$$W_C=\frac{1}{2}C_T U_0^2$$

而此时回路总能量为

$$\frac{1}{2}L_T I_0^2+\frac{1}{2}C_T U_0^2=\frac{1}{2}L_T I_m^2\sin^2\alpha+\frac{1}{2}C_T U_m^2\cos^2\alpha$$

电流截断瞬时，L_T中能量全部转变成电容C_T中的能量，此时电容上电压为U_C，根据能量守恒

$$\frac{1}{2}C_T U_C^2=\frac{1}{2}L_T I_0^2+\frac{1}{2}C_T U_0^2$$

$$U_C = \sqrt{U_m^2 \cos^2\alpha + \frac{L_T}{C_T} I_m^2 \sin^2\alpha} \tag{10.17}$$

考虑 $I_m = \dfrac{U_m}{2\pi f L_T}$，自振频率 $f_0 = 1/(2\pi\sqrt{L_T C_T})$

$$U_C = U_m \sqrt{\cos^2\alpha + \left(\frac{f_0}{f}\right)^2 \sin^2\alpha} \tag{10.18}$$

则过电压倍数

$$K = \frac{U_C}{U_m} = \sqrt{\cos^2\alpha + \left(\frac{f_0}{f}\right)^2 \sin^2\alpha} \tag{10.19}$$

实际上，磁场能量转化为电场能量的过程中必然有损耗，可引入一损耗系数 η_m（$\eta_m < 1$）则

$$K = \sqrt{\cos^2\alpha + \eta_m \left(\frac{f_0}{f}\right)^2 \sin^2\alpha} \tag{10.20}$$

损耗系数 η_m 一般小于0.5，国外大型变压器实测数据为0.3～0.45，自振频率 f_0 与变压器的参数和结构有关，通常为工频的10倍以上，超高压变压器则只有工频的几倍。显然，当空载励磁电流在幅值处被切断，即 $\alpha = 90°$ 时，过电压倍数达到最大值，此时

$$K = \sqrt{\eta_m}\frac{f_0}{f} \tag{10.21}$$

截流现象通常发生在电流曲线的下降部分，设 I_0 为正值，则相应的 U_0 必为负值。当开关中突然灭弧时，L_T 中的电流 i_L 不能突变，将继续向 C_T 充电，使电容上的电压从“$-U_0$”向更大的负值方向增大，如图10.24所示。

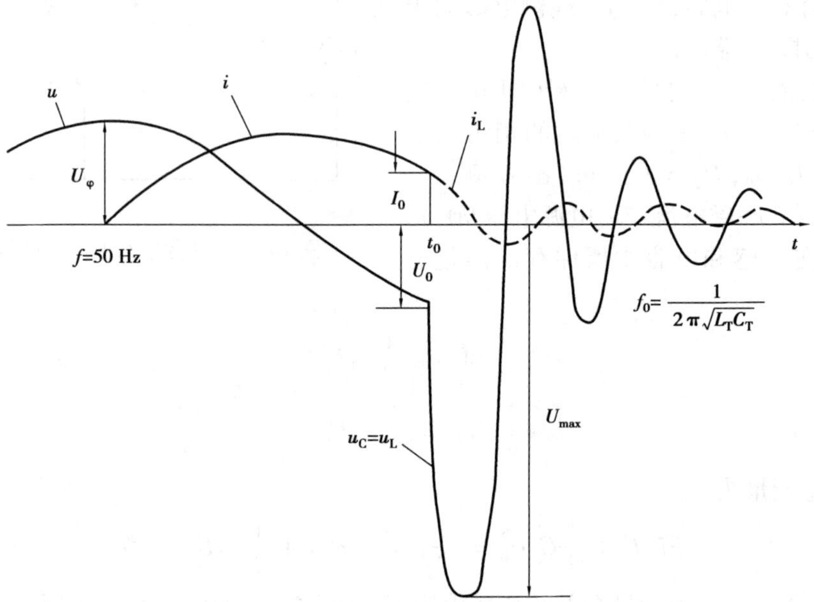

图10.24 切除空载变压器的过电压

10.8.2　影响因素与限制措施

(1)影响因素

从以上分析可知,这种过电压的幅值近似地与切流值 I_0 成正比,而空载电流的切流值与断路器的灭弧性能有关。切断小电流电弧时性能差的断路器(尤其是多油断路器),其切流能力不强,切除空载变压器时过电压较低,而切除小电流电弧时性能好的断路器(如空气断路器、SF_6 断路器),其切流能力强,切除空载变压器时过电压较高。另外,当断路器去游离作用不强时(灭弧能力差),切流后在断路器触头间可能引起电弧重燃,而这种电弧重燃与切除空线时相反,使变压器侧的电容中电场能量向电源释放,从而降低这种过电压。使用相同的断路器,即使在相同的切流下,当变压器引线电容较大时(如空载变压器带有一段电缆式架空线),这使得等值电容 C_T 加大,从而降低这种过电压。

此外,变压器的空载激磁电流 $I_L\left(=\dfrac{U_\varphi}{\omega L_T}\right)$或电感 L_T 的大小,对 U_{max} 有一定的影响。令 I_L 为 i_{LT}的幅值,如果 $I_L \leqslant I_{0(max)}$,则过电压幅值 U_{max}将随 I_L 的增大而增高,最大的过电压幅值将出现在 $i_{LT}=I_L$ 时;如果 $I_L > I_{0(max)}$,则最大的 U_{max}将出现在 $i_L = I_{0(max)}$时。空载激磁电流的大小与变压器容量有关,也与变压器铁芯所用的导磁材料有关。近年来,随着优质导磁材料的应用日益广泛,变压器激磁电流减小很多。此外,变压器绕组改用纠结式绕法以及增加静电屏蔽等措施也使对地电容 C_T 有所增大,使过电压有所降低。

国内外大量实测数据表明:通常它的倍数为 2 ~ 3 倍,有 10% 左右可能超过 3.5 倍,极少数高达 4.5 ~5.0 倍甚至更高。

(2)限制措施

由于这种过电压持续时间短、能量小(要比阀型避雷器允许通过的能量小一个数量级),因此可用阀型避雷器加以限制。用来限制切除空载变压器过电压的避雷器应接在断路器的变压器侧,否则在切除空载变压器时将使变压器失去避雷器的保护。另外,这组避雷器在非雷雨季节也不能退出运行。如果变压器高低压侧电网中性点接地方式一致,那么可不在高压侧而只在低压侧装阀型避雷器,这就比较经济方便。如果高压侧中性点直接接地,而低压侧电网中性点不是直接接地的,则只在变压器低压侧装避雷器时,应装磁吹阀型避雷器或氧化锌避雷器。

在断路器的主触头上并联一个线性或非线性电阻,也能有效地降低这种过电压。不过为了发挥足够的阻尼作用和限制激磁电流的作用,其阻值应接近被切电感的工频激磁阻抗(数万 Ω),为高值阻抗,这对限制切、合空载线路过电压都显得太大了。

10.9　电弧接地过电压

在中性点绝缘的电网中发生单相金属接地时,会引起健全相的电压升高到线电压。如果单相接地为不稳定的电弧接地,即接地点的电弧间歇地熄灭和重燃,则在电网健全相和故障相上会产生很高的过电压,一般把这种过电压称为电弧接地过电压。

通常,电弧接地过电压不会使符合标准的良好电气设备的绝缘发生损坏。但是在系统中常常有一些弱绝缘的电气设备或设备绝缘在运行中可能急剧下降,以及设备绝缘中有某些潜伏性故障在预防性试验中未检查出来等情况。在这些情况下,遇到电弧接地过电压时就可能发生危险。在少数情况下还可能出现对正常绝缘有危险的高幅值过电压。因为电弧接地过电压波及面较广,单相不稳定电弧接地故障在系统中出现的机会很多(可能达到65%),且这种过电压一旦发生,持续时间极长(因为在中性点绝缘系统中允许带单相接地运行的时间为0.5~2 h),所以电弧接地过电压对中性点绝缘系统的危害性是不容忽视的。

电弧接地过电压的发展与电弧的熄灭时刻有关,通常认为电弧的熄灭有可能在两种情况下发生:空气中的开发性电弧大多在工频电流过零时刻熄灭;油中电弧则常常是在过渡过程中高频振荡电流过零的时刻熄灭。实际上电弧能否熄灭是由电流过零时间隙中抗电强度的恢复和加在间隙上的恢复电压所决定的。为了能很好地阐明这种过电压发展的物理过程,现假定电弧的熄灭是发生在工频电流过零的时刻。

10.9.1 过电压产生的物理过程

为了使分析不致过于复杂,可作以下简化:①略去线间电容的影响;②设各相导线的对地电容均相等,即 $C_1=C_2=C_3=C_4$,设A相对地发生电弧接地,以 d 表示故障点发弧间隙。u_A,u_B,u_C 为三相电源电压;u_1,u_2,u_3 为三相线路对地电压,即 C_1,C_2,C_3 上的电压。U_{xg} 为电源相电压幅值。中性点不接地系统的等值电路如图10.25所示。

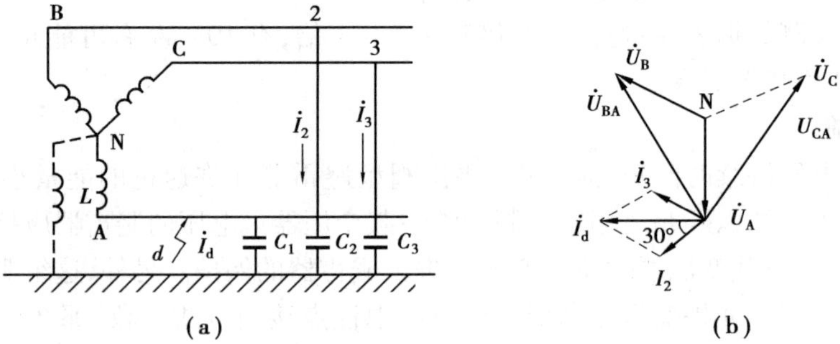

图10.25 单相接地及相量图

(a)电路图;(b)相量图

假定在A相电压达最大值时A相电弧接地,这是过电压最严重的情况。在A相电弧接地发弧前瞬间 $t=t_1^-$ 时,$u_1=U_{xg}$,$u_2=-0.5U_{xg}$,$u_3=-0.5U_{xg}$。

在 t_1 瞬间,A相电弧接地,即图10.25中 d 间隙发弧导通,A相电容 C_1 上电荷通过间隙电弧泄放入地,其电压 u_1 突降为零。B,C相电容 C_2,C_3 上电压的幅值从 $-0.5U_{xg}$ 变至 $-1.5U_{xg}$。而 u_2,u_3 电压的这种改变是要通过电源线电压 U_{BA},U_{CA} 经电源电感对 C_2,C_3 的充电来完成的,这个过程是一个高频振荡过程,也即高频振荡过程结束后 C_2,C_3 上的电压将达到 $-U_{xg}$。对于高频振荡过程来说,振荡过程发生前瞬时值为初始值,振荡过程结束后应达到的值为稳定值,在振荡过程中过电压的最大幅值可由该公式来估算过电压幅值=稳态值+(稳态值-初始值)估算。这样在振荡的过渡过程中,C_2,C_3 上出现的过电压幅值见表10.3。

表 10.3　过电压幅值

	C_2	C_3
振荡过程开始前初始值	$-0.5U_{xg}$	$-0.5U_{xg}$
振荡过程结束后应达到值	$-1.5U_{xg}$	$-1.5U_{xg}$
振荡过程中过电压幅值	$-2.5U_{xg}$	$-2.5U_{xg}$

过渡过程结束后 u_2，u_3 按 u_{BA}，u_{CA} 而变化，如图 10.26 所示。

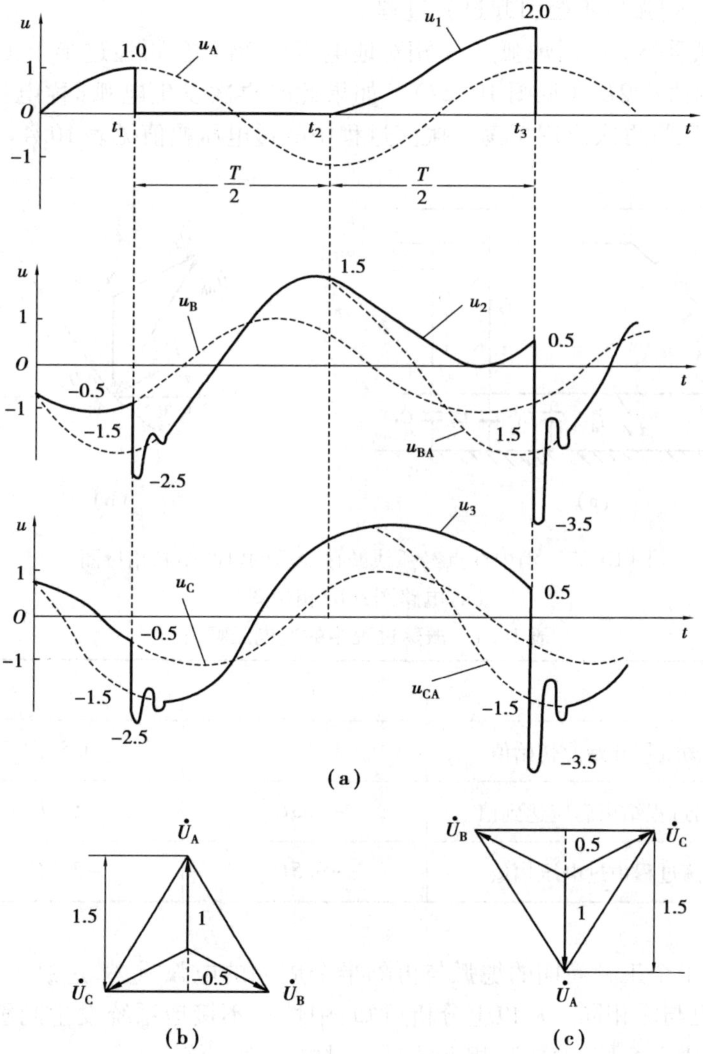

图 10.26　工频电流过零时的电弧接地过电压发展过程

(a)过电压发展过程；(b)t_1 瞬间电压相量图；(c)t_2 瞬间电压相量图

当 $t=t_2$ 时，A 相接地电弧第 1 次熄灭。故障点的电弧电流中包含工频分量 $\dot{I}_B+\dot{I}_C$ 和逐渐衰减的高频分量。假定高频分量过零时不熄灭,而后高频分量衰减至零,电弧电流就是工频电流 $\dot{I}_B + \dot{I}_C$,其相位与 $\dot{U}_A$ 差 90°(见图 10.14(b))。那么经过半个工频电弧电流过零,电弧第 1 次熄灭。

在熄弧瞬间 $t = t_2^-$ 时,$u_1 = 0$,$u_2 = 1.5U_{xg}$,$u_3 = 1.5U_{xg}$。熄弧后 B,C 相线路上储有电荷 $q = 2C_0 \times 1.5U_{xg} = 3C_0U_{xg}$,这些电荷无处泄漏,于是在三相对地电容间平均分配,其结果使三相导线对地有一个电压偏移 $U_{xg} = \dfrac{q}{3C_0}$。这样,接地电弧第 1 次熄灭后,作用在三相导线对地电容上的电压为三相电源电压叠加此偏移电压,即在熄弧后瞬间 $t = t_2^+$ 时,$u_1 = -U_{xg} + U_{xg} = 0$, $u_2 = 0.5U_{xg} + U_{xg} = 1.5U_{xg}$,$u_3 = 0.5U_{xg} + U_{xg} = 1.5U_{xg}$,这样第 1 次熄弧瞬间 $t = t_2^-$ 时的电压值与 $t = t_2^+$ 时的电压值相同,熄弧后不会引起过渡过程。

当 $t = t_3$ 时电弧重燃。t_2 时熄弧后 A 相对地电压逐渐恢复,再经过半个工频周期,在 $t = t_3$ 时,A 相对地电压幅值达 $2U_{xg}$(见图 10.27)。如果此时再次发生电弧(称电弧重燃),u_1 再次降为零,u_2,u_3 的电压将再次出现振荡。振荡过程中的过电压幅值见表 10.4。

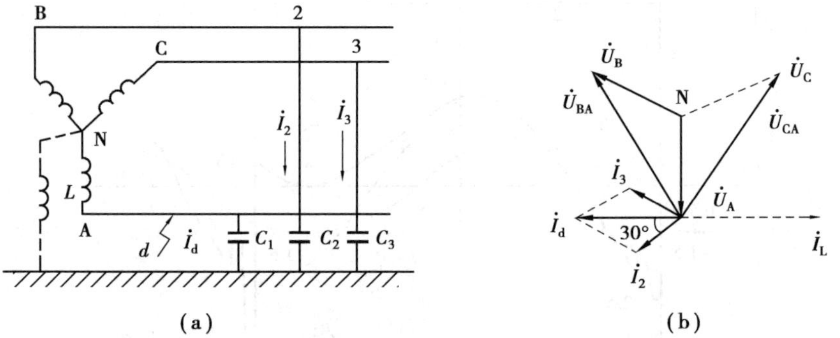

图 10.27 消中性点经弧线圈接地后的电路图和相量图

(a)电路图;(b)相量图

表 10.4 振荡过程中的过电压幅值

	C_2	C_3
振荡过程开始前初始值	$0.5U_{xg}$	$0.5U_{xg}$
振荡过程结束后应达到值	$-1.5U_{xg}$	$-1.5U_{xg}$
振荡过程中过电压幅值	$-3.5U_{xg}$	$-3.5U_{xg}$

以后发生的隔半个工频周期的熄弧与再隔半个周期的电弧重燃,过渡过程与上面完全重复,且过电压幅值也与之相同。从以上分析可知,中性点不接地系统发生间歇性电弧接地时,非故障相上过电压为 3.5 倍,而故障相上的最大过电压为 2 倍。

长期以来的试验和研究表明:工频过零熄弧与振荡高频过零熄弧都是可能的;故障相的电弧重燃也不一定在最大恢复电压值时发生,并具有很大的分散性。间歇电弧接地过电压具有很强烈的随机统计性质,目前普遍认为,间歇电弧接地过电压的最大值不超过 3.5 倍,一般在

3 倍以下。

10.9.2　影响过电压的因素

影响间歇电弧接地过电压的因素如下：

(1) 电弧熄灭与重燃时的相位

这种因素有很大的随机性。上述分析得到 3.5 倍过电压的熄灭和重燃时的相位是最严重情况时的相位。

(2) 系统的相关系数

如考虑线间电容时比不考虑线间电容时在同样情况下的这种过电压要低。原因在于线间电容的存在使振荡开始前的初始值增高，使与振荡过程结束后应到达值之间的差值减小，过电压幅值将降低。在振荡过程中过电压幅值的估算值由于实际线路的损耗也达不到此数值。

(3) 中性点接地方式

间歇电弧接地过电压仅存在于中性点不接地系统中。若将中性点直接接地，一旦发生单相接地，就是单相对地短路，接地点将流过很大的短路电流，断路器跳闸将切断电源，从而彻底消除电弧接地过电压。这样，操作次数增多，并由此增加许多设备，又影响供电的连续性，在单相接地故障较为频繁的低电压等级(35 kV 及以下)的系统中仍不采用中性点直接接地。在中性点不接地系统中限制电弧接地过电压的有效措施是中性点经消弧线圈接地。

10.9.3　消弧线圈及其对限制电弧接地过电压的作用

消弧线圈是一个铁芯有气隙的电感线圈，其伏安特性相对来说不易饱和。消弧线圈接在中性点与地之间。在原中性点不接地系统的中性点与地之间接上一个消弧线圈 L，如图 10.27(a)所示。假设 A 相发生电弧接地。A 相接地后，流过接地点的电弧电流除了原先的非故障相通过对地电容 C_2，C_3 的电容电流相量和($\dot{I}_B+\dot{I}_C$)之外，还包括流过消弧线圈 L 的电流 $\dot{I}_L$(A 相接地后，消弧线圈上的电压即为 A 相电源电压)，根据图 10.27(b)所示的相量图分析，$\dot{I}_L$ 与($\dot{I}_B+\dot{I}_C$)相位相反，适当选择消弧线圈的电感 L 值，即适当选择电流电感 $\dot{I}_L$ 的值，可使得接地电流 $\dot{I}_d=\dot{I}_L+(\dot{I}_B+\dot{I}_C)$ 的数值(称经消弧线圈补偿后的残流)足够小，使接地电弧很快熄灭，且不易重燃，从而限制了间歇电弧接地过电压。

通常把消弧线圈电感电流补偿系统对地电容电流的百分数成为消弧线圈的补偿度，用 K 表示，而将 $1-K$ 称为脱谐度，用 v 表示，即

$$K=\frac{I_L}{I_C}=\frac{U_{xg}/\omega L}{\omega(C_1+C_2+C_3)U_{xg}}=\frac{1}{\omega^2L(C_1+C_2+C_3)}$$
$$=\frac{(1/L(C_1+C_2+C_3))^2}{\omega^2}=\frac{\omega_0^2}{\omega^2} \tag{10.22}$$

$$\omega_0=\frac{1}{\sqrt{L(C_1+C_2+C_3)}} \tag{10.23}$$

式中：ω_0 为电路中的自振角频率。

$$v = 1 - K = 1 - \frac{I_L}{I_C} = \frac{I_C - I_L}{I_C} = 1 - \frac{\omega_0^2}{\omega^2} \tag{10.24}$$

根据补偿度(或脱谐度)的不同,消弧线圈可以处于以下 3 种不同的运行状态:

①欠补偿。$I_L < I_C, \omega L > 1/[\omega(C_1 + C_2 + C_3)]$,表示消弧线圈的电感电流不足以完全补偿电容电流,此时故障点流过的电流(残流)为容性电流。欠补偿时 $K<1, v>0$。

②全补偿。$I_L = I_C, \omega L = 1/[\omega(C_1 + C_2 + C_3)]$,表示消弧线圈的电感电流恰好完全补偿电容电流,此时消弧线圈与并联后的三相对地电容处于并联谐振状态,流过故障点流过的电流(残流)为非常小的电阻性泄漏电流。全补偿时 $K=1, v=0$。

③过补偿。$I_L > I_C, \omega L < 1/[\omega(C_1 + C_2 + C_3)]$,此时流过故障点的电流(残流)为感性电流。过补偿时 $K>1, v<0$。

消弧线圈的脱谐度不能太大(对应补偿度不能太小)。脱谐度太大时,故障点流过的残流增大,且故障点恢复电压增长速度快,不利于熄弧。脱谐度越小,故障点恢复电压增长速度减小,电弧容易熄灭。但脱谐度也不能太小,当 $v \to 0$ 时,在正常运行时,中性点将发生很大的位移电压。其理由如下:如图 10.27 所示的电路,略去三相对地电导 g_1, g_2, g_3 以及消弧线圈的电导时,可以写出接有消弧线圈时的中性点位移电压 $\dot{U}_N$ 为

$$\dot{U}_N = -\frac{\dot{U}_A Y_A + \dot{U}_B Y_B + \dot{U}_C Y_C}{Y_A + Y_B + Y_C + Y_N} \tag{10.25}$$

将 $Y_A = j\omega C_1, Y_B = j\omega C_2, Y_C = j\omega C_3, Y_N = \frac{1}{j\omega L}$代入得

$$\dot{U}_N = -\frac{\dot{U}_A C_1 + \dot{U}_B C_2 + \dot{U}_C C_3}{(C_1 + C_2 + C_3) - \frac{1}{\omega^2 L}} \tag{10.26}$$

当消弧线圈的脱谐度 $v=0$ 时,$\omega = \omega_0$,即

$$\omega = 1/\sqrt{L(C_1 + C_2 + C_3)}$$

$$\omega^2 = 1/[L(C_1 + C_2 + C_3)]$$

$$(C_1 + C_2 + C_3) = \frac{1}{\omega^2 L} \tag{10.27}$$

又由于 $C_1 \neq C_2 \neq C_3$,因此使得式(10.26)中分子不为零,而分母接近零,从而中性点位移电压将达到很高数值。

为了避免危险的中性点电压升高,最好使三相对地电容对称,在电网中要进行线路换位。但实际上对地电容电流受各种因素影响是变化的,且线路数目也会有所增减,很难做到各相电容完全相等,为此要求消弧线圈不能处于全补偿工作状态。

通常消弧线圈采用过补偿 5% ~10%(即 $v = -0.05 \sim -0.1$)。之所以采用过补偿是因为电网发展过程中可以逐渐发展成为欠补偿运行,不至于像欠补偿那样因为电网的发展而导致脱谐度过大,失去消弧作用。若采用欠补偿,在运行中部分线路可能退出运行,可能形成全补偿,产生较大的中性点电压偏移,有可能引起零序网络中产生严重的铁磁谐振过电压。

关于消弧线圈的应用场合,《交流电气装置的过电压保护和绝缘配合》(DL/T 620—1997)有以下规定:

①对35 kV和66 kV系统，如单相接地电容电流不超过10 A时，中性点可采用不接地方式；如I_C >10 A时，应采用经消弧线圈接地方式。

②对不直接与发电机连接的3～10 kV系统，I_C的容许值如下：

a. 由钢筋混凝土或金属杆塔的架空线路构成者：10 A；

b. 由非钢筋混凝土或非金属杆塔的架空线路构成者：3 kV，6 kV-30 A，10 kV-20 A；

c. 由电流线路构成者：30 A。

③对发电机直接连接的3～20 kV系统，如I_C不超过表10.5的容许值，其中性点可采用不接地方式；如超过容许值，应采用消弧线圈接地方式。

表10.5　接有发电机的系统电容电流容许值

发电机额定电压/kV	发电机额定容量/MW	I_C容许值/A
6.3	≤50	4
10.5	10～100	3
13.8～15.75	125～200	2(非氢冷)
		2.5(氢冷)
18～20	≥300	1

中性点经消弧线圈接地后，在大多数情况下能迅速消除单相的接地电弧而不破坏电网的正常运行，接地电弧一般不重燃，从而把单相电弧接地过电压限制到不超过$2.5U_{xg}$的数值。明显，在很多单相瞬时接地故障的情况下(如多雷地区、大风地区等)，采用消弧线圈可以看作提高供电可靠性的有力措施。但是，消弧线圈的阻抗较大，既不能释放线路上的残余电荷，也不能降低过电压的稳定分量，对其他形式的操作过电压不起作用。并且，在高压电网中有功泄漏电流分量较大，消弧线圈对故障点电容电流的补偿作用也被削弱了。消弧线圈使用不当时还会引起某些谐振过电压，这就限制了它在较高电压等级电网中的使用。

习题与思考题

10.1　表征雷电参数有哪些?

10.2　氧化锌避雷器和阀型避雷器相比，有哪些优点?

10.3　为什么直配电机的防雷保护比变电站更为困难?

10.4　现代电力系统中实际采用的防雷保护装置主要有哪些?

10.5　解释避雷线是如何降低雷电过电压的。

10.6　简述建弧率的含义。

10.7　为什么要限制入侵波的陡度?

10.8　当雷电波入侵变电站时，试分析变压器上出现振荡波的原因。

10.9　简述电力系统中各种操作过电压的产生原因。

第 11 章 电力系统绝缘配合

随着电力系统电压等级的提高,正确解决电力系统的绝缘配合问题显得越来越重要。为了处理好这个问题,需要很好地掌握电介质和各种绝缘结构的电气强度、电力系统中的过电压及其防护装置的特性等方面的知识,甚至涉及电力系统的设计运行、故障分析和事故处理。

11.1 电力系统中性点接地方式及其对绝缘水平的影响

电力系统中性点接地方式是一个很广的综合性技术课题,它对电力系统的供电可靠性、过电压与绝缘配合、继电保护、通信干扰及系统稳定等方面都有很大的影响。通常将电力系统中性点接地方式分为非有效接地和有效接地两大类。中性点接地方式不同,系统的过电压水平和绝缘水平会有很大的差别。

11.1.1 最大长期工作电压

在非有效接地系统中,由于单相接地故障时不必立即跳闸,可以继续带故障运行一段时间(一般不大于 2 h),这时正常运行相上的工作电压升高到线电压,最大工作电压可比额定电压 U_e 高 10% ~15%,可见其最大长期工作电压为$(1.1 \sim 1.15)U_e$。

在有效接地系统中,最大长期工作电压为$(1.1 \sim 1.15)U_e/\sqrt{3}$。

11.1.2 雷电过电压

不考虑原有的雷电过电压波幅值有多大,实际作用到绝缘上的雷电过电压幅值均取决于阀型避雷器的保护水平。由于阀型避雷器的灭弧电压是按最大长期工作电压选定的,因此有效接地系统中所用避雷器的灭弧电压较低,相应的火花间隙数和阀片数较少,冲击放电电压和残压也较低,可减小避雷器结构的尺寸,一般约比同一电压等级、中性点为非有效接地系统中的避雷器小 20% 左右。

11.1.3 内部过电压

在有效接地系统中,内部过电压是在相电压的基础上发生和发展的,而在非有效接地系统中,则有可能在线电压的基础上发生和发展,前者要比后者低 20% ~30%。综合以上原因,中性点有效接地系统的绝缘水平可比非有效接地系统低 20%左右。高压系统和超高压系统采用中性点有效接地的方式正是基于这个优点,这些系统中绝缘费用占很大的比重,采用中性点有效接地,可以有效地降低设备造价。但在电压等级较低的系统中这一优点就不突出了,相反,中性点有效接地方式的缺点成了问题的主要方面。中性点有效接地的缺点如下:

①在 3 ~60 kV 电网中,单相接地比重很大,若采用中性点有效接地,则一旦接地即形成很大的单相短路电流,线路立即跳闸,不但给断路器造成严重的负担,也造成突然停电,供电可靠性不如非有效接地系统。

②中性点有效接地系统的接地短路电流的电磁感应作用很强,会在附近的通信线路上产生很危险的感应电压,造成对设备或人身的危害。

③中性点有效接地系统单相短路时故障电流很大,会产生很大的电动力,可能造成母线或电气设备的机械损坏。

以上所述的优缺点,决定了不同电压等级系统采取不同的中性点接地方式,以便既保证系统运行的可靠性又保证一定的经济性。在 110 kV 及以上的系统中,绝缘费用在总建设费用中所占比重较大,采用有效接地方式以降低系统绝缘水平,在经济上有很多好处,成为选择中性点接地方式时的首要因素,而供电可靠性差的问题可用其他措施解决(如架设避雷线、装自动重合闸等)。在 66 kV 及以下的系统中,绝缘费用所占比重不大,降低绝缘水平在经济上的好处不明显,供电可靠性上升成为首要考虑的因素,一般采用中性点非有效接地方式(不接地或经消弧线圈接地)。不过,6 ~35 kV 配电网发展很快,采用电缆的比重也不断增加,且运行方式经常变化,给消弧线圈的调谐带来困难,并易引起多相短路。近年来,有些以电缆网络为主6 ~10 kV 大城市或大型企业配电网不再一律采用非有效接地的方式,有一部分改用了中性点经低值或中值电阻接地的方式,它们属于有效接地系统,发生单相接地故障时立即跳闸。

11.2 绝缘配合的原则和方法

电力系统绝缘配合的根本任务是:正确处理过电压与绝缘的矛盾,以达到优质、安全、经济供电的目的。更具体地说是:绝缘配合就是根据电气设备在系统中可能承受的各种电压,并考虑过电压的限制措施和设备的绝缘性能后确定电气设备的绝缘水平(绝缘耐受强度),以便把作用于电气设备上的各种电压(正常工作电压及过电压)所引起的绝缘损坏降低到经济上和运行上所能接受的水平。

绝缘配合不仅要在技术上处理好各种电压、各种限压措施和设备绝缘耐受能力三者之间的配合关系,还要在经济上协调好投资费用、维护费用和事故损失费用三者之间的关系。同时,系统中可能出现的各种过电压与电网结构、地区气象和污秽条件等密切相关,并具有随机性,而电气设备的绝缘性能以及限压和保护设备的性能也有随机性。绝缘配合是一个相当复杂的问题,不可孤立地、简单地根据某一情况作出决定。

绝缘配合的核心问题是确定各种电气设备的绝缘水平,它是绝缘设计的首要前提,通常以各种耐压试验所用的试验电压值来表示。任何一种电气设备在运行中都不是孤立存在的,电气设备一定和某些过电压保护装置一起运行并接受它们的保护,各种电气设备绝缘之间,甚至各种保护装置之间在运行中都是互相影响的。在选择绝缘水平时,需要考虑的因素很多,且需要协调的关系很复杂。实际上绝缘水平是由长期最大工作电压、大气过电压及内部过电压3个因素中最严格的一个来决定。不同电压等级系统中过电压情况不同,上述决定的因素也是不同的。在220 kV及以下系统中,要求把大气过电压限制到低于内部过电压的数值是不经济的,在这些系统中,电气设备的绝缘水平主要由大气过电压来决定。也就是说,220 kV及以下系统中具有正常绝缘水平的电气设备,应能承受内部过电压的作用。在超高压系统中,操作过电压的幅值随电压等级而提高,逐渐变为主要矛盾。我国对超高压系统中内部过电压的保护原则主要是通过改进断路器性能(如采用带并联电阻开关)将操作过电压限制在一定水平,通过并联电抗器将工频电压限制在一定水平,然后以避雷器作为内部过电压的后备保护。这样不至于在内部过电压下出现频繁的动作(内部过电压出现频率大大超过大气过电压出现频率)。由于内部过电压被限制在一定的水平内,因此系统绝缘水平仍以大气过电压来决定(以大气过电压下避雷器残压为基准)。

在污秽地区的电网,受污秽的影响,设备的绝缘性能大大降低,污闪事故常常发生在恶劣气象条件时的正常工作电压下,污闪事故时间较长,波及面广,危害性大。近年来的统计表明,污闪事故的损失超过了雷害事故的损失。严重污秽地区的电网外绝缘水平主要由系统最大运行电压决定。

随着电网额定电压的提高和限制措施的不断完善,若过电压被限制到1.7~1.8倍U_{xg}或更低时,工作电压就可能成为决定电网绝缘水平的主要因素。

所谓某一电压等级电气设备的绝缘水平,是指该设备可以承受(不发生闪络、击穿或其他损坏)的试验电压标准。这些试验电压标准在各国的国家标准中都有明确的规定。电气设备在运行时要承受运行电压、工频电压、大气过电压及内部过电压的作用,试验电压标准中分别规定了各种电气设备绝缘的工频试验电压(1 min)(对外绝缘还规定了干闪电压和湿闪电压)、雷电冲击试验电压和操作冲击试验电压。考虑在运行电压和工频过电压作用下绝缘的老化和外绝缘的污秽性能,还规定了某些设备的长时间工频试验电压。

对220 kV及以下电压等级的电气设备,用1 min工频耐压试验代替雷电冲击和操作冲击耐压试验。之所以能用1 min工频试验电压来等值代替操作过电压及大气过电压的作用,是因为:①工频试验电压作用时间长,对设备的考核更严格;②试验方便;③工频耐压试验电压值按如图11.1所示的程序确定。其中,β_1为雷电冲击系数(=雷电冲击耐受电压/等值工频耐受电压),β_2为操作冲击系数(=操作冲击耐受电压/等值工频耐受电压)。

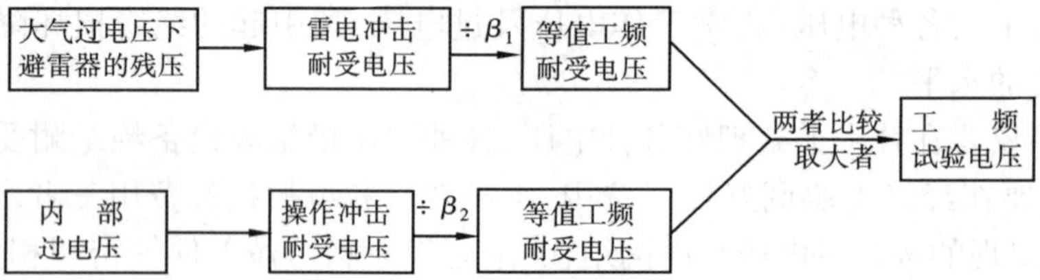

图11.1 工频试验电压的确定

这样,工频试验电压实际上代表了绝缘对内、外过电压的总耐受水平。一般除了型式试验要进行冲击耐压试验外,只要能通过工频耐压试验就认为在运行中遇到内外过电压都能保证安全。

对于超高压电气设备而言，普遍认为用工频耐压试验代替操作冲击耐压试验是不恰当的。首先，对超高电压等级，用 1 min 工频试验电压代替操作过电压对绝缘可能要求过高，且两者等价性不能确切肯定；其次，操作波对绝缘的作用有其特殊性，在绝缘内部的电压分布与在工频电压下是各不相同。对超高压电气设备还规定了操作波试验电压。

为了决定电气设备的绝缘水平而进行的绝缘配合方法有惯用法和统计法。

11.2.1　惯用法

到目前为止，惯用法是采用得最广泛的绝缘配合方法，除了在 330 kV 及以上的超高压线路绝缘（均为自恢复绝缘）的设计中采用统计法以外，在其他情况下主要采用惯用法。

惯用法的基本配合原则是各种绝缘都接受避雷器的保护，即确定电气设备绝缘水平的基础是避雷器的保护水平。我国和国际标准都规定以残压 U_r、标准雷电冲击（1.2/50 μs）放电电压 $u_{b(i)}$ 及陡波放电电压除以 1.15 后所得电压值三者中的最大值作为该避雷器的保护水平。$u_{p(i)}=\max[u_r,u_{b(i)},u_{st}/1.15]$，它就是避雷器上可能出现的最大电压，如果考虑设备安装点与避雷器间的电气距离所引起的电压差值、绝缘老化所引起的电气强度下降、避雷器保护性能在运行中逐渐劣化、冲击电压下击穿电压的分散性、必要的安全裕度等因素而在保护水平上再乘以一个配合系数，即可得出应有的绝缘水平。

11.2.2　统计法

随着超高压输电技术的发展，降低绝缘水平的经济效益越来越显著。在惯用法中，以绝缘的电气强度下限（最小耐压值）与过电压的上限（最大过电压值）配合，还要留出足够大的安全裕度。实际上，过电压和绝缘的电气强度都是随机变量，无法严格地求出它们的上、下限，而且根据经验选定的安全裕度（配合系数或称惯用安全因数）带有一定的随意性。这些做法从经济的视角去看，特别是对于超、特高压输电系统来说，是不能容许的、不合理的。要求绝缘在过电压的作用下不发生闪络或击穿是要付出代价的（改进过电压保护措施和提高绝缘水平），要和绝缘故障所带来的经济损失综合起来考虑，才能得出合理的结论。以综合经济指标来衡量，容许有一定的绝缘故障率反而较为合理。

从 20 世纪 60 年代起，国际上开始探索配合思路，并逐渐形成“统计法”，IEC 于 20 世纪 70 年代初期对此作出正式推荐，目前已在一些国家采用于超高压外绝缘的设计中。

采用统计法做绝缘配合的前提是充分掌握作为随机变量的各种过电压和各种绝缘电气强度的统计特性（概率密度、分布函数等）。

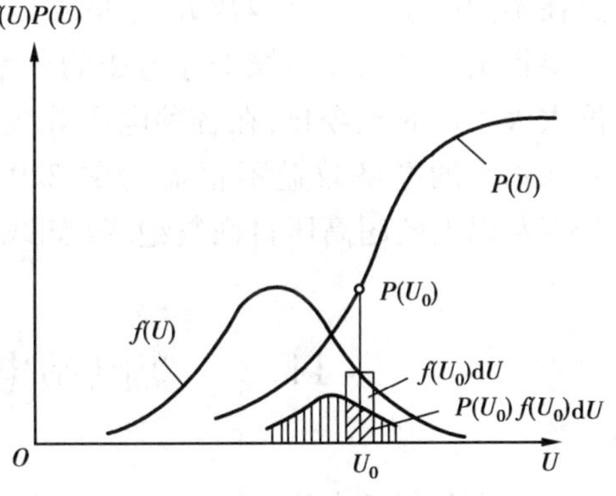

图 11.2　绝缘的故障率

设过电压幅值的概率密度函数为 $f(U)$，绝缘的击穿（或闪络）概率函数为 $P(U)$，且 $f(U)$ 与 $P(U)$ 互不相关，如图 11.2 所示。$f(U_0)\mathrm{d}U$ 为过电压在 U_0 附件的 dU 范围内出现的概率，而 $P(U_0)$ 为在电压 U_0 的作用下绝缘的击穿概率。它们是相互独立的，由概率积分的计算公式可得绝缘击穿的概率为。

$$P(U_0)f(U_0)\mathrm{d}U = \mathrm{d}R \tag{11.1}$$

上式中的 dR 称为微分故障率，即图 11.2 中有斜线阴影的那一小块面积。

在统计电力系统中的过电压时，一般只按照绝对值的大小，而不分极性（可以认为正、负极性各占一半）。根据定义可知过电压幅值分布范围应为 $U_\varphi \sim \infty$（U_φ 为最大工作相电压幅值），绝缘故障率为

$$R = \int_{U_\varphi}^{\infty} P(U)f(U)\mathrm{d}U \tag{11.2}$$

即图 11.2 中的阴影部分总面积。它就是该绝缘在过电压作用下被击穿（或闪络）而引起故障的概率。

如果提高绝缘的电气强度，图 11.2 的 $P(U)$ 曲线向右移动，阴影部分的面积缩小，绝缘的故障率降低，但设备投资将增大。可见采用统计法就能按需要对某些因素作调整。例如，根据优化总经济指标的要求，在绝缘费用与事故损失之间进行协调，在满足预定的绝缘故障率的前提下，选择合理的绝缘水平。

利用统计法进行绝缘配合时，安全裕度不再是一个带有随意性的量值，而是一个与绝缘故障率相联系的变数。

在实际工程中采用统计法来进行绝缘配合是相当繁复和苦难的，为此 IEC 又推荐了一种"简化统计法"，以利实际应用。

在简化统计法中，对过电压和绝缘电气强度的统计顾虑作了某些假设，如假定它们均遵循正态分布，并已知它们的标准偏差。这样，它们的概率分布曲线就可以用与某一参考概率相对应的点来表示，分别称为"统计过电压 U_S"（参考累积概率取 20%）和"统计绝缘耐压 U_W"（参考耐受概率取 90%，即击穿概率 10%）。它们之间由一个称为"统计安全因素"的系数联系着

$$K_S = \frac{U_W}{U_S} \tag{11.3}$$

在过电压保持不变的情况下，如提高绝缘水平，其统计绝缘耐压和统计安全因数均相应增大，绝缘故障率减小。简化统计法实质上是利用有关参数的概率统计特性，沿用惯用法计算程序的一种混合型绝缘配合方法。把这种方法应用到概率特性为已知的自恢复绝缘上，就能计算出在不同的统计安全因数 K_S 下的绝缘故障率 R，这对评估系统运行可靠性是重要的。

要得出非自恢复绝缘击穿电压的概率分布是非常困难的，一件被试品只能提供一个数据，代价太大了。时至今日，在各种电压等级的非自恢复绝缘的绝缘配合中均仍采用惯用法，对降低绝缘水平的经济效益不很显著的 220 kV 及以下的自恢复绝缘也均采用惯用法，只有对 330 kV及以上的超高压自恢复绝缘（如线路绝缘），才采用简化统计法进行绝缘配合。

11.3 变电站电气设备绝缘水平的确定

电气设备包括电机、变压器、电抗器、断路器、互感器等，这些设备的绝缘可分为内绝缘和外绝缘两部分。内绝缘是指密封在箱体内的部分，它们与大气隔离，其耐受电压值基本上与大气条件无关。但应注意内绝缘中所使用的固体绝缘，在过电压的多次作用下会出现累积效应而使绝缘强度下降，在决定其绝缘水平时须留有裕度。外绝缘是指暴露于空气中的绝缘（如

套管表面)，其耐受电压与大气条件有很大的关系。变电站内电气设备的绝缘水平与保护设备的性能、接线方式和保护配合原则有关。避雷器对电气设备的保护有以下两种方式：

①避雷器只用来保护大气过电压而不用来保护内部过电压。我国对 220 kV 及以下电压等级的系统采用这种方式。在这些系统中，内部过电压对正常绝缘无危险，避雷器在内部过电压下不动作。

②避雷器主要用来保护大气过电压，但也用作内部过电压的后备保护。我国对超高压系统采用这种方式。在这些系统中，依靠改进断路器的性能(如断口并联电阻)将内部过电压限制在一定水平，在内部过电压作用下，避雷器一般不动作，只在极少数情况下，内部过电压值超过既定的水平时，避雷器才动作。

由于 220 kV(其最大工作电压为 252 kV)及以下电压等级(高压)和 220 kV 以上电压等级(超高压)电力系统在过电压保护措施、绝缘耐压试验项目、最大工作电压倍数、绝缘裕度取值等方面都存在差异，因此在做绝缘配合时，将它们分成以下两个电压范围(以系统的最大工作电压 U_m 来表示)：

范围Ⅰ：$3.5\ kV \leqslant U_m \leqslant 252\ kV$；

范围Ⅱ：$U_m > 252\ kV$。

11.3.1　雷电过电压下的绝缘配合

电气设备在雷电过电压下的绝缘水平通常用它们的基本冲击绝缘水平(BIL)来表示(有时也称为额定雷电冲击耐压水平)，它可由下式求得

$$BIL = K_1 U_{P(i)} \tag{11.4}$$

式中：$U_{P(i)}$ 为阀型避雷器在雷电过电压下的保护水平，kV，通常简化为以配合电流下的残压 U_r 作为保护水平；K_1 为雷电过电压的配合系数，其值处于 1.2 ~ 1.4 的范围内。IEC 规定 $K_1 \geqslant 1.2$，而我国根据自己的传统和经验，规定在电气设备与避雷器相距很近时取 1.25，相距较远时取 1.4，即

$$BIL = (1.25 \sim 1.4) U_r \tag{11.5}$$

11.3.2　操作过电压下的绝缘配合

在按内部过电压做绝缘配合时，通常不考虑谐振过电压，在系统设计和选择运行方式时均应设法避免谐振过电压的出现。此外，也不单独考虑工频电压升高，而把它的影响包括在最大长期工作电压内。这样一来，就归结为操作过电压下的绝缘配合了。

这时要分为以下两种不同的情况来讨论：

①变电站内所装的阀型避雷器只用作雷电过电压的保护。对内部过电压，避雷器不动作以免损坏，但依靠别的降压或限压措施(如改进断路器的性能等)加以抑制，而绝缘本身应耐受可能出现的内部过电压。

我国标准对范围Ⅰ的各级系统所推荐的操作过电压计算倍数 K_0 见表 11.1。

对于这一类变电站中的电气设备来说，其操作冲击绝缘水平(SIL)(有时也称额定操作冲击耐压水平)，可按下式求得

$$SIL = K_S K_0 U_\varphi \tag{11.6}$$

式中：K_S 为操作过电压下的配合系数。

表 11.1　操作过电压的计算倍数

系统额定电压/kV	中性点接地方式	相对地操作过电压计算倍数
66 kV 及以下	非有效接地	4.0
35 kV 及以下	有效接地(经小电阻)	3.2
110～220	有效接地	3.0

②对范围Ⅱ(EHV)的电力系统,过去虽然分别采用330 kV,2.75 倍;500 kV,2.0 倍或2.2倍操作过电压计算倍数。

但目前普遍采用氧化锌或磁吹避雷器来同时限制雷电与操作过电压,不再采用上述计算倍数。这时的最大操作过电压幅值取决于避雷器在操作过电压下的保护水平 $U_{P(S)}$。对 ZNO 避雷器,它等于规定的操作冲击电流下的残压值;对磁吹避雷器,它等于以下两个电压中的较大者:①在 250/2 500 μs 标准操作冲击电压下的放电电压;②规定的操作冲击电压下的残压值。

对于这一类变电站的电气设备来说,其操作冲击绝缘水平应按下式计算为

$$SIL = K_S U_{P(S)} \tag{11.7}$$

式中,操作过电压下的配合系数 $K_S = 1.15 \sim 1.25$,操作冲击配合系数 K_S 比雷电冲击配合系数 K_1 小,主要是因为操作波前陡度远较雷电波小,被保护设备与避雷器之间的电气距离所引起的电压差值很小,可以忽略不计。

11.3.3　工频绝缘水平的确定

为了检验电气设备绝缘是否达到以上所确定的 *BIL* 和 *SIL*,应进行雷电冲击和操作冲击耐压试验。对于 330 kV 及以上的超高压电气设备来说,这样的试验是完全必需的,但对于220 kV及以下的高压电气设备来说,应该设法用比较简单的高压试验去等效地检验绝缘耐受雷电冲击电压和操作冲击电压的能力。目前对 220 kV 及以下电压等级的电气设备,用 1 min工频耐压试验代替雷电冲击与操作冲击耐压试验。由此可知,凡是合格通过工频耐压的设备绝缘在雷电和操作过电压下均能可靠运行。尽管如此,为了更加可靠和直观,IEC 仍作以下规定:

(1)对 300 kV 以下的电气设备

①绝缘在工频工作电压、暂时过电压和操作过电压下的性能用短时(1 min)工频耐压来检验。

②绝缘在雷电过电压下的性能用雷电冲击耐压试验来检验。

(2)对 300 kV 及以上的电气设备

①绝缘在操作过电压下的性能用操作冲击耐压试验来检验。

②绝缘在雷电过电压下的性能用雷电冲击耐压试验来检验。

11.3.4　长时间工频高压试验

当内绝缘的老化和外绝缘的污染对绝缘在工频工作电压和过电压下的性能有影响时,必须做长时间工频高压试验。显然,试验的目的不同,长时间工频高压试验时所加的试验电压值

和加压时间均与短时工频耐压不同。

按照惯用法的计算，根据我国的电气设备制造水平，结合我国电力系统的运行经验，并参考 IEC 推荐的绝缘配合标准，我国国家标准《高压输变电设备的绝缘配合》(GB 311.1—83)中对各种电压等级电气设备以耐压值表示的绝缘水平作表 11.2 的规定。

说明：

①对 3～15 kV 的设备给出了绝缘水平的两个系列，即系列Ⅰ和系列Ⅱ。系列Ⅰ适用于下列场合：a. 在不接到架空线的系统和工业装置中，系统中性点经消弧线圈接地，且在特定系统中安装适当的过电压保护装置。b. 在经变压器接到架空线上的系统和工业装置中，变压器低压侧的电缆每相对地电容至少为 0.05 μF，如不足此数，应尽量靠近变压器接线端增设附加电容器，使每相总电容达到 0.05 μF，并应用适当的避雷器保护。在其他场合，或要求很大的安全裕度时，均采用系列Ⅱ。

②对 220～500 kV 的设备，给出了两种基准绝缘水平，由用户根据电网特点和过电压保护装置的性能等具体情况加以选用，制造厂按用户要求提供产品。

表 11.2　3～500 kV 输变电设备的基准绝缘水平

额定电压	最高工作电压	额定操作冲击耐受电压		额定雷电冲击耐受电压		额定短时工频耐受电压	
有效值/kV		峰值/kV	相对地过电压，标幺值	有效值/kV		峰值/kV	
				Ⅰ	Ⅱ	Ⅰ	Ⅱ
3	3.5	—	—	20	40	10	18
6	6.9	—	—	40	60	20	23
10	11.5	—	—	60	75	28	30
15	17.5	—	—	75	105	38	40
20	23.0	—	—	—	125	—	50
35	40.5	—	—	—	185/200*	—	80
63	69.0	—	—	—	325	—	140
110	126.0	—	—	—	450/480*	—	185
220	252.0	—	—	—	850	—	360
		—	—	—	950	—	395
330	363.0	850	2.85	—	1 050	—	(400)
		950	3.19	—	1 175	—	(510)
500	550.0	1 050	2.34	—	1 425	—	(630)
		1 175	2.62	—	1 550	—	(680)

注：1. 用于 15 kV 及 20 kV 电压等级的发电机回路的设备，其额定短时工频耐受电压一般提高 1～2 级。

2. 对额定短时工频耐受电压，干试和湿试选用同一数值，括号内数值为 330～500 kV 设备额定短时工频耐受压，供参考。

* 仅用于变压器类设备的内绝缘。

11.4 架空输电线路绝缘水平的确定

线路绝缘所处的情况与变电站内的电气设备不同。线路上发生的事故主要是绝缘子串的沿面放电和导线对杆塔或线与线间空气间隙的击穿。在确定线路绝缘水平时,要确定线路绝缘子串的长度和确定线间及导线与杆塔之间的空气间隙的距离。虽然架空线路上这两种绝缘都属于自恢复绝缘,但除了某些 500 kV 线路采用简化统计法做绝缘配合外,其余 500 kV 以下线路至今大多仍采用惯用法进行绝缘配合。

11.4.1 绝缘子串的选择

线路绝缘子串应满足 3 个方面的要求:

①在工作电压下不发生污闪。

②在操作过电压下不发生湿闪。

③具有足够的雷电冲击绝缘水平,能保证线路的耐雷水平与雷击跳闸率满足《规程》要求。

通常按下列顺序进行选择:①根据机械负荷和环境条件选定所用悬式绝缘子的型号;②按工作电压所要求的泄漏距离选择串中片数;③按操作过电压的要求计算应有的片数;④按上面②③所得片数中的较大者,检验该线路的耐雷水平与雷击跳闸率是否符合《规程》要求。

(1)按工作电压要求

为了防止绝缘子串在工作电压下发生污闪事故,绝缘子串应有足够的沿面爬电距离。各级污区绝缘子,包括变电设备的绝缘子,其统一爬电比距按照如图 11.3 所示选择,并应通过符合设计污秽要求的雾中耐受试验加以验证。

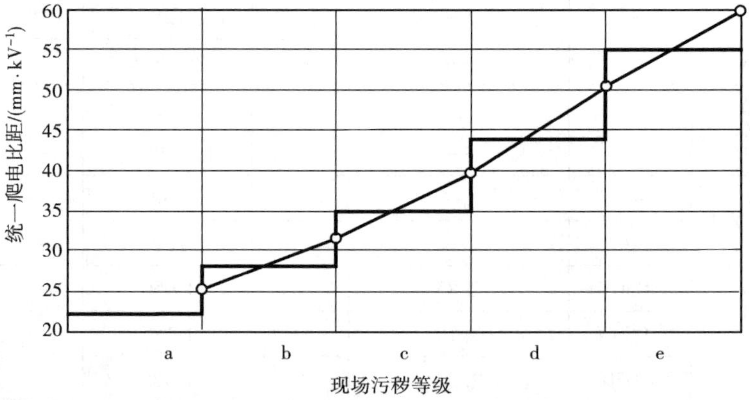

图 11.3 爬电比距和现场污秽度的相互关系

设每片绝缘子的几何爬电距离为 L_0(cm),即可按爬电比距的定义写出

$$\lambda = \frac{nK_e L_0}{U_m}(\text{cm/kV}) \tag{11.8}$$

式中:n 为绝缘子片数;U_m 为系统最高工频电压有效值,kV;K_e 为绝缘子爬电距离有效系数。

K_e 的值主要由各种绝缘子几何泄漏距离对提高污闪电压的有效性来确定,并以 XP—7 和

XP—16 型普通绝缘子为基准,即去它们的 K_e 为 1,其他型号绝缘子的 K_e 估算方法可参阅中国国家标准 GB/T 16434—1996:《高压架空线路和发电厂、变电站环境污区分级及外绝缘选择标准》。可见为了避免污闪事故,所需绝缘子片数应为

$$n_1 \geqslant \frac{\lambda U_m}{K_e L_0} \tag{11.9}$$

表 11.3 中的 λ 值是根据实际运行经验得出的,所以:①按(11.9)求得的片数 n_1 中已包括零值绝缘子(指串中已失去绝缘性能的绝缘子),故不再增加零值绝缘子片数;②式(11.9)能用于中性点接地方式不同的电网。

(2)按操作过电压要求

绝缘子串在操作过电压的作用下,不应发生湿闪。在没有完整的绝缘子串在操作波下的湿闪电压数据的情况下,只能近似地用绝缘子串的工频湿闪电压来代替,对于最常用的XP—7型绝缘子来说,其工频湿闪电压幅值 U_W 可利用经验公式求得

$$U_W = 60n + 14(\text{kV}) \tag{11.10}$$

式中:n 为绝缘子的片数。

电网中操作过电压幅值的计算值为 $K_0 U_\varphi$(kV),其中 K_0 为操作过电压计算倍数。

设此时应有的绝缘子片数为 n_2',则由 n_2' 片组成的绝缘子串的工频湿闪电压幅值应为

$$U_W = 1.1 K_0 U_\varphi(\text{kV}) \tag{11.11}$$

式中:1.1 为综合考虑各种影响因素和必要裕度的一个修正系数。

只要知道各种类型绝缘子串的工频湿闪电压与其片数的关系,就可利用式(11.11)求得应有的 n_2' 值。再考虑续增加的零值绝缘子的片数 n_0 后,最后可得操作过电压所要求的片数为

$$n_2 = n_2' + n_0 \tag{11.12}$$

表 11.3　零值绝缘子的片数 n_0

污秽等级	爬电比距/(cm · kV^{-1})			
	线　路		发电厂、变电站	
	220 kV 及以下	330 kV 及以上	220 kV 及以下	330 kV 及以上
0	1.39 (1.60)	1.45 (1.60)	—	—
Ⅰ	1.39 ~ 1.74 (1.60 ~ 2.00)	1.45 ~ 1.82 (1.60 ~ 2.00)	1.60 (1.84)	1.60 (1.76)
Ⅱ	1.74 ~ 2.17 (2.00 ~ 2.50)	1.82 ~ 2.27 (2.00 ~ 2.50)	2.00 (2.30)	2.00 (2.20)
Ⅲ	2.17 ~ 2.78 (2.50 ~ 3.20)	2.27 ~ 2.91 (2.50 ~ 3.20)	2.50 (2.88)	2.50 (2.75)
Ⅳ	2.78 ~ 3.30 (3.20 ~ 3.80)	2.91 ~ 3.45 (3.20 ~ 3.80)	3.10 (3.57)	3.10 (3.41)

根据以上方法求得的不同电压等级线路应有的绝缘子片数 n_1 和 n_2 以及实际采用的绝缘子片数 n 见表 11.4。

表 11.4　各级电压线路悬垂串应有的绝缘子片数

线路额定电压/kV	35	66	110	220	330	500
n_1	2	4	7	13	19	28
n_2	3	5	7	12	17	22
n	3	5	7	13	19	28

注:1. 表中数值仅适用于海拔 1 000 m 及以下的非污秽区。

2. 绝缘子均为 XP—7 型,对 330 kV 和 500 kV 线路实际采用其他型式绝缘子,可按泄漏距离和工频湿闪电压进行折算。

如果已掌握该绝缘子串在正极性操作冲击波下的 50% 放电电压 $U_{50\%(S)}$ 与片数的关系,那么也可以用以下的方法求出此时应有的片数 n_2' 和 n_2。

该绝缘子串应的 50% 操作冲击放电电压 $U_{50\%(S)}$ 应为

$$U_{50\%(S)} \geqslant K_S U_S \tag{11.13}$$

式中:U_S 为对范围Ⅰ($U_m \leqslant 252$ kV),它等于 $K_0 U_\varphi$,其中 K_0 为操作过电压计算倍数,对范围Ⅱ($U_m > 252$ kV),它应为合空线、单相重合闸、三相重合闸这 3 种操作过电压中的最大者;K_S 为绝缘子串操作过电压配合系数,对范围Ⅰ取 1.17,对范围Ⅱ取 1.25。

(3)按雷电过电压要求

用 n_1 和 n_2 中较大的片数,校验线路的耐雷水平和雷击跳闸率是否符合有关规程的规定。

实际上,雷电过电压方面的要求在绝缘子片数选择中的作用一般不大,线路的耐雷性能并非完全取决于绝缘子的片数,而是取决于各种防雷措施的综合效果。即使验算的结果表明不能满足线路耐雷性能方面的要求,一般不再增加绝缘子片数,而是采用如降低杆塔接地电阻等其他措施来解决。

11.4.2　空气间距的选择

输电线路的绝缘水平不仅取决于绝缘子的片数,同时也取决于线路上各种空气间隙的极间距离——空气间距,后者对线路建设费用的影响远远超过前者。

输电线路上的空气间距如下:

①导线对地面:在选择其空气间距时主要考虑地面车辆和行人等的安全通过,地面电场强度及静电感应等问题。

②导线之间:应考虑相间过电压的作用、相邻导线在大风中因不同步摆动或舞动而相互靠近等问题。导线与塔身之间的距离也决定着导线之间的空气间距。

③导、地线之间:按雷击于档距中央避雷线上时不至于引起导、地线间气隙击穿这一条件来选定。

④导线与杆塔之间:这将是下面讨论的重点内容。

为了使绝缘子串和空气间距的绝缘能力都得到充分的发挥,显然应使气隙的击穿电压与绝缘子串的闪络电压大致相等。在具体实施时,会遇到风力使绝缘子串发生偏斜等不利因素。就塔头空气间隙上可能出现的电压幅值来看,一般是雷电过电压最高,操作过电压次之,工频工作电压最低;从电压作用时间来看,情况正好相反。工作电压长期作用在导线上,在计算它的风偏角 θ_0(见图11.3)时,应取线路所在地区的最大设计风速 v_{max}(取20年一遇的最大风速,在一般地区为25~35 m/s)。操作过电压持续时间较短,通常在计算其风偏角 θ_S 时,取计算风速等于0.5 v_{max}。雷电过电压持续时间最短,而且强风与雷击点同在一处出现的概率极小,通常取其计算风速等于10~15 m/s,可见它们的风偏角 $\theta_i < \theta_S < \theta_0$,如图11.4所示。

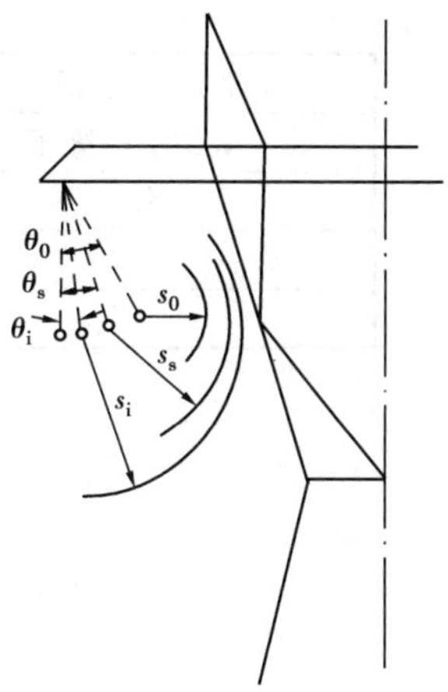

图11.4　塔头上的风偏角与空气间距

3种情况下的净空气间距的确定方法如下:

①工作电压所要求的净间距 S_0。

50 Hz 工频电压击穿幅值

$$U_{50\sim} = K_1 U_\varphi \tag{11.14}$$

式中:系数 K_1 为综合考虑工频电压升高、气象条件、必要的安全裕度等因素的空气间隙工频配合系数,对66 kV及以下的线路取 K_1 为1.2,对110~220 kV线路取 K_1 为1.35,对范围Ⅱ取 K_1 为1.4。

②操作过电压所要求的净间距 S_S。

要求 S_S 的正极性操作冲击波下的50%击穿电压为

$$U_{50\%(S)} = K_2 U_S = K_2 K_0 U_\varphi \tag{11.15}$$

式中:U_S 为计算用最大操作过电压,与式(11.13)同;K_2 为空气间隙操作配合系数,对范围Ⅰ取1.03,对范围Ⅱ取1.1。

在缺乏空气间距50%操作冲击击穿电压的实验数据时,可采取先估算出等值的工频击穿电压 $U_{e(50\sim)}$,然后求取应有的空气间距 S_S 的办法。

长气隙在不利的操作冲击波形下的击穿电压显著低于其工频击穿电压,其折算系数 $\beta_S <$ 1,如再计入分散性较大等不利因素,可取 β_S 为0.82,即

$$U_{e(50\sim)} = \frac{U_{50\%(S)}}{\beta_S} \tag{11.16}$$

③雷电过电压所要求的净间距 S_i。

通常取 S_i 的50%雷电冲击击穿电压 $U_{50\%(i)}$ 等于绝缘子串的50%雷电冲击闪络电压 U_{CFD} 的85%,其目的是减少绝缘子串的沿面闪络,减小釉面受损的可能性。

$$U_{50\%(i)} = 0.85 U_{CFD} \tag{11.17}$$

求得以上的净间距后,即可求得绝缘子串处于垂直状态时对杆塔应有的水平距离。

$$\begin{cases} L_0 = S_0 + l \sin\theta_0 \\ L_s = S_s + l \sin\theta_s \\ L_i = S_i + l \sin\theta_i \end{cases} \tag{11.18}$$

式中:l 为绝缘子的长度,m。

最后,选三者中最大的一个,就得出了导线与杆塔之间的水平距离 L。

表11.5列出了各级电压线路所需的净间距。当海拔高度超过1 000 m时,应按有关规定进行校正。对发电厂变电站,各个 S 值应再增加10%的富裕度,以保安全。

表 11.5　各级电压线路所需的净间距

额定电压/kV	35	66	110	220	330	500
X-4.5 型绝缘子	3	5	7	13	19	28
S_0	10	20	25	55	90	130
S_s	25	50	70	145	195	270
S_i	45	65	100	190	260	370

习题与思考题

11.1　电力系统绝缘配合的原则是什么?

11.2　试分析中性点运行方式对绝缘水平的影响。

11.3　绝缘配合的惯用法、统计法有什么关系和区别?

11.4　什么是电气设备的绝缘水平?

11.5　如何确定输电线路绝缘子串中绝缘子的片数?

第12章 工程实际案例

高电压绝缘技术是关于高电压电气设备开发、选型、设计、制造、运行和维护的一门技术。在工程实际中,常见的高电压电气设备包括气体绝缘金属封闭开关设备(Gas Insulated Switchgear,GIS),电力变压器,高压电力电缆等。它们在生产、运输、安装和运行过程中不可避免地会产生各种潜伏性绝缘缺陷,若得不到及时的处置,可能造成绝缘故障,威胁供电安全。我国电力工业在长期的工程实践中积累了大量的高电压电气设备典型故障案例。本章通过对几种常见高电压电气设备典型故障的事故经过、发生原因等方面进行详细的阐述,进一步加深对高电压绝缘技术知识的理解。

12.1 500 kV GIS 盆式绝缘子沿面放电故障分析

GIS 包括断路器、隔离开关、接地开关、互感器、避雷器、母线、连接件和出线终端等部件,这些部件全部封闭在金属接地的外壳中,在其内部充有一定压力的 SF_6 绝缘气体,它有着结构紧凑、占地面积小、安全可靠等突出优势,自 20 世纪 60 年代投入运行以来,已广泛应用于电力工业中。随着时代的发展,GIS 制造技术在不断进步,自问世以来,各 GIS 生产厂家围绕着提高经济性和可靠性这两个主要目标,在元件结构、组合形式、制造工艺以及使用和维护方面进行了大量研究和开发。随着大容量单压式 SF_6 断路器的研制成功和氧化锌避雷器的应用,GIS 的技术性能和参数已超过常规开关设备,并且使结构大大简化,可靠性大大提高,为 GIS 进一步小型化创造了十分有利的条件。

12.1.1 500 kV GIS 安装过程简述

设备安装前,现场技术员到站实测土建基础满足设备安装要求,技术员对项目部、班组和现场监理进行安装技术交底。公司按《电气装置安装工程高压电器施工及验收规范》《国网公司输变电工程标准工艺管理办法》和《500 kV GIS 现场标准化装配作业指导书》等规程、规范和厂家技术要求组织 500 kV GIS 设备安装工作。

①每天工作前,施工单位检查安装现场的温湿度满足 500 kV GIS 设备安装条件(空气相对湿度小于 80%),再进行开仓安装工作。如果天气情况不佳,项目部及时调整当天工作任

务。班组提前半小时打扫安装工作面四周的卫生，地面轻微撒水降尘，待地面干燥后进行安装工作。

②在 500 kV GIS 场搭设 6 m×6 m×6 m 防尘棚两座，用于绝缘子和导体等 GIS 设备打磨、清洁，确保现场工作环境满足厂家技术要求，如图 12.1 所示。

图 12.1　现场 GIS 检修间

③法兰面对接前，采用彩条布做好围挡，减少环境中尘埃的影响。在法兰面做好清洁后，及时用厂家提供的防尘罩进行保护，缩短法兰面空气中的暴露时间，减少环境污染。

④每个法兰面对接时，技术员需仔细检查、核对导体插入深度、安装元件的直阻和设备清洁等关键环节，用内窥镜检查在工厂组装好的设备内部安装情况和清洁情况，厂家人员严格按 GIS 设备现场组装标准化作业卡指导施工，每完成一项工作，及时在作业卡上做好相关记录，确保安装工艺满足设备要求。

⑤充入 SF_6，按相关规程要求抽样送检，试验结果合格。

12.1.2　故障及检修过程

国家电网某省公司做过 500 kV GIS Ⅰ母 A 相主母线耐压试验：首先加运行电压 317 kV，持续 15 min，试验通过；其次升压至 550 kV，持续 3 min，试验通过；最后升压至 660 kV（厂家出厂试验电压的 90%）的过程中，当试验电压达到 570 kV 时，试验设备发出异响并跳闸。为准确找出异响位置，再次加压，当加至 480 kV 时，第二次发出异响。根据现场母线气室气体成分检测和耐压过程中现场人员监控放电响声的位置，判定出故障点位于Ⅰ母 A 相主母线第 3 气室左侧不通孔绝缘子处，如图 12.2 所示。

耐压试验发生故障后，回收故障气室中的 SF_6 气体，打开盆式绝缘子旁的手封板，观察盆式绝缘子有明显的沿面放电痕迹（盆式绝缘子垂直安装，放电痕迹与水平面略呈 90°），如图 12.3—图 12.6 所示。2015 年 2 月 4 日，该公司及时提供了故障盆式绝缘子的检修方案，并报审核。2015 年 2 月 9 日，完成故障盆式绝缘子的更换工作。故障绝缘子进行探伤检测未发现异常。2015 年 2 月 13 日，检修工作结束，检测气室微水合格后，重新做耐压试验及局部放电试验，试验结果合格。

图 12.2　检修作业现场

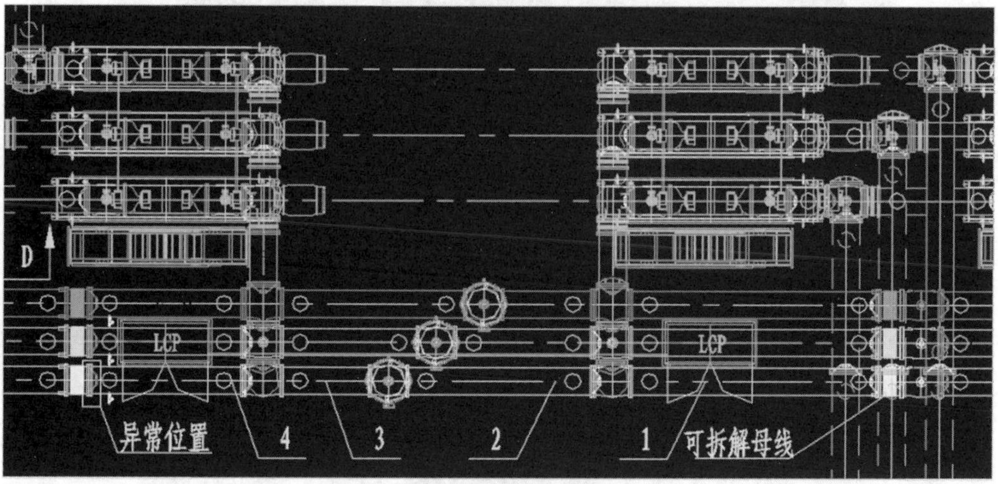

图 12.3　故障点位置示意图

12.1.3　故障原因初步分析

初步检修发现:放电点位于均压罩和盆式绝缘子连接部位,且垂直向下沿面放电,放电痕迹呈直线状。根据相关工作记录反映,出现闪络的盆式绝缘子在现场更换过均压罩(该处盆式绝缘子安装前,厂家技术员发现运输等原因,盆式绝缘子上原来的均压罩表面有擦碰情况),在均压罩与盆式绝缘子连接处,涂抹了专用导电脂(厂家标准化作业指导书上未明确导电脂具体用量,用词为“适量”),导电脂需 2 d 时间才能凝固。

盆式绝缘子耐压故障原因初步分析为:可能厂家技术员涂抹导电脂过量,使得采用内六角螺栓将均压罩和盆式绝缘子紧固后,多余的导电脂溢出,并顺着垂直安装的盆式绝缘子向下流,导致耐压试验时产生沿面放电故障。

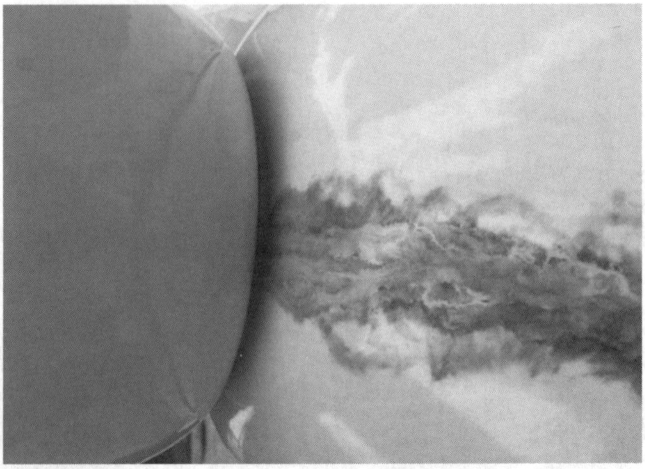

图12.4　盆式绝缘子沿面放电痕迹

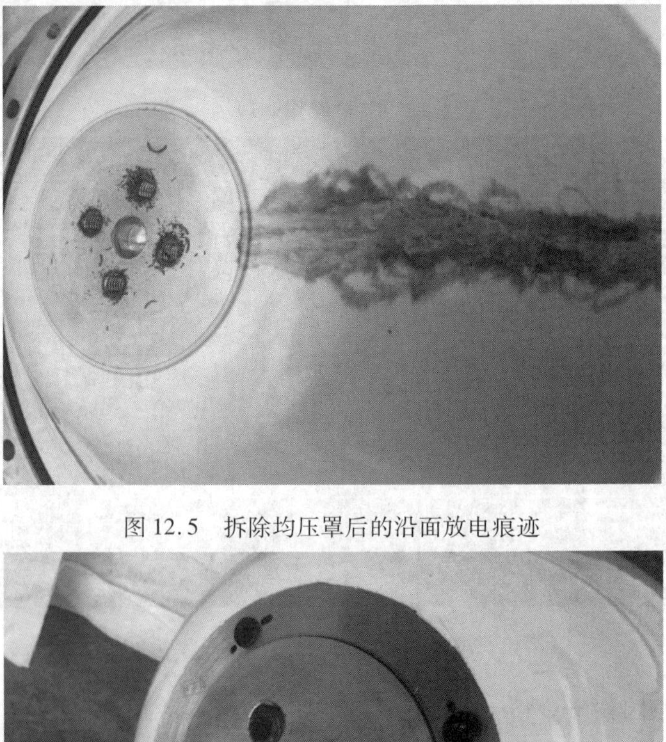

图12.5　拆除均压罩后的沿面放电痕迹

图12.6　均压罩底部的放电痕迹

12.2　35 kV 空心并联电抗器故障分析

空心电抗器是电力系统中用于限制短路电流、无功补偿和移相等的电感性高压电器，磁通经空气形成回路。它可分为空心串联电抗器、空心滤波电抗器、空心并联电抗器、空心限流电抗器、空心分裂电抗器和空心起动电抗器等。

12.2.1　35 kV 空心并联电抗器故障描述

2010 年 7 月 5 日 20:31，35 kV#2-1 电抗器 321 开关跳闸，现场检查发现#2-1 电抗器 C 相起火，大约 15 min，明火自动熄灭，其余一次设备无异常；保护动作情况为：#2-1 电抗器过流两段动作；后 321 开关转为停用。经专业人员现场检查初步分析为：#2-1 电抗器 C 相匝间短路引起，须更换电抗器，如图 12.7 所示。

图 12.7　故障电抗器

表 12.1　35 kV#2-1 电抗器参数

型号：BKDCKL-15000/35	额定容量：15 000 kVAR
额定电压：34 500/$\sqrt{3}$ V	额定电流：753 A
电抗：26,14	最高运行电压：38 500/$\sqrt{3}$ V
额定频率：50 Hz	冷却方式：AN
绝缘等级：F	联结组标号：Y
投运日期：2005 年 6 月 30 日	

7 月 27 日，运维单位组织对相关人员对空心并联电抗器进行解剖分析。该产品型号为 BKDCKL-15000/34.5，2005 年出厂，实际运行 4 年左右。

12.2.2 故障原因初步分析

电抗器烧毁时排出大量烟尘，上、下两端面附着很多黑色灰尘。现场锯开线圈内侧两个包封，第一包封除靠第二包封的一面有一些表面烧煳的痕迹外，其余情况未见异常。故障部位主要集中在第二包封中上部，大概占 1/5 的包封面积整体烧毁严重，内层线匝大面积烧毁熔化，部分区域线匝变形（往上）明显。在故障区域有几处较大的熔炕，基本穿透下面几层线匝，如图 12.8 所示。

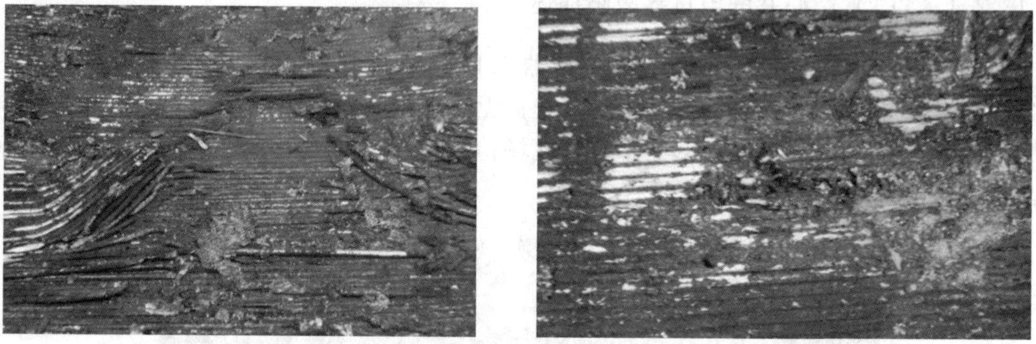

图 12.8 故障电抗器解剖图片

从线圈解剖现象看，故障电抗器烧毁面积大，熔化的线匝较多，可以推断该电抗器故障持续了一段时间，主要原因是爬电引起多处大范围匝间短路，导致电抗器起火烧毁。而引起线圈多处大范围匝间短路的主要因素如下：

①线圈第二包封中上部可能存在线圈表面树脂被污染，表面爬电引起多处匝间短路，最终引起产品烧毁。

②外部过电压降落在电抗器上，线材绝缘受损，在长期运行的反复冲击下，线材绝缘快速老化，绝缘失效而导致线圈匝间短路，产品烧毁。根据运行方反映，该电抗器采用自动投切运行方式，控制系统自动感应参数变化，实时进行补偿，可以推断产品投切比较频繁。按照系统分析，产品在每次投切都会受合、分闸过电压的冲击，这种过电压的峰值和频率主要取决于系统参数配合、投切开关的类型（动作时间）和产品过电压保护装置的配置等。

③线材、线圈的绝缘材料存在隐患缺陷，引起绝缘击穿烧毁产品。这种情况缺陷点较明显，一般很快就会导致产品短路，基本会在产品投运的 1 年之内出现故障。线材进货检验时都会进行耐压试验，线材绝缘的耐压水平一般都在 6 000 V 以上，对投运多年的产品，这种可能性较低。

该电抗器故障的主要原因是过电压引起线圈线匝绝缘受损，在长期反复作用下，线匝绝缘加速老化失效，导致电抗器烧毁，也不排除以上 3 种因素共同作用造成上述事故的可能。

12.2.3 运行、检查建议

①针对系统过电压的情况，可以校验系统参数的配合，监测系统过电压的水平是否满足设备运行的要求。检查系统配置的电压保护装置是否有效，在需要的节点加装避雷器和阻容吸收装置。

②对线圈风道外观进行检查,防止风道内有污染物或异物存在,日常维护可用压缩空气对风道进行清洁。加强运行温升监测,在产品停电后迅速用红外测温仪在线圈垂直面上拍照测量。

③对运行噪声问题,这些大型产品其运行时会有一定的电磁噪声,另外受安装水平度情况的影响,各台产品的振动噪声有一定的差异。可以通过加装弹性垫片和调整螺栓拎紧力度进行改善。若条件允许,可以调整各相产品的安装位置(如新 C 相与噪声大相安装位置进行互换)。

12.3　500 kV 变电站 35 kV 站用变压器绝缘油介损过高故障分析

工程实际中,常用变压器绝缘油多由天然石油中经过蒸馏、精炼而获得,是石油中的润滑油馏分经酸碱精制处理得到纯净稳定、黏度小、绝缘性好、冷却性好的液体天然碳氢化合物的混合物,俗称方棚油,是浅黄色透明液体。它在高压电力设备中,主要起绝缘、散热、冷却和消弧等作用。

12.3.1　500 kV 变电站 35 kV 站用变压器绝缘油介损过高故障描述

某 500 kV 变电站#1,#2 35 kV 站变压器进行油化学试验时发现,该变压器介损过高,并伴有痕量乙炔产生。

12.3.2　500 kV 变电站 35 kV 站用变压器绝缘油介损过高原因分析

(1)数据准确性分析

通过交叉实验、对比实验、多次试验等充分排除了由机器故障、容器污染的原因造成的实验数据不准确。

(2)介损超标原因分析

通过实验数据(如表 12.2)发现变压器存在介损超标,并伴随生成痕量乙炔。

介损主要包括两种:一种是电极化引起的损耗;另一种是电导引起的损耗。两站变压器绝缘油样击穿电压均较高(耐压试验油样在常温下进行),微水含量较低。初步排除油样中含有大量水分、阻性物质、杂质的可能,初步分析原因可能为油中含有过多极性物质。

介损试验在常温 20 ℃进行,#1,#2 号站变压器绝缘油样的介损值分别为 0.363 和 0.525,远小于 90 ℃时的实验数据 6.012 和 7.677。假设在理想状态下,油中不含极性物质,仅存在阻性物质,则随着温度升高,大部分阻性物质电阻会降低,介损值也随之降低,而 90 ℃试验值远大于常温下的介损值。基本可断定,两种油样中含有大量极性物质。

极性物质随温度升高,其化学活性增强,且受温度影响远大于阻性物质。温度越高,极性物质损耗越严重。取样中发现绝缘油样中存在游离物,而之后消失。分析原因可能为:环境温度降低,油品相对静止时,极性物质会析出。极性物质的典型代表为极性胶质,该物质在 50 ℃以上时将使介损产生明显变化。油中极性胶质的主要来源可能有两种:变压器内部和安装时外部微生物污染。

#1,#2 号站用变压器投入运行不到一年,由微生物造成的极性胶质过多可能性较小,估计

变压器油为再生油，且油品质较差。

(3)危害分析

变压器运行温度远高于常温，而大量极性物质的存在，在电场作用下，其会发生偶极松弛极化，交流极化过程中要消耗能量，使油介质损耗上升，促使运行温度上升。更严重的是，其对绝缘强度的影响较大，随温度升高绝缘强度呈加速降低趋势，这将大大降低油的绝缘性能，导致击穿事故发生。虽然#1，#2 站用变耐压试验值较好，但耐压试验是在常温下进行的，而变压器运行温度较室温高，而极性胶质在 50 ℃以上时较活跃。这些因素都将极大地降低绝缘油的耐压水平。

表 12.2 绝缘油实验数据

试验日期	设备名称	油中溶解气体组分含量($\times 10^{-6}$V/V)								分析结论
		H_2	CO	CO_2	CH_4	C_2H_4	C_2H_6	C_2H_2	C_1+C_2	
12.23	#1 站用变	19	104	1 305	8.6	2.8	7.8	3.4	22.6	痕量乙炔
12.23	#2 站用变	10	84	1 773	7.5	5.2	4.0	1.4	18.1	痕量乙炔

试验日期	设备名称	外观	酸值 KOH($mg \cdot g^{-1}$)	反应 pH 值	闪点 /℃	击穿电压 /kV	分析结论
12.23	#1 站用变	黄色	0.090 5	5.6	156	60	
12.23	#2 站用变	黄色	0.089 1	5.6	154	63	

试验日期	设备名称	介损/% (90 ℃)	体积电阻率 /Ω·m (90 ℃)	界面张力 /($mN \cdot m^{-1}$) (25 ℃)	油中含气量 (体积分数) /%	微水 10^{-6}V/V	分析结论
12.23	#1 站用变	6.012				5.4	介损超标
12.23	#2 站用变	7.677				7.6	介损超标

12.3.3 运行、检查建议

绝缘油中已含有大量极性物质，难以再生利用，建议立即安排进行绝缘油的更换。

12.4　油浸变压器有载分接开关受潮故障分析

变压器是利用电磁感应的原理来改变交流电压的装置，其主要构件是初级线圈、次级线圈和铁芯（磁芯）。主要功能有电压变换、电流变换、阻抗变换、隔离、稳压（磁饱和变压器）等。按用途可以分为电力变压器和特殊变压器。造成变压器故障的原因多种多样。对变压器进行故障诊断，弄清发生故障的原因，并不断总结经验，可以有效延长设备服役期限，减少设备故障率。

12.4.1　油浸变压器有载分接开关受潮发现过程和技术分析

某500 kV变电站35 kV油浸式变压器，额定容量为630 kVA，已经投入运行近7年。当年进行定期预防性试验，试验数据见表12.3。

根据预防性试验数据及上个周期预防性试验数据对比分析发现：绝缘电阻、介损、电容量和泄漏电流严重超标。初步判断故障原因为高压侧绝缘局部受潮或存在缺陷。但变压器本体油样试验数据均正常，变压器内部受潮可能性很小。由于本体密封完好且低压侧绝缘电阻正常，因此可判定变压器本体绝缘良好，而分接开关绝缘存在问题。有载分接开关从一次侧引出，分接开关串接在一次绕组回路中，假如分接开关受潮，其泄漏电流会随电压增大而迅速增大。试验时，随着电压的升高其泄漏电流急剧增大。分接开关的对地电容与变压器的一次绕组对地电容相关联，根据等值电路，分接开关与变压器本体（绕组和油）的一次绕组对地的介质损耗有以下关系

$$\tan\delta = C_1\tan\delta_1 + C_2\tan\delta_2$$

式中：$\tan\delta$ 为整体变压器一次绕组对地介损；$\tan\delta_1$ 为变压器绕组和油的一次绕组对地介损；$\tan\delta_2$ 为有载分接开关的介损；C_1 为变压器绕组和油的一次绕组对地电容量；C_2 为有载分接开关的电容量。

尽管 $C_1 \gg C_2$，但当有载分接开关受潮时，$\tan\delta_2 \gg \tan\delta_1$，测得的总介损仍会增大。检查有载分接开关发现：小油枕加油孔的密封螺丝处有油迹，附有大量蚊子，密封不严，水分由此而入。检查运行记录，发现值班记录记载此现象出现有约4个月，但未引起足够重视。显然，这是一起典型的渗油故障，所幸检修及时还未造成事故。

表12.3　变电站变压器预防性测试试验数据

	高压侧绕组	低压侧绕组	铁　芯
绝缘电阻/MΩ	212	39 800	35 000
介损/%	2.775		
电容/pF	2 555		
泄漏电流/μA	137	5.0	

12.4.2 油浸变压器绝缘油介损过高原因分析

根据试验数据及分析,决定对变压器有载调压开关进行检查处理。打开有载分接开关油筒(图12.9),吊出开关,发现油筒内壁有大量水珠附着,变压器油受潮严重。将有载调压开关(图12.10)从油筒中取出对其进行绝缘电阻测试,结果如下:

①所有触点对外壳的绝缘电阻均为700~800 MΩ,最低的(有载调压开关下部的触点)绝缘电阻只有100 MΩ。

②对有载调压开关进行烘潮,12 h后对其进行触点间绝缘电阻测试。发现A相所有触点对外壳的绝缘电阻为3 000~4 000 MΩ,B相所有触点对外壳的绝缘电阻为3 500~5 000 MΩ,C相所有触点对外壳的绝缘电阻为1 800~2 000 MΩ,满足规程要求,可对有载调压开关进行回装。

③将有载调压开关装入变压器,并注入新的变压器油。将其进行封装以后静置12 h后对其进行试验。试验结果出现了变化,高压侧绕组绝缘电阻呈下降趋势,如图12.11所示。造成该故障的原因有以下两个:

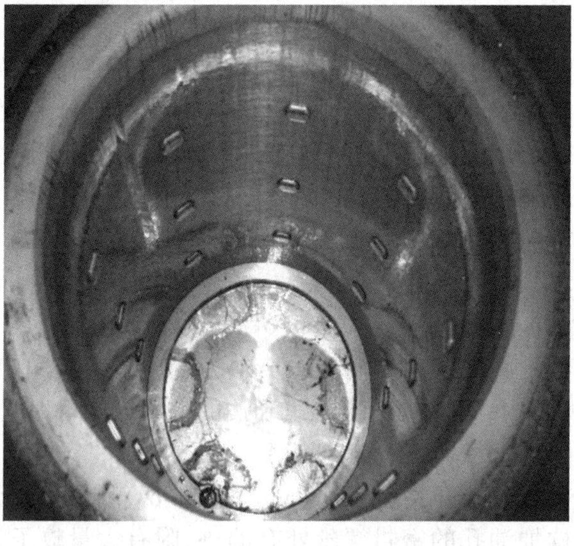

图12.9 有载分接开关油筒

a.油筒在处理过程中未处理干净,在油筒底部还残存一些水分。经过12 h的静置,水分存在于油筒底部,绝缘测试结果满足要求。但经过太阳烤晒温度升高后,水分溶入变压器油中使得绝缘电阻下降。

b.有载调压开关受潮严重。虽然有载调压开关经过烘烤,但烘烤时间较短,只是将其绝缘件表面的水分烘烤出来,经过油的浸泡及太阳烤晒油温升高以后,其内部的水分缓慢析出溶解到变压器油中,导致绝缘电阻下降。

根据以上分析,对分接开关内的油进行耐压试验,结果为20 000 V,表明变压器油再次受潮。对该开关再次进行烘烤处理,并增长烘烤时间为72 h,再将开关油筒内的变压器油更换,并对油筒进行彻底清洁干燥处理。

经过72 h的烘烤后,所有的触点与外壳之间的绝缘电阻都达到了5 000 MΩ以上,对开关进行回装后进行试验,满足投运要求。

图12.10　有载调压开关

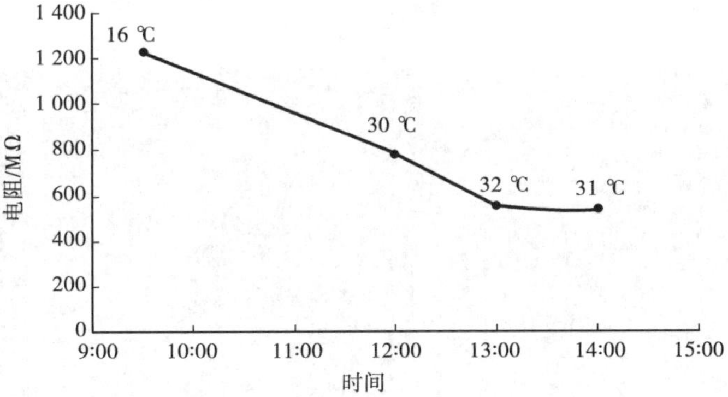

图12.11　绝缘电阻曲线图

12.4.3　运行、检查建议

①设备预防性测试试验不合格时,应根据试验数据及设备的结构进行具体分析。能造成变压器绕组绝缘不合格的原因很多,需具体问题具体分析。

②分接开关油枕吸湿器应注意加油,巡视发现硅胶变色时应及时更换,站用变压器有载分解开关应注意每5年或切换5 000次就应进行油样试验或更换一次油质。

③检修时应特别注意变压器的密封检查,如高压套管引线接头、储油柜加油孔、安全气道和强迫油循环负压区等区域的密封。

④在处理高压设备因受潮引起的绝缘问题时要特别注意对固体绝缘受潮的处理,避免投运后因水分析出引起重复受潮现象。

12.5 220 kV 变电站 110 kV 电缆仓气室局部放电信号检测分析

12.5.1 220 kV 变电站 110 kV 电缆仓气室异常状况描述

某 220 kV 变电站一次设备射频巡检的例行工作时,在 110 kV 开关场#173 回路附近发现较强的异常信号,检测得到电磁波信号远高出背景信号。技术人员随即对该变电站进行了 GIS 设备的带电检测复测工作。检测发现:该信号具有很强的间断出现的特征,先后在 2016 年 7 月 14 日、20 日、26 日、27 日均为出现一段时间后消失,且信号消失前后的负荷无明显变化。经过详细检测定位,发现在#175 电缆仓(三相共体)的 B 相出线接头部位测得信号最为明显,并初步认为局部放电位置在该电缆的接头部位。

12.5.2 220 kV 变电站 110 kV 电缆仓气室异常状况特高频和超声波检测分析

在用 PDS100 特高频巡检仪开展全站普测中,发现 110 kV 开关场#173 回路附近发现较强的异常信号,检测图谱如图 12.12 所示(射频巡检图中黑线为站外背景基线,白线为测试位置的信号线)。

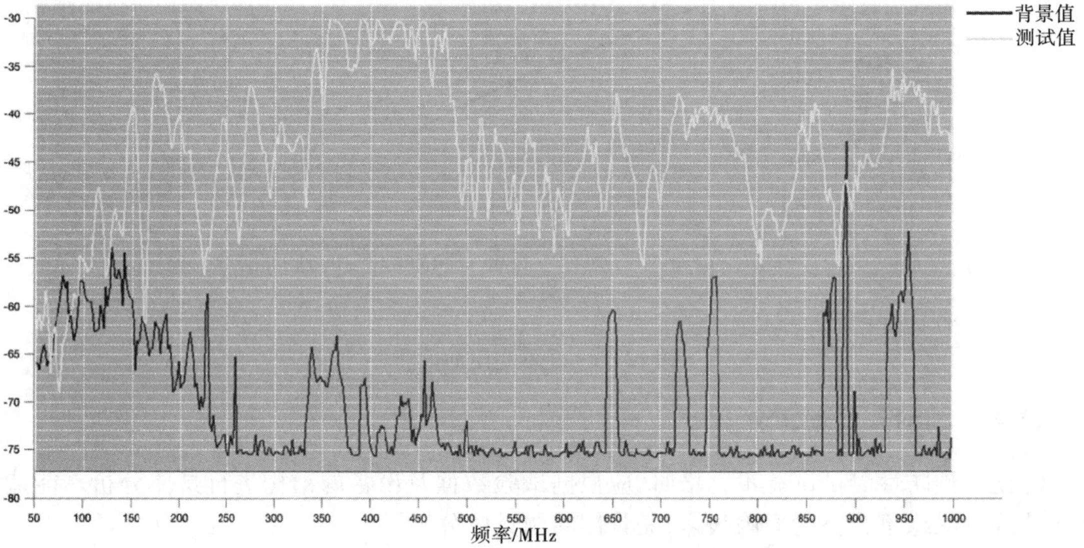

图 12.12 #173 间隔的特高频射频图谱

(1)特高频局部放电检测数据

2016 年 7 月 20 日、27 日,利用 T90 局部放电综合测试仪分别对 110 kV #175 间隔进行特高频局部放电检测工作。在#175 间隔附近空气中进行背景检测,可检测到一定强度的异常特征信号,如图 12.13 所示,且各处背景测试比较发现在#175 间隔附近背景值最大。之后,对#175 间隔及临近所有间隔进行特高频检测。通过幅值比较,发现在#175 间隔及临近间隔均检测到异常信号,表现为在一个工频周期内出现"两簇",且幅值较稳定。其中在#175 间隔电缆仓位置的信号最大,根据图谱判断为典型的“悬浮放电”类型特征图谱,检测图谱如图 12.14—图 11.16 所示。

由检测图谱可知,#175 间隔、临近间隔和背景中均检测到特高频信号,且#175 间隔附近存在的特高频局部放电信号要强于周围间隔。从图谱特征来看,因在一个工频周期内稳定均匀地存在“两簇”,可判定为悬浮放电。

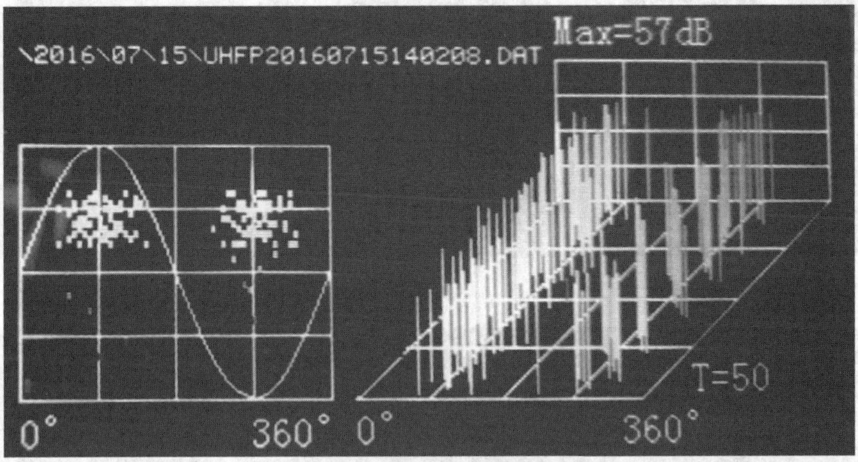

图 12.13　特高频局部放电背景图

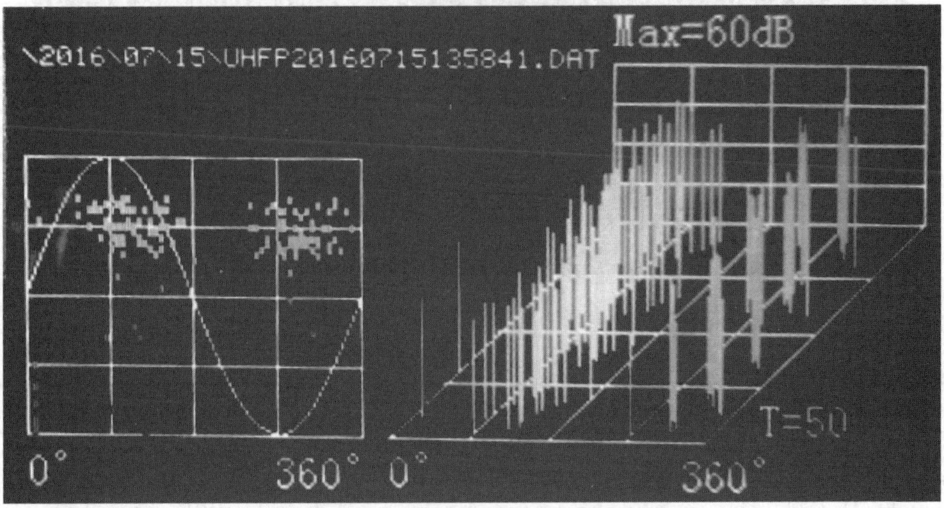

图 12.14　#175 间隔电缆仓特高频图谱(全通)

(2)超声波局部放电检测数据

采用 AIA-2 超声波局部放电检测仪对 110 kV#175 间隔进行超声波局部放电检测,检测位置及测量值见表 12.4。

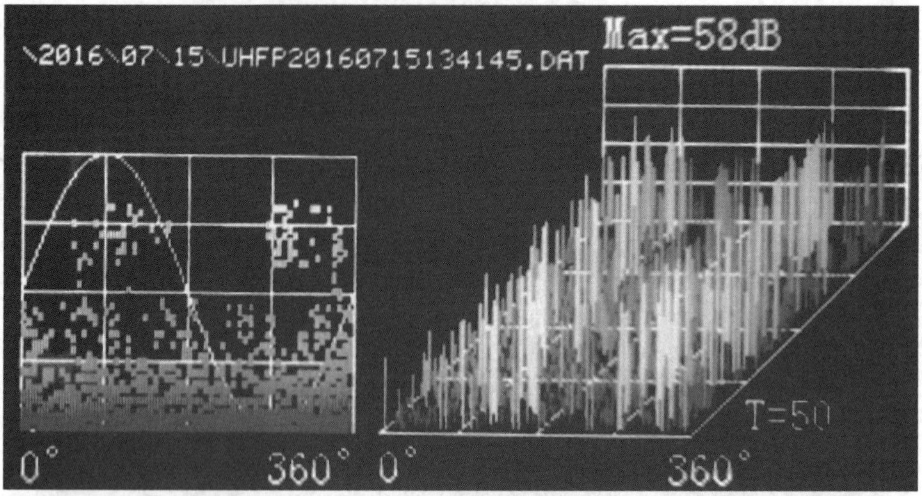

图 12.15　#175 间隔电缆仓特高频图谱(低通)

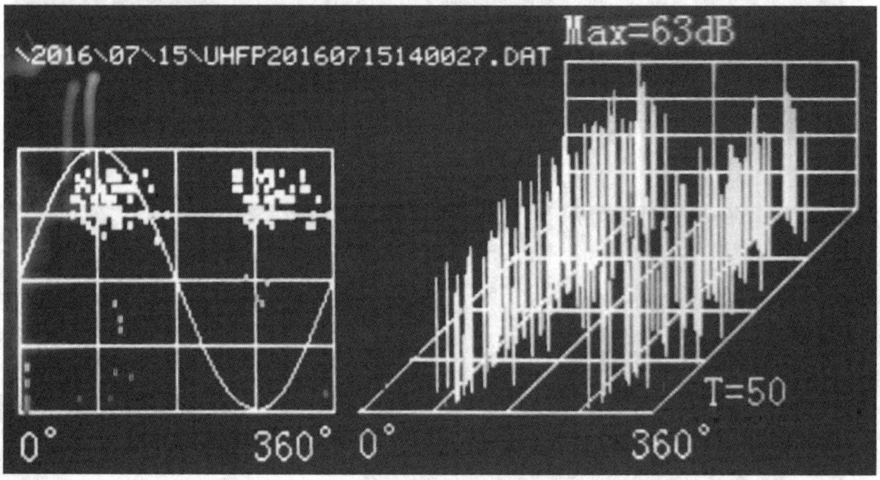

图 12.16　#175 间隔电缆仓特高频图谱(高通)

表 12.4　超声波局放测量结果

检测位置描述	测量值(有效值/最大值/50 Hz 相关/100 Hz 相关)
背景(#175 周围空气中)	0.2/0.7/0/0
#1751 刀闸气室	0.2/0.7/0/0
#1752 刀闸气室	0.2/0.8/0/0
#175 邻接的母线气室	0.4/1.1/0/0
#175 断路器上部	0.25/0.9/0/0
#175 断路器中部	0.2/0.8/0/0
#175 断路器下部	0.2/0.8/0/0
#175 线路侧 CT 气室	0.3/1.1/0/0

续表

检测位置描述	测量值(有效值/最大值/50 Hz 相关/100 Hz 相关)
#175 线路侧 PT 气室	0.35/1.6/0/0
#17560 接地刀闸气室	0.3/1.2/0/0.05
#1756 刀闸气室	0.3/1.2/0/0.05
#175 电缆仓上部	0.6/4.4/0/0.36
#175 电缆仓中部	0.55/5.8/0/0.2
#175 电缆仓下部	0.7/7.5/0/0.3
A 相的电缆接头部位	0.36/1.4/0/0.04
B 相的电缆接头部位	0.8/7.3/0/0.4
C 相的电缆接头部位	0.4/2.4/0/0.12

通过表 12.4 检测数据可知，相较背景值，#175 电缆仓超声测量结果有大幅增长，同时与 100 Hz有显著相关性。在垂直方向上，与 B 相电缆接头位置的距离越近，幅值增大越明显。

(3)局部放电定位

使用 G1500 局部放电定位仪，在平行于母线的方向采用两路特高频传感器，经多次定位，确定了#175 回路间隔的局部放电信号。在平行于间隔方向上，同样采用两路特高频传感器，并综合平行于母线方向的定位结果，判断局部放电源可能位于两个传感器的中垂线上，即电缆仓罐体的部位。在垂直方向上，由定位图谱可知，局部放电信号源位于电缆仓下部的电缆接头部位如图 12.17 所示。

(4)SF_6 气体分析

SF_6 气体微水测量为 114 mL/L，露点 −40.8 ℃。SF_6 气体成分分析未检测到 H_2S 和 SO_2，气体分析满足规程的正常值要求，检测结果合格。

12.5.3　检修结论和建议

①综合特高频局部放电和超声局部放电检测法，确认了位于#175 电缆仓气室 B 相电缆接头部位存在局部放电缺陷。

②测量时间为夏季用电高峰期，在条件允许的情况下，应尽快停电处理，防止局放加速发展，发生严重的停电事故。

图 12.17　最终定位信号源部位

12.6　35 kV 变压器绝缘油绝缘异常分析

变压器设备中一直广泛地大量使用着矿物质绝缘油。绝缘油起着加强绝缘、冷却和灭弧的作用。在目前变压器广泛采用的油纸绝缘体系中，绝缘油不仅是重要的组成部分，还是了解油纸绝缘体系内部运行工况的信息载体。通过对油进行电气性能以及油中溶解气体进行气相色谱分析可对变压器故障进行较为有效的判断。

12.6.1　35 kV 变压器绝缘油绝缘异常检测

某 35 kV 变压器投入运行近 3 年，在对其进行例行化学试验时发现变压器油中溶解气体 H_2 严重超标，且 CH_4 和介损正切 $\tan\delta$ 也偏高，初步判断设备内部存在绝缘缺陷，两周内对该设备再次进行追踪取样试验，结果显示上述 3 个值依然偏高。油简化试验结果见表 12.5，溶解气体气相色谱分析结果见表 12.6。

表 12.5　简化试验结果表

酸值(KOH) /(mg·g^{-1})	闪点 /℃	pH	介质损耗值	耐压/kV	微水 /(mg·kg^{-1})	界面张力 mN/m
0.04	142	5.6	4.17(11.22 日为 6.4)	63	4.1	37.5

表 12.6　气相色谱分析结果表　（单位：ppm）

日期	H_2	CO	CO_2	CH_4	C_2H_4	C_2H_6	C_2H_2	总　烃
11.06	4 323	523	1 763	150.8	0.8	16.3	0.7	168.6
11.22	4 266	482	1 615	145.9	1.0	19.6	0.6	167.1

12.6.2　35 kV 变压器绝缘油绝缘异常检测结果分析

根据(GB/T 7595—2017)《运行中变压器油质量》的相关规定,由表12.5试验结果可发现:该油样本介质损耗偏大,其他值均正常。酸值可鉴别油中酸性组分的多少,是判断油质好坏、表示油劣化程度的重要指标。闪点低则表示电气设备内有故障,造成过热高温使绝缘油裂解生成低分子碳氢化合物。pH 可以判断油质好坏,以及油对金属及固体绝缘的腐蚀情况。耐压则用于评定绝缘油能适应电场电压强度的程度。微水用于判定绝缘油的受潮情况,运行中油的氧化程度。若以上指标正常,则说明:设备无明显干燥不良或因某些缺陷造成油中含水情况;绝缘油无明显劣化老化。

此外,根据DL/T 722—2000《变压器油中溶解气体分析和判断导则》推荐对变压器油中溶解气体浓度注意值,即表12.7中给定值,样品中氢气严重超标,总烃超标。

表12.7　DL/T 722—2000 变压器油中溶解气体浓度

设　备	气体组分	含量(ppm)
变压器	总烃	150
	乙炔	5
	氢气	150

(1)氢气

对于变压器而言,内部氢气有以下3种主要产生途径:

①水的分解及水与金属的化学反应。由于密封不良,造成产品受潮,绝缘油微水超标,水在电场作用下电解产生氢气。

②绝缘油中的烷烃可发生裂化反应产生氢气。变压器油主要由烷烃、环烷烃和芳香烃组成,其中烷烃热稳定性最差。绝缘油在高温作用下裂化产生氢气,同时产生其他一些特征气体如甲烷、乙烷、乙烯、乙炔等。

③绝缘油中残留的环己烷发生脱氢反应产生氢气。环烷烃是变压器油的主要成分,其中包括环己烷。环己烷在一定条件下可生成氢气。

由于微水试验表明微水含量在规程规定范围内,因此排除水电解产生大量氢气的可能。色谱分析显示总烃超标,产生大量甲烷,且存在己烷、乙烯、乙炔等特征气体,说明变压器内部可能存在过热或局部放电。

(2)CO 和 CO_2

与过热故障一样,只要涉及有机固体绝缘材料,无论变压器内部发生何种放电故障,除了产生氢、烃类气体外,还会生成 CO 和 CO_2。

DL/T 722—2000 推荐当怀疑设备固体绝缘老化时,一般 $CO_2/CO>7$;当怀疑有机固体绝缘材料热裂解时(高于200 ℃),可能 $CO_2/CO<3$。由于气体中含有大量 CO,CO_2,并且该变压器运行较正常,因此可以判定无突发性绝缘击穿。两次试验结果表明:CO_2/CO 数值约为3.3,可以一定程度上怀疑设备中存在有机固体绝缘热裂解。

(3)三比值法分析

改进三比值法编码,见表12.8,前后两次试验的特征气体编码均为110。

表12.8 三比值法编码规则

比值范围	比值范围编码		
	C_2H_2/C_2H_4	CH_4/H_2	C_2H_4/C_2H_6
<0.1	0	1	0
0.1~1	1	0	0
1~3	1	2	1
≥3	1	2	2

查对IEC三比值法故障性质,可判断该变压器发生绝缘故障为高能量密度的局部放电。表现为含气空腔中的放电。这种空腔是由不完全浸渍、气体过饱和、空隙作用或高湿度原因造成的,但已导致固体绝缘的放电痕迹或穿孔。

12.6.3 检修结论和建议

通过以上分析,可以判定绝缘油并未发生老化现象,变压器无严重的绝缘不良和受潮现象,但存在一定程度的集中性故障。通过油色谱分析,基本判定变压器存在一定程度的局部放电现象,但产气速率较慢,该放电可能为持续的低能量放电。同时,考虑CO与CO_2比值接近3,可能会存在有机固体绝缘材料的劣化,如绝缘油纸损伤。此外,根据经验,当故障位于导电回路时,存在C_2H_2含量较高,C_2H_4/C_2H_6也较高的现象,并且C_2H_4的产气速率高于CH_4。而油色谱分析并未观察到该现象,本节(12.6)所述故障案例故障与导电回路相关概率不大。综上所述,判断本节(12.6)所述故障案例故障为非导电回路的涉及有机固体绝缘材料的留有痕迹的局部放电现象。建议对设备进行吊芯处理,进一步查明故障点,消除设备缺陷。

12.7 500 kV避雷器缺陷故障分析

某500 kV变电站主变500 kV侧氧化锌避雷器例行试验中发现B相下节直流1 mA参考电压仅为56 kV,通过停电试验、泄漏电流带电检测等进行数据分析,证实其存在严重缺陷,并且提出相应的避雷器事故预防措施,以确保电网安全、稳定运行。

12.7.1 500 kV避雷器缺陷故障描述

在某500 kV变电站#1主变C类检修例行试验工作中发现一个避雷器设备严重缺陷。试验人员在主变高压侧避雷器B相试验过程中发现:B相避雷器下节直流1 mA参考电压仅为56 kV,相较于其他两相,严重偏低。经检修人员清洁后再次试验,试验结果表明,该相避雷器性能严重下降,已经危及电网安全稳定运行,必须退出运行。试验记录见表12.9。

表 12.9　避雷器例行试验数据

运行编号				#1 主变		
相别				A 相	B 相	C 相
出厂编号				G004	G005	G001
1 mA 参考电压	上节	上次值	U1 mA/kV	192.1	192.0	192.1
			175% U1 mA/μA	10	18	15
		本次值	U1 mA/kV	191.5	191.6	191.7
			175% U1 mA/μA	13	25	15
	中节	上次值	U1 mA/kV	192.3	192.2	193.3
			175% U1 mA/μA	21	25	19
		本次值	U1 mA/kV	192.0	191.5	192.3
			175% U1 mA/μA	32	40	40
	下节	上次值	U1 mA/kV	191.5	192.2	192.8
			175% U1 mA/μA	17	15	13
		本次值	U1 mA/kV	191.7	56.6	191.6
			175% U1 mA/μA	40	18	45
放电计数器动作情况				正常	正常	正常
测试温度/℃、湿度/%				23/75		
试验日期				2012.5.27		

12.7.2　试验数据分析

金属氧化物避雷器在电力系统中得到广泛的应用，原因在于其具有良好的非线性特性，在运行电压下避雷器呈现高阻状态，体积泄漏电压很小；而当设备出现过电压时，避雷器则呈现低阻状态，并能在短时间内快速释放能量，从而保护被试设备。当其泄漏电流达到 1 mA 时，可认为避雷器被击穿。此外，当电压降低 25% 时，避雷器的泄漏电流应从 1 mA 大幅度降低至 50 μA 以下。1 mA 直流参考电压及 75% 泄漏电流试验可以准确、灵敏地反映出避雷器运行状态，在实际工作中应结合这两个试验项目对避雷器状态进行判断。但如果只有其中一项数据出现异常时，则应结合其他试验手段进行综合分析判断。

(1)停电试验数据对比

从 3 个方面进行数据对比：一是纵向对比，即与以往历史例行试验数据对比；二是三相避雷器数据之间的横向对比；三是与规程规定标准值对比。对比情况如下：

①A 相避雷器上中下三节数据对比相差不大,试验数据基本保持不变,避雷器运行正常。

②B 相避雷器上中两节 2009 年 3 月 10 日与 2012 年 4 月 27 日数据相差不大,基本保持不变,运行正常。其中,下节避雷器 1 MA 参考电压由 2009 年的试验值 192.2 kV 下降到 56.6 kV,降低了 70%。根据国家电网企业《电力设备状态评估试验规程》相关要求,直流 1 mA 电压 U1 m 初值差不应超过 ±5% 且不低于 GB－11032《交流无间隙金属氧化物避雷器》规定值(注意值),0.75U1 mA 漏电流初值差则应该小于 30% 或小于 50 μA(注意值)。B 相避雷器下节试验数值已经显著超出规定。

③C 相避雷器上中下三节 2009 年 3 月 10 日与 2012 年 4 月 27 日数据相差不大,基本保持不变,避雷器运行正常。

(2)带电检测数据分析

金属氧化锌避雷器在运行状态下会产生泄漏电流,其包括容性电流分量和阻性电流分量。在设备状态良好状态下,阻性电流分量很小,通常可以忽略不计。但是,当避雷器在长时间运行状态下,绝缘性能劣化或者绝缘密封性能不良导致的内部受潮、进水等特殊情况时,虽然氧化锌避雷器泄漏电流总量变化不大,但是阻性泄漏电流分量会发生显著改变。利用运行状态下金属氧化锌避雷器阻性泄漏电流分量测试技术,并对这些阻性泄漏电流多次检测数值进行分析统计,可以判断金属氧化避雷器内部是否存在绝缘缺陷。金属氧化锌避雷器带电检测试验数据分析为纵向对比分析及横向对比分析。采用纵/横对比分析法时,显著性差异不应超过 30%。带电检测试验数据见表 12.10。

表 12.10 避雷器带电检测试验数据

安装位置	相序	总电流有效值/mA	容性电流有效值/mA	阻性泄漏电流峰值/mA	日期	温度/℃	湿度/%rh
#1 主变	A	1.313	0.937	0.172	2010.07	34	50
	B	1.318	0.917	0.209			
	C	1.314	0.926	0.163			
	A	1.308	0.948	0.175	2011.03	17	75
	B	1.566	0.913	0.211			
	C	1.310	0.923	0.169			
	A	1.324	0.951	0.176	2012.04	23	70
	B	1.580	0.919	0.236			
	C	1.316	0.947	0.169			

1)纵/横对比分析法进行分析

2011 年各项检测数据与 2010 年同比数据相差不大,检测环境温、湿度的不同,可以认为没有显著差异。2012 年 B 相阻性泄漏电流值较 2011、2010 年带电检测数据明显增大,并且与

A,B 两相横向比较,B 相数值明显偏大。采用纵/横对比分析法进行分析,A,B,C 三相避雷器带电检测泄漏电流 2011 年试验值和 2012 年试验值分别为 a_1,b_1,c_1,a_2,b_2,c_2,在分析设备 B 相当前试验值 b_2 是否正常时,根据 $b_2/(a_2+c_2)$ 与 $b_1/(a_1+c_1)$ 相比有无明显差异进行判断:

$$[b_2/(a_2+c_2)]/[b_1/(a_1+c_1)]=0.236/(0.176+0.169)/0.211/(0.175+0.169)=1.12$$

根据相关要求,一般不超过 ±30% 即可判为正常,两次试验结果通过纵/横对比分析法得出的结论为超过 12%,为正常。但是从试验数据中可知,此对比值呈现出增大趋势,应在运行中加强巡检和跟踪检测。在 2007 年 5 月 27 日例行试验中 1 mA 直流参考电压严重偏低,已经不能满足运行要求。

2)状态量显著性差异分析法进行分析

状态量显著性差异分析方法如下:设 $n(n\geqslant 5)$ 台同一家族设备(如同制造商同批次设备),某个状态量 X 的当前试验值的平均值为 $\overline{X}$,样本偏差为 S(不含被诊断设备),被诊断设备的当前试验值为 x,则有显著性差异的条件为:

劣化表现为状态量值减少时(如绝缘电阻):$x<\overline{X}-kS$;

劣化表现为状态量值增加时(如介质损耗因数):$x>\overline{X}+kS$;

劣化表现为偏离初值时(如绕组电阻):$x\notin(\overline{X}-kS,\overline{X}+kS)$;

上列各式中 k 值根据 n 的大小,按表 12.11 选取。

表 12.11　显著性差异分析法参数表

n	5	6	7	8	9	10	11	13	15	20	25	35	≥45
k	2.57	2.45	2.36	2.31	2.26	2.23	2.20	2.16	2.13	2.09	2.06	2.03	2.01

选取同类型 500 kV#1,#2 主变高压侧避雷器 2012 年带电检测阻性泄漏电流进行分析,数据见表 12.12。

表 12.12　同类型避雷器带电检测数据

安装位置	相序	总电流有效值 /mA	容性电流有效值 /mA	阻性泄漏电流峰值 /mA	日期	温度 /℃	湿度 /% rh
#2 主变 500 kV 高压侧	A	1.378	0.986	0.192	2012.4	17	75
	B	1.131	0.815	0.163			
	C	1.302	0.926	0.182			
#1 主变 500 kV 高压侧	A	1.324	0.951	0.176	2012.4	23	70
	B	1.580	0.919	0.236			
	C	1.316	0.947	0.169			

$n=6,k=2.45$,计算得样本偏差 $S=11.78$。避雷器阻性泄漏电流劣化表现为状态量值增加,即 $x>\overline{X}+kS$,其中 $\overline{X}=1\ 118/6=186$。而 B 相泄漏电流 $X=0.236$,则 $\overline{X}+kS=186+2.45\times 11.78=0.215$。

在同等试验条件下，当 $x > \overline{X} + kS$ 时，说明 B 相避雷器之间存在显著性差异，表明存在故障。

(3) 泄漏电流表在线监测数据

按照金属氧化物避雷器设备状态相关巡检项目和要求，金属氧化锌避雷器泄漏电流表巡检工作每周进行一次。变电站运行值班人员提供的记录数据 A，B，C 相分别为 1.1 mA，1.5 mA，1.0 mA，而且从2012 年1 月到5 月无变化，按照纵/横对比分析法，B 相呈现显著的差异。但是电气试验班测试的带电检测试验数据与表记记录值相差较大，考虑到泄漏电流表的准确性、精确性，以及运行人员观察角度各方面的原因，应该以试验人员带电检测试验数据为准。

12.7.3　500 kV 避雷器缺陷原因分析

氧化锌避雷器的结构为将若干片 ZnO 阀片压紧密封在避雷器瓷套内。该组避雷器为上、中、下三节直立安装，结构上相当于三节非线性电阻的串联，运行中三节非线性电阻均耐受工频运行电压。

本次发现的存在缺陷的避雷器，其 B 相下节直流参考电压显著下降。造成这一现象的可能原因有以下几个：一是避雷器密封不良或漏气而受潮；二是避雷器阀片的工艺、质量和均一性问题，电位分布不均匀造成绝缘性能下降；三是外绝缘的损坏和脏污造成其整体性能劣化。阀片的老化、劣化可以通过试验发现，根据三相避雷器对比测试数据及以往的设备故障案例综合分析，初步判断 B 相下节内部老化、劣化的可能性较小，密封性不良或破坏、进水受潮的可能性较大。具体的故障原因需要进一步进行解体或返厂检修、试验后才能确定。如果该组避雷器继续运行，其三节串联电压分布不均，长时间作用会使整组避雷器非线性曲线偏移，运行电压下的交流电压分布将集中在 B 相上、中两节，使得避雷器内部正常的阀片荷电率增高，负担加重，并导致老化、劣化速度加快而形成恶性循环。更为严重的是，如果上、中两节其中一节绝缘击穿损坏，会造成 B 相避雷器三节耐受电压总和低于电网正常运行电压，发生避雷器损坏并严重威胁电网运行状态。建议尽快更换 B 相下节避雷器。

12.7.4　运行、检查建议

①投运前应加强对入网避雷器的设计、制造工艺、运输、安装全过程监管及验收工作。

②运行中应加强对避雷器泄漏电流的在线监测，按规定进行避雷器例行试验并每年进行一次运行电流的带电检测，如发现泄漏电流数值较前期或初值增长超过 30%，或三相泄漏电流数值差超过 30% 时，应高度重视并采取后续跟踪措施。

③必要时应进行红外带电检测和热像图谱分析。

④完善技术监督告警制度，一旦发现避雷器泄漏电流的阻性分量有明显增大迹象，应加强日常巡视并加强避雷器阻性电流跟踪带电检测，巡检时应仔细观察外套有无鼓包、变形或裂缝现象，根据试验设备状态及时对该组避雷器进行停电检修或者更换，防止其缺陷进一步恶化，从而给电网安全运行带来风险。

12.8　某500 kV变电站500 kV GIL设备故障分析

12.8.1　500 kV GIL设备故障描述

2011年9月8日21:31,某500 kV变电站500 kV #3主变与#5021,#5022开关连接引线SF_6管母线(以下简称GIL)设备发生C相内部闪络放电,引起#5021,#5022开关跳闸,#3主变停运。检修部门对C7间隔气室进行解体检查。吊出出线套管后发现,导电杆下触头发黑,如图12.18所示。其对应的盆式绝缘子表面及短罐体外壳内壁灼黑如图12.19所示,判定故障为C7间隔气室内出线套管下端水平盆式绝缘子表面发生了闪络放电。

图12.18　出线套管下部

图12.19　出线套管下部对应的盆式绝缘子及短罐体

此外,对C7间隔气室出线套管及弯管进行解体仔细检查,发现出线套管下端水平布置的盆式绝缘子沿面发生了闪络放电。气室内部存有大量粉尘,盆式绝缘子表面及外壳内壁被灼黑，安装于盆式绝缘子上的静触头屏蔽罩根部放电部位被烧出直径 50 mm 左右的孔洞，盆式绝缘子表面有明显的放电通道痕迹。

12.8.2 500 kV GIL 设备故障原因分析

根据对放电部位零部件解体检查情况分析，可以判定本次故障为 C 相 C7 间隔气室中的出线套管，其下方安装于盆式绝缘子上的静触头屏蔽罩根部沿盆式绝缘子表面对外壳内壁发生了闪络（如图 12.20 和图 12.21），并引起#5021，#5022 开关跳闸，#3 主变停运。

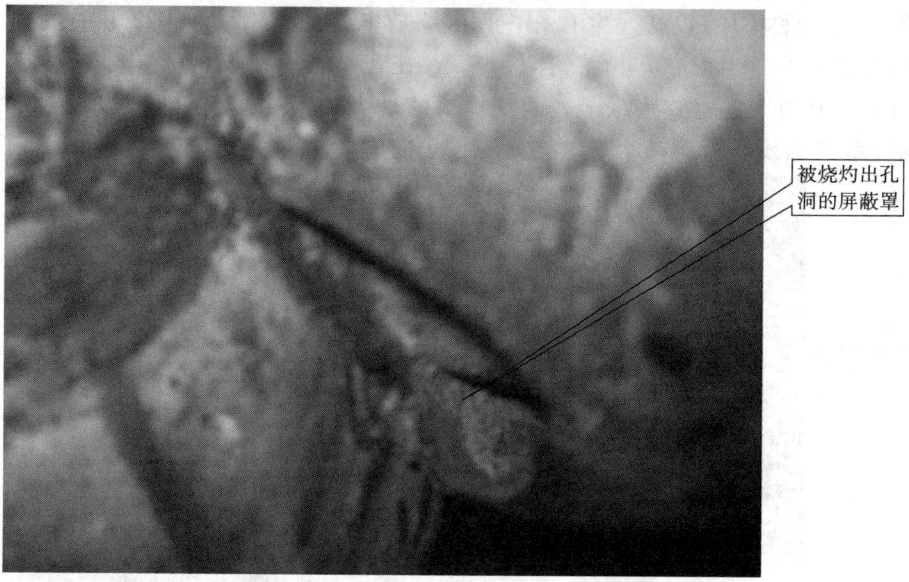

图 12.20 灼伤后的屏蔽罩

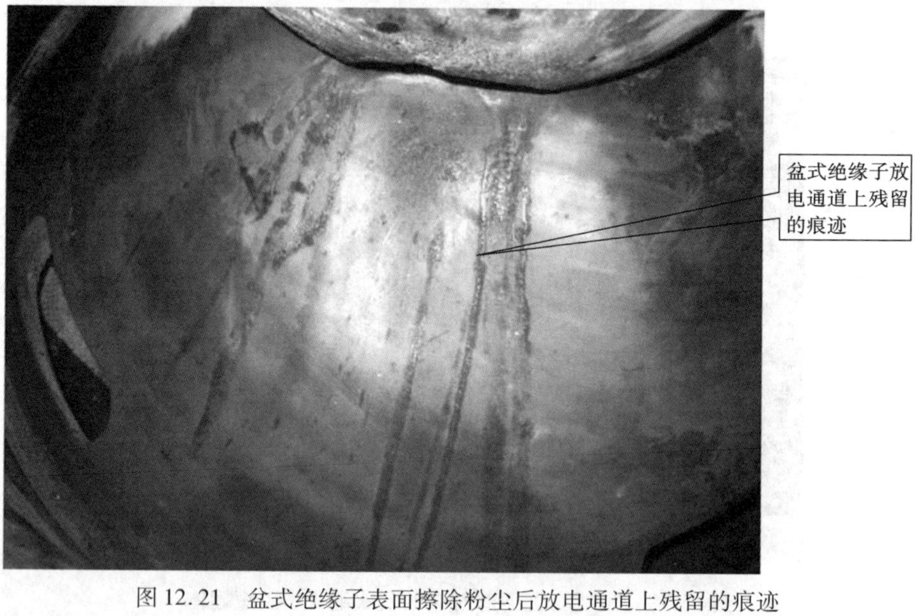

图 12.21 盆式绝缘子表面擦除粉尘后放电通道上残留的痕迹

一般认为造成盆式绝缘子沿面放电的原因有 3 种可能：①盆式绝缘子本身存在质量缺陷，长期运行造成绝缘性能降低；②出线套管气室内存在较严重的局部放电现象，长期在强电场的作用下致使绝缘强度降低;③盆式绝缘子长时间运行后表面积累异物杂质,引起电场畸变,最终导致盆式绝缘子沿面绝缘破坏发生沿面闪络。

(1)盆式绝缘子质量问题的可能性

从现场解体故障盆式绝缘子的烧灼情况看,擦除放电通道烧灼痕迹上的灰尘后,表面光滑,是典型的沿面放电现象,没有局部严重烧损及破损现象。GIL母线中的盆式绝缘子在产品结构中起绝缘和支撑作用,由环氧树脂加三氧化二铝真空浇注而成。单件在充气压力0.3 MPa情况下,进行740 kV工频耐压试验及局部放电测试,局部放电放电量不大于3 pC。盆式绝缘子在装配完成后,还与整个设备一起进行试验。在充气压力为0.3 MPa时,在382 kV电压下考核局部放电,放电量不大于3 pC。现场安装完成后,进行740 kV×80% =592 kV的工频耐压验收试验。

该盆式绝缘子在投运前通过了3次(单件、装配、现场验收)工频耐压试验和两次局部放电检测及考核。另外,该盆式绝缘子投运仅两年时间,出现老化现象的可能性很低,可以排除盆式绝缘子本身存在制造质量缺陷。

(2)出线套管气室内存在较严重的局部放电现象的可能性

一般而言,局部放电可能发生在气室内部绝缘间隙处,如尖角、毛刺、部件变形等。但这些缺陷的形状是固定的,产生的局部放电一般比较稳定,不会随运行时间而发展扩大。该出线套管气室在制造厂内装配完成后进行了局部放电试验,放电量合格,即该间隔气室通过了局部放电检测,说明该气室内不会有如尖角、毛刺等现象存在。从现场解体情况看,除屏蔽罩放电通道上烧灼出一个孔洞外,该间隔气室内其余部位没有明显因磕碰受损而变形痕迹。

可以认为该间隔气室内部不会因为制造工艺不到位,引起局部电场畸变,产生局部放电致使绝缘强度降低。

(3)盆式绝缘子表面沉积杂质、异物引起放电

在GIL设备结构中,固体绝缘部件和气体绝缘两种介质起着绝缘作用,盆式绝缘子表面是气体绝缘与固体绝缘的分界面,是绝缘最薄弱的部位。如果盆式绝缘子表面受到污染,极易引起污染部位电场畸变,导致绝缘强度降低,最终发展为放电故障。

电力设备在生产安装过程中,要进行单元出厂试验,在厂内进行装配后通过铠装变压器进行工频耐压及局部放电试验,铠装变压器性能稳定不受外界环境影响,对装配单元性能的判定十分准确,可以排除在厂内装配过程中对盆式绝缘子的污染。

单元试验合格要进行解体包装后方可出厂,此过程是可能对盆式绝缘子及单元内部产生污染的环节之一。另外,现场安装前要拆解包装,在拆解包装的过程中可能造成盆式绝缘子及单元内部污染。这两个环节对盆式绝缘子及单元内部产生的污染,可通过现场对接的最终清理工作来消除。但现场工作人员清理工作的疏忽,极易导致灰尘、杂质等残留在单元内部。此外,在现场安装过程中安装人员在套管对接时,也可能造成导电杆引杆与导电杆之间的摩擦,从而产生少量不可见粉尘散落到盆式绝缘子表面。这些粉尘在长期电场的作用下产生飘移、聚集,并最终导致盆式绝缘子放电击穿。同时,放电气室盆式绝缘子呈水平布置,在盆式绝缘子上表面容易沉积灰尘、杂质。

通过现场解体分析,可认为此次故障原因是:设备制造厂家在现场安装过程中把关不严,气室内清洁度不够,有金属微粒掉落到盆式绝缘子表面,在电场的作用下产生飘移、聚集,引起局部电场畸变,长时间运行后产生局部放电并逐步发展,最终导致盆式绝缘子绝缘距离不够发生沿面闪络,引起#5021,#5022 开关跳闸,#3 主变停运。

12.8.3 运行、检查建议

①加强 GIL 设备气室中 SF_6 气体气样检测分析工作,提早发现事故苗头。

②加强 GIL 设备带电局部放电检测工作,排查 GIL 各气室运行情况下的局部放电量,提前预判产品运行的安全性,避免突发设备故障的发生。

③加强 GIS,GIL 设备的现场交接试验工作。要求在现场交流耐压试验的同时进行局放检测。110 kV、220 kV 设备的现场交流耐压值应为出厂值的100%,550 kV 设备的现场交流耐压值应不低于出厂值的90%;

④加强 GIS,GIL 设备的出厂试验监督工作。派专业人员参与 GIS,GIL 设备的出厂耐压和局部放电试验。

⑤加强对 GIS 设备的入厂监造工作,强化对设备安装的过程监督,督促厂家和施工单位严格按照制造厂工艺标准施工,保证设备可靠运行。

习题与思考题

12.1 请运用固体物质沿面放电相关理论对 12.1 节所示故障进行分析,你认为在 GIS 安装中应该注意哪些问题?

12.2 频繁投切电抗器对电抗器本身是否有危害,为什么?

12.3 试采用液体击穿理论分析变压器受潮不及时处理时的击穿过程。

12.4 特高频局部放电检测法和超声局部放电检测法的优缺点是什么?

12.5 为什么选定 H_2,CO 和 CO_2 等气体组分作为油中溶解气体气相色谱检测法的特征气体?

参考文献

[1] 吴广宁. 高电压技术[M]. 2 版. 北京:机械工业出版社,2014.

[2] 周泽存,沈其工,方瑜,等. 高电压技术[M]. 3 版. 北京:中国电力出版社,2007.

[3] 杨保初,刘晓波,戴玉松. 高电压技术[M]. 2 版. 重庆:重庆大学出版社,2012.

[4] 周浩,余虹云,余宇红,等. 高电压技术[M]. 杭州:浙江大学出版社,2007.

[5] 张一尘. 高电压技术[M]. 北京:中国电力出版社,2015.

[6] 周启龙,刘恒赤. 高电压技术[M]. 北京:中国水利水电出版社,2004.

[7] 文远芳. 高电压技术[M]. 武汉:华中科技大学出版社,2001.

[8] 严璋,朱德恒. 高电压绝缘技术[M]. 3 版. 北京:中国电力出版社,2015.

[9] 唐兴祚,方飚. 高电压技术[M]. 4 版. 重庆:重庆大学出版社,2012.

[10] 常美生. 高电压绝缘技术[M]. 北京:中国电力出版社,2004.

[11] 张仁豫,陈昌渔,王昌长. 高电压试验技术[M]. 3 版. 北京:清华大学出版社,2009.

[12] 中国国家标准 GB/T 2900. 19—2016 电工术语 . 高电压试验技术和绝缘配合[S]. 北京:中国标准出版社,2016.

[13] 中国国家标准 GB/T 16434—1996 高压架空线路和发电厂、变电站环境污区分级及外绝缘选择标准[S]. 北京:中国标准出版社,1996.

[14] 中国国家标准 GB/T 311. 1—2012 绝缘配合第 1 部分:定义、原则和规则[S]. 北京:中国标准出版社,2012.

[15] 中国电力行业标准 DL/T 620—2016 交流电气装置的过电压保护和绝缘配合[S]. 北京:中国电力出版社,2016.

[16] 中国电力行业标准 DL/T 596—2019 电力设备预防性试验规程[S]. 北京:中国电力出版社,2019.

[17] 中国电力行业标准 DL/T 50065—2011 交流电气装置的接地设计规范[S]. 北京:中国电力出版社,1998.

[18] 中国电力行业标准 Q/GDW152—2006 电力系统污区分级与外绝缘选择标准[S]. 北京:中国电力出版社,2006.

参考文献

[1] [illegible]

[2] [illegible]

[3] [illegible]

[4] [illegible]

[5] [illegible]

[6] [illegible]

[7] [illegible]

[8] [illegible]

[9] [illegible]

[10] [illegible]

[11] [illegible]

[12] [illegible]

[13] [illegible]

[14] [illegible]

[15] [illegible]

[16] [illegible]

[17] [illegible]

[18] [illegible]